地球天然脉冲电磁场与非平稳信号特征提取

DIQIU TIANRAN MAICHONG DIANCICHANG YU FEIPINGWEN XINHAO TEZHENG TIQU

郝国成　锅　娟　王　蕾　于健涛　李杏梅　编著

图书在版编目(CIP)数据

地球天然脉冲电磁场与非平稳信号特征提取/郝国成等编著.—武汉:中国地质大学出版社,2021.12

ISBN 978-7-5625-5213-0

Ⅰ.①地… Ⅱ.①郝… Ⅲ.①大地电磁场-研究 Ⅳ.①P318.1

中国版本图书馆CIP数据核字(2021)第270876号

地球天然脉冲电磁场与非平稳信号特征提取 郝国成 锅娟 王蕾 于健涛 李杏梅 **编著**

责任编辑:周 旭 选题策划:易 帆 洪梦茜 责任校对:徐蕾蕾

出版发行:中国地质大学出版社(武汉市洪山区鲁磨路388号) 邮政编码:430074

电 话:(027)67883511 传 真:(027)67883580 E-mail:cbb@cug.edu.cn

经 销:全国新华书店 http://cugp.cug.edu.cn

开本:787毫米×960毫米 1/16 字数:274千字 印张:14

版次:2021年12月第1版 印次:2021年12月第1次印刷

印刷:武汉邮科印务有限公司

ISBN 978-7-5625-5213-0 定价:58.00元

如有印装质量问题请与印刷厂联系调换

目 录

第 1 章　地球天然脉冲电磁场场源机理

1.1　概　述

地球天然脉冲电磁场(Earth's natural pulse electromagnetic field,ENPEMF)是指在地表接收由天然场源所产生的一次和二次综合电磁总场(Vorobyov,1970)。在地震孕育及发生期间,依据“微破裂机-电转换”机制和“地壳波导”等可能的“震磁”机理,设计特殊的传感器在地表可接收到甚低频(very low frequency,VLF)ENPEMF 脉冲信号波动。ENPEMF 信号携带了大量有价值的地震发育电磁异常信息(Malyshkov,Dzhumabaev,1987)。针对非平稳的 ENPEMF 信号,如果能构建有效的“震磁”模型,并通过对其实验机理的研究来改进监测预测模型,可达到适应多种应用场景的目标。

“震磁”现象及实验机理研究从 20 世纪中叶开始逐渐引起重视,中外学者对其进行了大量的探索工作。

(1)地震数据与电离层的耦合机制:Leonard 和 Barnes 在 1965 发现了阿拉斯加地震后电离层的扰动现象;Weaver 等于 1970 年研究了千岛群岛地震波与电离层的声耦合的显著变化。

(2)震前电磁异常的关联:上田诚也等在 2014 年列举了震前电磁异常的数据实例;袁洁浩等(2014)通过研究美国的震磁观测进展,阐述了某些地震存在“震磁”前兆信息。

(3)地震与超低频(ultra-low frequency,ULF)频段电磁波的关联:Akinaga 等(2001)和 Harada 等(2004)发现在震前及地震发生期间会产生 ULF 频段电磁波;李琪等(2008)阐述了国际上典型震例前观测到的 ULF 异常信号的表现形式,通过极化和分形方法确定发震的可能时间,认为地震活动区的动力学过程能产生不同的电流体系及不同频率电磁波的源,可能是“震磁”场源的机理之一;Obara 等(2004)和 Hattori 等(2014)通过对比分析现有地磁资料,认为地震与地磁 ULF 信号的异常有明显的对应关系;Han 等(2014)采用统计方法分析了频率约为0.01Hz的ULF信号，认为大震前ULF信号异常发生的概率一般高于地震后；Ida等(2005)分析了日本关岛地震期间的ULF电磁数据，认为多重分形相关参数和单形尺度在地震发生之前发生了显著变化。

(4)岩石破裂机制：郝锦绮等(2003)在零磁空间中展开了岩石破裂与电磁辐射的关联机制研究，发现岩石破裂过程中存在ULF波段(0.001～10Hz)的电磁辐射；Ogawa等(1985)研究了岩石破裂与电磁信号的关联机制，认为岩石在破裂阶段会向外界产生电磁信号；Cress(2013)在研究岩石破裂时，发现破裂过程会产生低频电磁信号；Du等(2002)研究了岩石破裂与电磁异常发射的实验，发现ULF信号集中在0.03～0.3kHz，VLF信号集中在3～30kHz。

(5)ULF电磁波用于地震监测预测的可行性：日本学者Hayakawa(2016)认为将磁现象作为地震预报预测的手段和方法，对于地震预报预测有很大的帮助；Kopytenko等(1993)在亚美尼亚Spitak地震中发现，ULF信号在震前3～5天就会出现增强；Frase-Smith等(1990)分析了Loma Prieta地震，认为ULF信号在震前12天会出现增长；Hayakawa等(2013)发现关岛地震前10～14天会出现ULF信号增强，主震前几天ULF信号明显增强的现象。

(6)国内相关震磁观测亦受重视：孙正江等(1986)和郭自强等(1988)研究了岩石标本破裂时的电磁辐射和光发射现象；丁鉴海等(2004)记录并研究了大地震前的地磁异常变化情况；中国地震局李建凯和汤吉(2017)尝试用主成分分析和局部互相关追踪的方法，从复杂的随机干扰环境中识别和研究分析比较弱的地震电磁信号；郭明瑞等(2019)对地磁台站数据从频域方面进行了研究分析，结果表明，地震地磁异常时间的长短与地震的级别大小有关系，地震的级别越大，地磁异常时间就会越长；马亮(2019)采用全国地磁台网的数据，计算了甘肃省地磁台站期望值，提出了台站所处经度与地磁分量关系式；倪晓寅等(2019)发现2008年汶川大地震前多次出现地磁日变化异常；艾萨·伊斯马伊力(2017)对喀什台站的数据进行了综合研究分析，结果表明喀什台站的地磁场，在大地震前就已经有了显著异常变化。由此可知，震前地磁数据的异常表现引起世界范围内科学家的广泛关注，磁异常的信号频率逐渐延伸挖掘到VLF频段。

(7)VLF电磁波与地震的关联机制：在传播机制上，VLF电磁波在地-电离层波导中的传播可能为即将发生的地震提供指示(Baba，Hayakawa，1996)，对电离层VLF电磁波进行电场的动态背景场研究为使用VLF信号预测地震的研究提供了一定的标准(杨牧萍等，2018)；日本地震的震前电磁数据研究表明，VLF信号与地震发生的关联性较为明显(Rodger et al.，1999)，强震地基数据与卫星VLF信号数据具有较好的相关性(Rozhnoi et al.，2015)；青海省玉树县M_S7.1

地震期间的VLF信号数据的信噪比均出现相同的变化特征(姚丽等,2013),雅安和通海的NOV、KHA发射机和VLF信号接收机之间的链路所观测到的VLF信号幅值存在明显异常(Zhao et al.,2020);基于法国DEMETER卫星记录的空间电场频谱资料,张学民等(2009)分析了汶川地震前可能存在的电场异常信息,计算结果显示震前1周内出现VLF电场能量增强现象;泽仁志玛等(2012)利用DEMETER卫星记录的变化磁场数据统计研究了2005—2009年北半球强震前后空间磁场的扰动特征,发现在震前一段时间VLF信号出现明显的异常扰动幅度,并在扰度幅度处于最高值期间发震,震后磁场扰动幅度逐渐回落。以上研究表明VLF信号的特征异常波动与地震的发生前兆有着不可忽视的联系,震前电磁信号与地震的发生具有同源性,是震磁效应可能的机理,对其进行进一步研究十分迫切且有意义。

地震数据的监测预测模型同样起到非常关键的作用,目前已出现基于多种研究方法、媒介手段、时间尺度和计算方法的地震预测模型。马干等(2009)依托大量的地震数据处理,建立了地震活动性模型,获得了华北地区主要城市的地震动参数;毕金孟和蒋长胜(2019)应用传染型余震序列(ETAS)模型和Reseanberg-Jones(R-J)模型拟合了华北地区16次4.5级以上地震的序列参数;李占飞(2021)基于第四纪测年和震害分布等结果构建出逆冲断裂地震复发模型,对古地震震级进行评估。为消除地震预测模型各自的局限性,通常采用融合不同的单一地震预测模型,形成混合概率预测模型的方法,如Rhoades和Gerstenberger(2009)将中长期尺度的EEPAS预测模型和PPE模型融合到STEP模型中;Jordan等(2014)将ETAS模型、ETES模型、STEP模型等按不同的权重组合,构建了意大利地区地震预测OEF技术系统;马永等在2021年构建了适合华北地区地震活动特点的不同时间尺度混合概率预测模型。

地震孕育周期长且过程复杂,其观测数据往往信噪比低,噪声干扰源多,难以识别,因此对震前数据的处理是非常重要的。地震发生前的各种信号异常可帮助判断地震发生的危险性,对震前信号异常的观察和监测是地震预测的重要手段。震前发生的ENPEMF脉冲信号波动的异常现象已经被大量的震例验证,对其进行数据采集和分析逐步成为地震前兆预测研究领域的难点与热点。

ENPEMF方法的研究思路如图1.1所示。ENPEMF产生的脉冲不仅来源于大气,而且更多地来源于地壳构造-电能之间的转换过程。相比于大气中的雷暴所引发的一系列脉冲,地下的动力学脉冲源被称为“地下的雷暴”。地震这类“雷暴”来临前,产生的脉冲波发生剧烈异常,可用于推测地震。俄罗斯科学院托木斯克分院的Malyshkov教授团队(1987,2009)认为,地球带有斜角的自转造成板块挤压拉伸而产生天然脉冲磁场的场源。部分学者开展了利用 VLF 波段的脉冲波预报地震的研究，但其频率最高限制在 9kHz，采样的原理和分析方法也有很大不同，频段高于 9kHz 的设备目前很少有学者研究（赵学普，1995；贾万才，1996）。本书采用的频段最高延展至 25kHz，在武汉九峰地震台放置的设备，设置的观测频率为 14.5kHz。相对正常背景场，有地震事件时磁场会有明显的起伏变化异常，这其中很有可能发现一种与孕震信息有关的、新的变化规律。在此基础上，作者提出多种新型时频分析方法（如聚类模态分解、NSTFT-WVD、EEMD-WVD、BSWT-DDTFA、MP-DWVD、DE-DDTFA 等）处理 ENPEMF 信号，挖掘原始数据的多种固有特性及深层特征，进一步了解地震前 ENPEMF 的特点；提出采用混沌参数优化 RBF 算法及 Chaotic RBF 预测模型对震前 ENPEMF 信号进行强度趋势预测，期待为地质灾害及强震前的电磁监测分析提供支持（郝国成等，2000；Hao et al.，2021）。

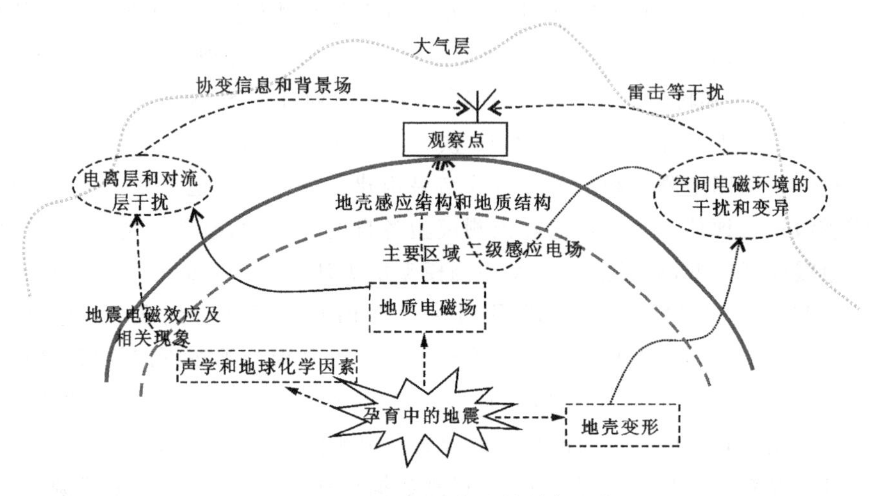

图 1.1　ENPEMF 方法的研究思路

由于地震发生的复杂性和不重复性，人们对震磁关系的研究方法仍然处于积累资料和实验预测的探索阶段。基于此，在地震灾害发生前的异常信号研究中，ENPEMF 方法可发挥其优势，图 1.2 为不同年份的 ENPEMF 数据值，具有较为明显的峰值包络规律。作者以 VLF 频段磁场波为切入点，通过利用 ENPEMF 的 VLF 频段获得地表日变磁异常来研究脉冲电磁场的深层特征及其与孕震信息之间的对应关系，以及 ENPEMF 信号参数所反映的孕震信息及规律，拓展地震预报的手段。

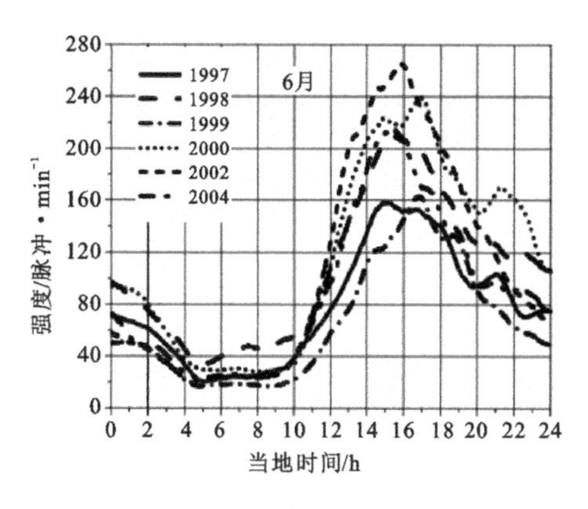

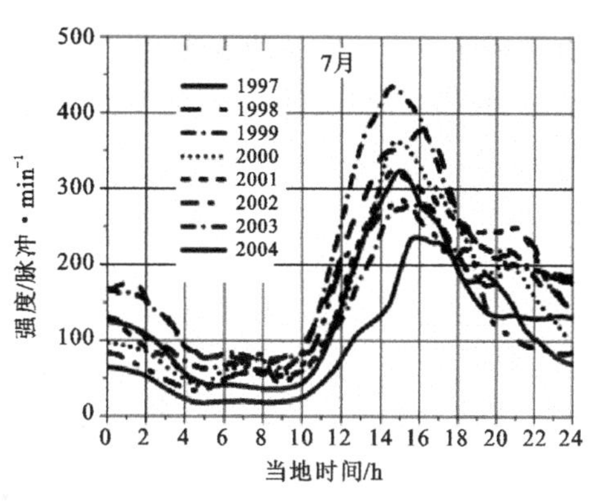

图 1.2　Talaya 观测站 N-S 通道的 ENPEMF 数据值

作者团队开发了 ENPEMF 信号相应的接收传感器和硬件设备，利用修正布拉施克分解、时频分析、功率谱估计、峰值预测等方法，研究 ENPEMF 信号在地震等地质灾害发生前的二维和三维分布图的时频异常特点，从而进行灾害预警判断分析。该方法拓展了 ENPEMF 信号在地震监测、地球物理勘探等领域的应用，ENPEMF 信号时频分析方法在其他领域(如孕震信息、油气勘探等)也有可期待的应用前景。

1.2　感应磁场假说

Schuster(1889，1908)应用球谐分析方法得出结论：地磁场日变化源于内源场和外源场两部分，地磁场日变化的外源场强度大约是内源场强度的两倍。地磁场日变化的外源场起源于地球外部的空间电流体系，而内源场则是外源场在地球内部感应电流的磁场，即地球感应磁场(丁鉴海等，2004)。地球感应磁场是外源变化磁场的“附属产物”，它是由外源场在地球内部感应而成的电流所产生的磁场。与地球总磁场相比，感应磁场占比不到 0.5%(丁鉴海等，2004)。但感应磁场同地球主磁场一样非常复杂：一是外源变化磁场种类繁多且复杂，其相应的感应磁场也繁多且复杂；二是地球电性存在全球性、区域性和局地性的不均匀分布，即使外源场相同，在不同地区也会产生不同的感应磁场。

地球感应磁场的根本起源是 S－q 空间等效电流体系(space equivalent current system)，也称为一次施感场，但是直接产生感应磁场的源是分布在地壳和地幔中的感应电流，也称为二次感应场(图 1.3)。所以，感应磁场的强度和分布既取决于外源场的强度、频率和分布，又取决于地球的电性。感应磁场把地球外部的电磁环境和地球内部的电磁性质联系在一起，构成了地球不同圈层耦合的重要内容，我们在地球表面实际测量到的变化电磁场数据是内源场与外源场的矢量和（丁鉴海等，2004）。

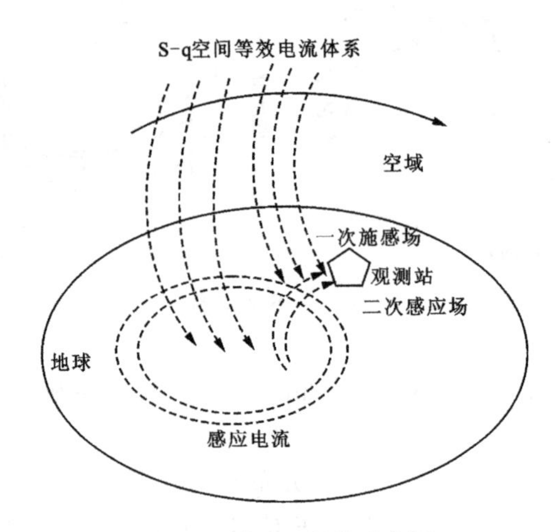

图 1.3　感应磁场的示意图

还要注意的是，按照空间尺度的不同，感应磁场又分为全球性的、区域性的和局地性的感应磁场，这 3 种磁场对地球天然脉冲电磁场可能都有其贡献。全球性感应磁场标定了测量曲线的正确性和基本走势，而区域性和局地性感应磁场则造成了局地曲线的略微差别（丁鉴海等，2004）。

1.3　外源场假说

外源场起源于地表以上的空间电流体系，主要分布在电离层和磁层中，这些电流体系在地球内部产生的感应电流对磁场变化也有一定的贡献。

（1）电离层等离子体在日月潮汐力的作用下，在地球磁场中进行复杂的运动，产生电流和磁场，形成平静电流体系。同时，电离层中还经常流动着各种各样的扰动电流体系，并产生相应的地磁扰动变化。

（2）磁层的边界面上和磁层内部存在电流，包括磁层顶电流、磁尾中性片电流、环电流和场向电流（图 1.4）。

外源场电流体系所产生的外源磁场、外源变化磁场及其感应磁场只占总磁场的 1%，通常被称为瞬变磁场或变化磁场，它们相对而言随时间变化较快。同时，根据时间变化规律，瞬变磁场又可分为平静变化磁场和扰动磁场。从全球平均来看，平静变化磁场属于全球场，主要来源于电离层，白天变化显著，也属 24h 变化周期场，这也说明，测量的脉冲数目包络是来源于电离层的平静变化电磁场。这些来源于电离层的变化磁场也被认为是地球天然脉冲电磁场的场源。

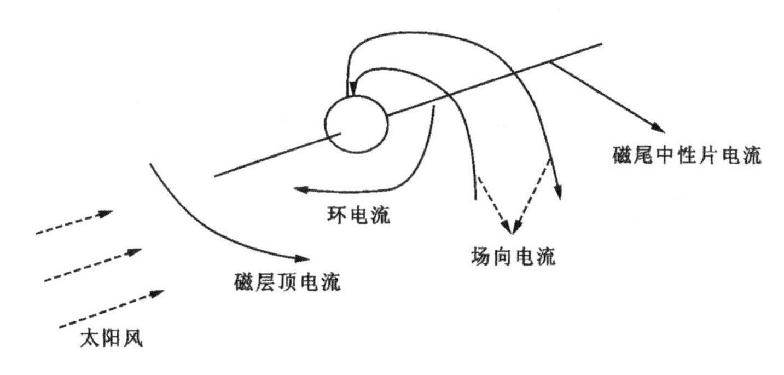

图 1.4　外源场电流体系图

同时，仔细观察测量的数据发现，每天同一时间段的脉冲数目不同，这说明还存在着外源场的扰动变化，这些外源场主要有源于磁层和电离层的磁暴、亚暴和脉动（丁鉴海等，2004）。它们随空间只发生平缓的改变，反映出变化磁场的全球场性质。磁暴分为初相、主相和恢复相，形态特征表现为全球水平分量同时减少，可持续一天到几天，所以有时前后几天的测量数据还可能具有很大的相关性（徐文耀，2003）。亚暴的形态特征表现为集中在高纬度地区，呈现出不规则变化，持续几十分钟或几个小时。亚暴扰动的影响造成随纬度的不同，脉冲数目出现局部异常变化（徐文耀和李卫东，1994）。脉动扰动也是准全球场，时间变化的特征是准周期性的，持续时间单位是秒级别的，这部分也是构成地球天然脉冲电磁场的成分之一。

1.4　岩石圈异常磁场源假说

将地核主磁场视作正常磁场，剩余部分磁场则可看作是对正常磁场的偏离、变异和涨落，可称为岩石圈异常磁场。岩石圈异常磁场的变化尺度是以地质年代（百万年量级）来计算的，因此在研究短周期事件时可认为其是稳定的。稳定的地壳电磁场是无法叠加到我们所研究的地球天然脉冲电磁场信号中的，但可将其作为整体场提高或降低整个接收的脉冲信号数值，当然也可以将其看作是影响 ENPEMF 数据基础峰值大小的因素，可通过改变接收电路的放大倍数将其抑制。

岩石圈磁场是地磁内源场的重要组成部分，有着复杂的空间分辨率。在1km甚至更小水平分辨率下的岩石圈磁场可能存在巨大变化，如俄罗斯库尔斯克铁矿区的岩石圈磁场强度最高可达到100 000nT左右（徐文耀等，2008）。局部地区的一些剧烈地质活动，如地震的孕育和发生、火山活动都会引起地壳异常磁场的快速变化。地震是一种突发性强且破坏力巨大的自然现象，以地震波的形式从震源向四周传播出去。地震波又分为横波（S波）和纵波（P波），横波能量大但速度稍慢，传播方向与振动方向相互垂直，可对建筑物产生破坏作用；纵波能量小但速度快，传播方向与振动方向一致，主要造成介质压缩、膨胀和剪切（姜乙，2020）。

观测记录与理论研究表明，临震之前，孕震区内的地壳介质处于应力加速积累状态，孕震区内的岩石可能会出现微破裂或塑性化等现象，通过孕震区的地震波频谱可能出现一定的前兆异常变化，因此，孕震区内震源动力学参数的变化也可能引起地震波频谱的某些变化（马昭军，刘洋，2005）。从图1.5中可以很明显地看出，在发生地震前有大规模异常脉冲集束的出现。出现脉冲异常集束的时

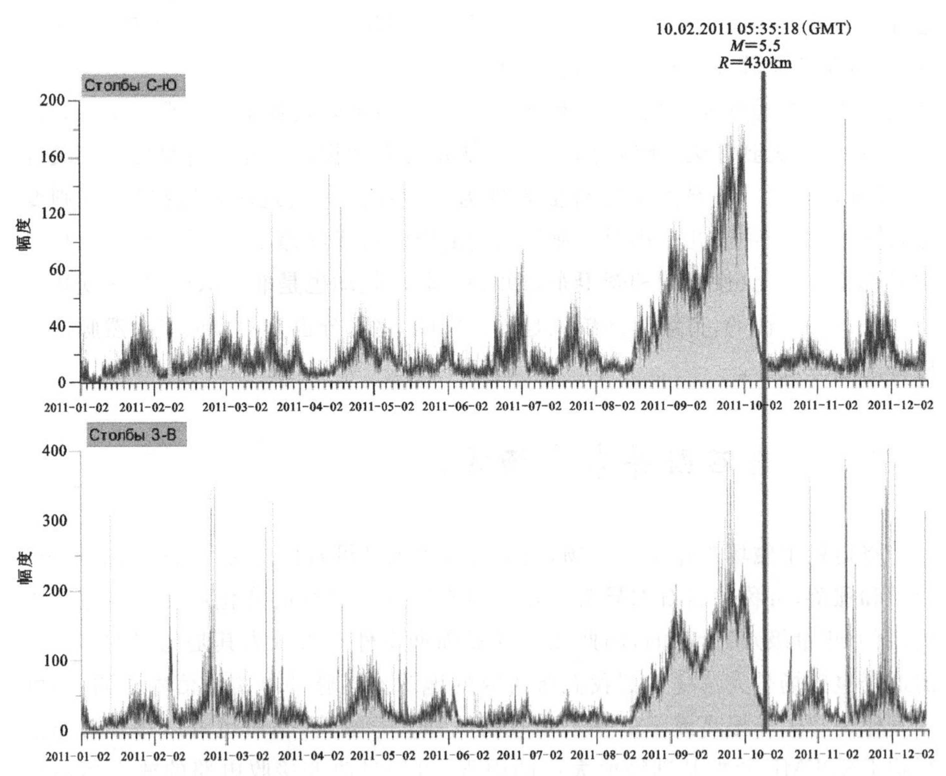

图1.5　地震发生前的大规模异常脉冲集束

间不等，一般提前几个小时到几天，甚至几个月，这可能可以从地球动力学角度找出对应的理论解释，但还有待进一步的研究。

地磁的脉冲信号强度与震级成正比，与测试点距震源的距离成反比，此外还与震源的地理特性有关。目前，ENPEMF 方法有较大的深入研究空间，如通过观测掌握一定的规律，对判断地震的前兆可能会有较好的前景。

ENPEMF 的脉冲不仅来源于大气，而且更多地来源于地壳构造-电能转换之间的过程。地下的动力学脉冲源，尤其在地震这类“雷暴”来临前，产生的脉冲波发生剧烈异常，可用于推测地震。随着地球天然脉冲电磁场理论的发展，还有一种假设认为该场源是由地球重力潮引起的（Malyshkov，Dzhumabaev，1987）。以上两种观点均表明地表获得的脉冲波能反映地下某种变化过程。例如在地震孕育过程中，应力在震源区缓慢积累，使得岩石内部的应力重新分配，导致岩石磁性的改变。地下介质由开始的弹性形变进入非弹性形变，原有裂隙的集合形态与赋存空间发生变化，新的裂隙生成和发展，伴随地下流体的渗入，导致岩石体积膨胀。这一系列的过程可能产生压磁效应、感应磁效应、流变磁效应、电动磁效应及热磁效应等，并导致在地磁场的长趋势变化中伴生局部的与地震活动相关的前兆异常。同时，在岩石发生破裂时，由于应变波的传播也会激发电磁效应，地面观测设备可以捕获到宽频谱的电磁辐射波，VLF 量化后的波形出现复杂的日变化磁异常（Hao et al.，2018）。ENPEMF 理论在 20 世纪 80 年代引起了俄罗斯一些科学家的注意，并对其进行了研究，取得了不错的进展，他们把研究热点放在如何准确预测地震震级、方位、深度等方面。与常用的分析地震波信号有所不同，ENPEMF 方法的特色是在 VLF 频段采集地球表面的磁场信息。关于地表的这些磁信息，一些科学家将其归因于大气的大雷暴。磁信息以大气闪电和地-电离层波导的形式传到观测点，在地球任何表面接收到的数据包含着噪声和信号，这些数据成分可能是小雷电放电和大雷暴产生的，并可能是已环绕地球数周的脉冲波。噪声和信号的峰值在时间和空间分布上都有不同，远离雷暴中心 2000km 处亦可检测到。

1.5　地球自转与地壳形变假说

针对 ENPEMF 的场源机理，还有一种更为有力的假说，即 ENPEMF 场源是由地球重力潮共振引起的。地球的自转和公转具有日周期性和年周期性，朔望月期间地月系统质量中心的重新定位使地壳中产生压力稀疏波。ENPEMF 信号的场源有多种假说，它们相互之间存在关联，这些脉冲或噪声成分，可能是来源于地壳运动、震源和地球自转等地球深部过程的信息，这些数据信息具有日变化和年变化的周期性规律。

从地球动力学角度分析，由于太阳引力、地球自身惯性力和其他行星引力，以及日地距离、地球自转加速度大小和方向不断变化(图 1.6)，地壳中地块的惯性离心力也不断变化，向心力随之而变，由此可带来地壳板块的不断相互碰撞和挤压(李生杰等，2001)。地球自转速率变化与地壳形变相关且可能是同源关系。地球由地核、地幔和岩石圈组成。岩石圈由大小不同、质量不等、相互挤靠在一起的块体组成，这些块体就像水中的船一样漂浮在地幔上。由于板块质量各异，地球自转速率变化时，就会造成这些块体之间运动的差异性，块体之间就可能发生相互作用，而这种相互作用可能就是地震发生的原因之一(安欧，2009；薄万举，王广余，2006)。

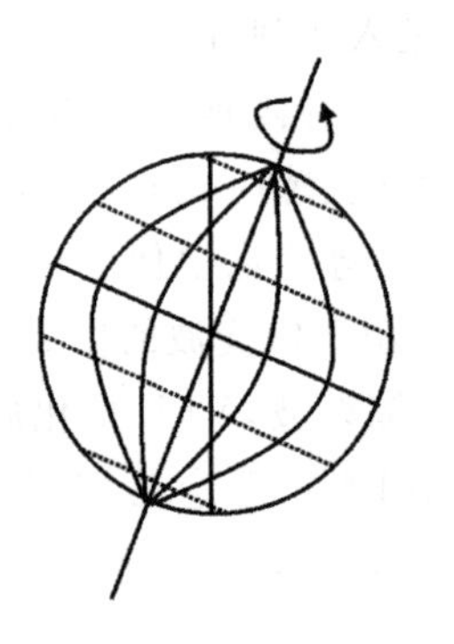
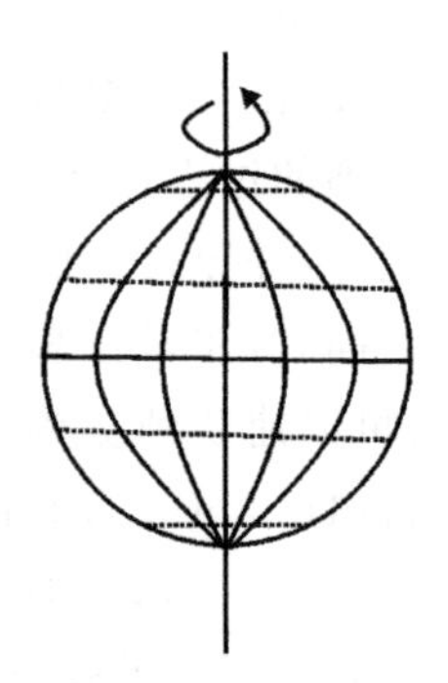

图 1.6　地球以不同角度旋转

如图 1.7 所示，块体之间的相互作用主要表现为以下几种情况(薄万举，王广余，2006；陈学忠等，2010)。

(1)追尾：当地球自转加速时，西边质量轻的块体就会追赶东边质量重的块体；当地球自转减速时，西边重的块体就会因为惯性追尾东边质量轻的块体，这种情况会引起逆冲型地震。

(2)分离：当地球自转加速时，西边质量重的块体与东边质量轻的块体之间会产生分离作用；当地球自转减速时，西边轻的块体与东边质量重的块体之间也会产生分离作用，这种情况会引起正断层型地震。

(3)摩擦：不管地球自转是在加速还是在减速，只要是地球自转速率发生变化，质量不等的南、北块体间都会发生差异运动或摩擦。这种情况会引起走滑断层型地震。地震释放的能量来自两块体碰撞后损失的动能的一部分(陈学忠等，2009)。

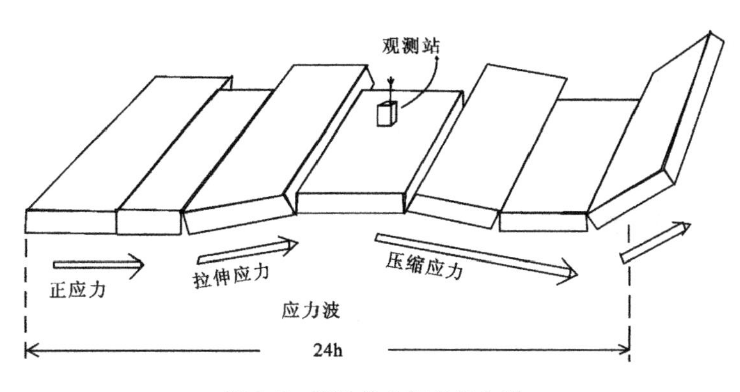

图 1.7　两块体之间碰撞作用

一般地说，地球上某一个地方(南、北两极除外)，每天都要经历太阳和月亮对它撕裂—提升—撕裂这样一个作用过程(张尚勤，1997)。从小尺度局部地域来分析，地球上的物体会发射天然脉冲波，如敲碎一块石头时就会有电磁辐射出来。经过试验，凡是脆性非金属物在外形受到破坏时就会产生天然脉冲电磁场，其电磁波辐射与其土壤不均一性、应力不均一性和裂隙有关，通常在裂隙处辐射较强，破裂面处电荷重新分布，会有频率为千赫兹的电磁场信号辐射出来，所以可以利用电磁波来了解和分析岩石块体运动或破裂的情况。

综合以上分析，影响地球天然脉冲电磁场的因素有可持续数日的磁暴变化、持续一日的日变化、持续几十分钟到数小时的地磁亚暴变化、周期更短的地磁脉动等空间电流体系，以及由此引起的地球内源的感应磁场、地壳异常磁场(局部剧烈的地质活动)、地球自转及地壳形变。有学者认为地震是地下岩石中的应变“缓慢积累—快速释放”的过程(陈运泰，2007)。这一概念意味着：若假定依次发生的地震的应力降和两次地震间应力积累的速率都是常量，则在指定的一段断层上，错动将周期性地发生。地球引力系统中某些“周期性”作用可能会对上述性质的地震产生不可忽略的影响。地震的前兆信息也会以多种多样的方式表现出来，“周期性”前兆尤其值得研究。当多种周期性的影响以某种时空维度叠加产生“共振”时，会对地下孕震岩石(破裂层)产生强烈诱发影响，从而触发地震。地震的触发并非某个单一因素，有可能是多因素综合触发的结果。在地球引力系统中，周期性的影响包括地月系质心距地表深度、地月距离、月相和地月系质心到地球表面观测站的距离。这些“共振”的电磁表现是基于地表观测站接收到的周期性 VLF 频段的地球天然脉冲电磁场信号来分析研究的。

通过以上分析可以得知，地球天然脉冲电磁场信号可能来源于地磁场的变化磁场带来的瞬间扰动，是地球内源磁场的感应场、外源磁场的变化磁场及其感应磁场、地磁脉动扰动、地壳异常磁场中的地震波及脉冲、地球自转与地壳形变相关性等日地能量耦合过程的部分体现。还有待研究的是地球重力潮和固体潮波通过时产生的“共振”，对地球天然脉冲电磁场信号带来的影响。

1.6 重力潮假说

本节厘清了日月产生的重力潮汐、月相以及相关的距离量产生的“位置共振”与地震发生时间之间的关系，并讨论了“位置共振”与地球天然脉冲电磁场之间的关系。

1.6.1 地月系质心的深度

地月系质心位置的变化反映了地月系潮汐应力对地球施加的作用力也是变化的(图 1.8)。潮汐应力对地球内同一部位具有不断重复作用的特点，这种潮汐的振荡性质，且不一定是潮汐的振幅，在潮汐应力触发中可能起更重要的作用(李金，蒋海昆，2011)。部分学者认为，当震源系统岩石中的构造应力达到或处于临界状态时，外界因素如固体潮调制等的影响，在一定条件下可能会引起系统的突变而发生地震(李金等，2014)。

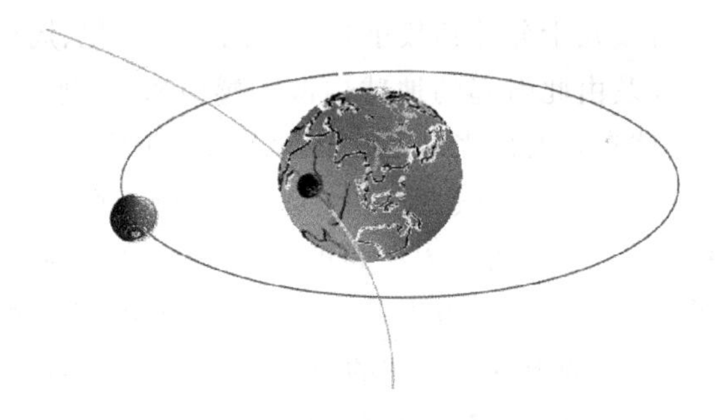

图 1.8 地月系质心的位置

引潮力通常是指地球某部分受到的日月引力与地球绕地月公共质心旋转所产生的惯性离心力的合力(矢量差)，即月球和太阳对地球上单位质量的物体的引力与地球绕地月公共质心旋转时所产生的惯性离心力组成的合力，是引起潮汐的原动力。引力中心对应地表的变化范围在赤道上下纬度 30°附近(图 1.9)。

固体潮是指月球和太阳的引潮力引起的地球整体周期性弹性变形现象(韩颜颜等，2017)。固体潮汐应力是固体潮在地球内部引起的具有周期性变化特征

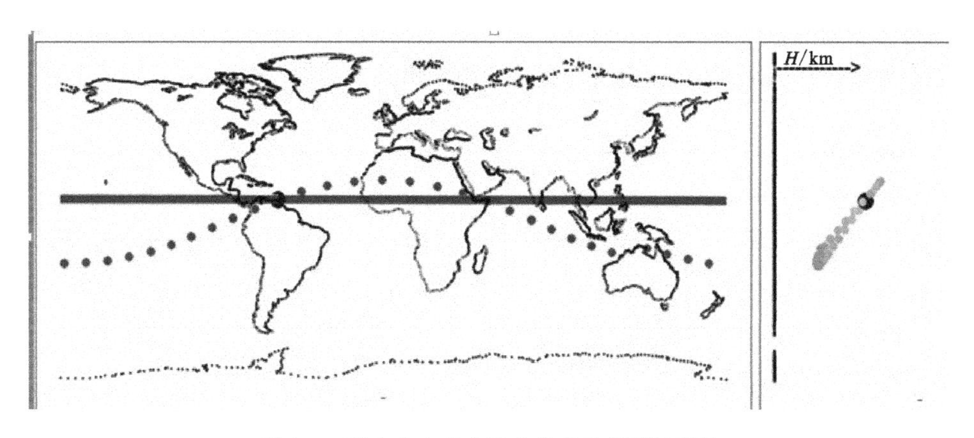

图1.9　引力中心对应地表的变化范围示意图

的应力。潮汐应力具有振荡性，它通过对地球内同一部位不断重复作用，进而触发地震临界状态(孙楠等，2021)。甚至有观点认为固体潮是诱发地震的关键因素，且其中月球的作用不可忽视(马未宇等，2006；吴铭蟾，胡辉，1999；自兴道，1979)。在图1.10中，地月系质心离地心的距离(BE)约为4671km，地月之间的距离(EM)为363 300～405 500km，地球平均半径(R)约为6378km，地月系质心到地球表面的距离(BS)是一个变化的量(如2013年为1378～1984km)，地月系质心到地球表面观测站的距离为BOS。

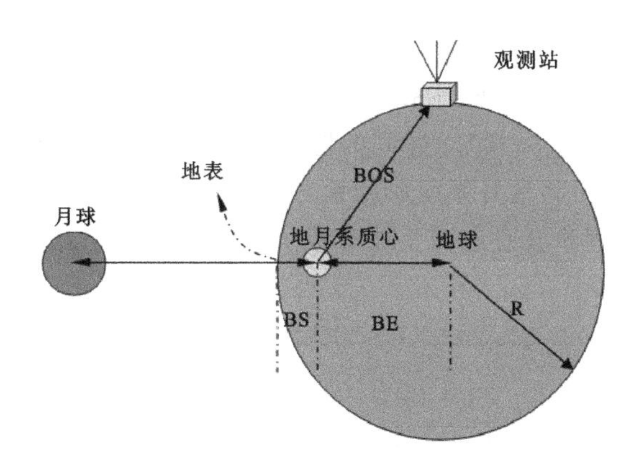

图1.10　地月系、地月系质心、观测站距离关系图

基于此，作者把地月系质心距地球表面的距离作为一个参量来分析、讨论局部地震的前兆触发因素。地月系质心的深度总在变化中，2013年的地月系质心

到地球表面的距离如图 1.11 所示。图 1.12 给出了 2013—2017 年间地月系质心距地球表面的距离，从图中可以很清楚地看出其呈周期性变化。

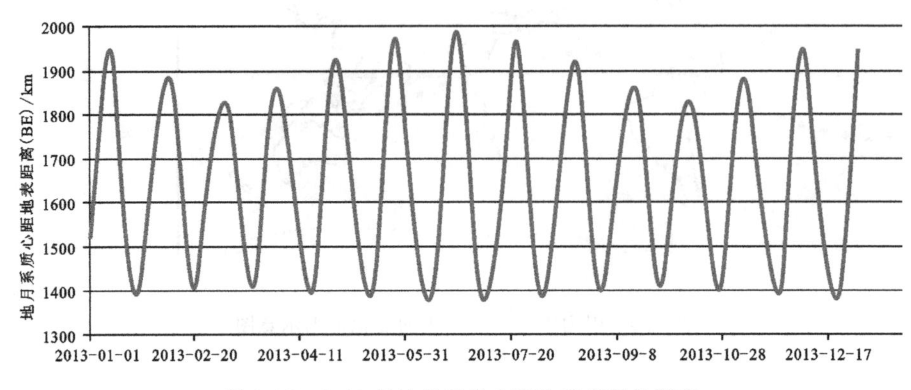

图 1.11　2013 年地月系质心到地球表面的距离

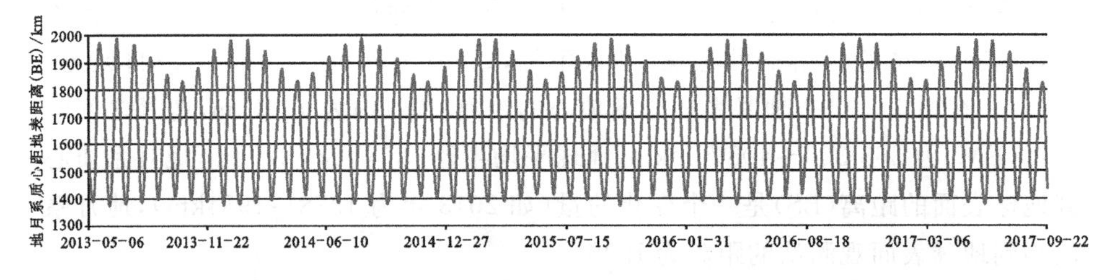

图 1.12　2013—2017 年地月系质心距地球表面的距离

从图 1.11 中可以看出，地月系质心距地球表面的距离呈类似正弦波的周期性变化。图 1.12 中 2013—2017 年间的地月系质心距地球表面的距离变化具有规律的周期性，因此可将地月系质心距地球表面的距离规律性的变化看作一种重力潮汐。该重力潮汐会对地壳及地球板块运动产生影响，也有可能是地震发生的一种诱因。

1.6.2　月相

“月相”是天文学术语，指地球上看到的月球被太阳照明部分。月亮每天在星空中自东向西移动，它的形状也在不断地变化着，这就是月亮相位变化，叫作月相(图 1.13)。在中国传统中，“朔”为“新月”，“望”为“满月”。月球从新月位置出发再回到新月位置，或是从望月位置出发再回到望月位置，历时一个朔望月，朔望月的平均时间约 29.53d。

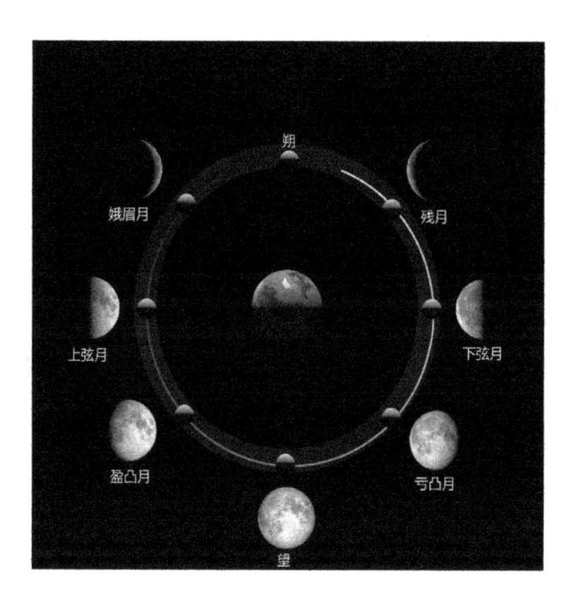

图 1.13 月相示意图

月相的更替使地球固体潮振幅产生周期性变化，固体潮变化直接或间接地作用于失稳状态的震源体，可能触发地震。丁鉴海等(1994)的研究表明在海城和唐山地震孕震期间，前兆异常区地震与月相之间存在一个"敏感区"的关联关系；震源区地震除了与本区域的孕震过程有关外，还有可能和区域应力场以及内(地体环境)、外(日地月空间)环境因素密切相关。大陆地区月相效应的基本特征是半月及全月周期性，这和地磁日变幅的月相效应所表现的特征是一致的，地震活动频度和强度明显受月相的调制。

段华琛(1991)采用样本统计的方法研究地震事件与月相之间的关系，样本选自全国范围内 27 年间(1960—1986 年)任意 M_S4.7 级以上地震，其结论表明：①月相朔望时段与地壳浅部地震尤其是强地震的发生有明显的相关性；②在地球北纬 24°以南范围板块内部，朔望时段对地壳内强地震发生有明显的控制作用，满月和新月时段引潮力与浅源地震有着强正相关性；③在我国广东、上海附近及苏鲁皖浙赣的较大部分地区，破坏性地震绝大多数都发生在朔望时段内。

月相与地震的相关程度，一般取决于各地区是否存在对月球潮汐力的响应环境，环境越有利，响应程度就越高。潮汐引起的地壳块体的垂直运动可以触发地震，尤其是在重力影响的方向和地壳运动方向一致时，一旦孕育强震的构造应力达到临界状态，潮汐应力的叠加便可能起到触发地震的作用(李蓉川，1991)。褚志宏等(1984)用统计方法研究地震的孕育过程与月相的关系，其结论为在海城和唐山地震的孕震期间，前兆异常区域内的较强地震趋于发生在朔望时段和上下弦时段；海城和唐山地震的主序列以及前兆异常区域内1900年以来发生的6级以上强震与月相也存在类似的相关性。陈学忠等(1998)分析了华北地区地震活动的月相效应，提出大震前在震中区及其附近会有中等朔望地震发生，这似乎说明日、月引潮力会在震源区处于极不稳定的状态时引发一些中等地震。除此之外，还有不少学者关注发震时日、月相对于地球的位置，如发震时日、月的天顶距、赤纬、黄经、时角、月相等。各种统计方法得出的结论是，发生在各个月相上的地震频次明显受月相的调制和制约，并且有一定的规律性。这值得我们进一步地分析和总结，并加以应用。大多数学者认为，多数地震是否发生在朔望时段与地质构造背景有关，为了能将所有的因素在同一个正弦图上集中体现，将月相周期图作百分比的归一化表示，如图1.14所示，"无月为朔，满月为望"，望月为0，朔月为1。

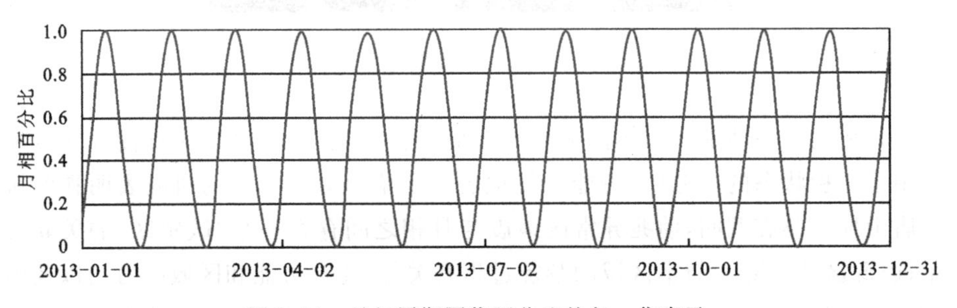

图1.14　月相周期图作百分比的归一化表示

1.6.3　地月距离

学者们采用统计方法研究了地月距离对地震的影响，也可以帮助我们间接了解ENPEMF的场源机理。唐燕娟等(1993)统计了我国发生的586次地震(1960—1969年，$M_S>4.75$)，发现地震的频率与地月距离有较好的相关性。当地月距离到最小值附近时，地震多发生在朔望时段。一般把朔望前后地震频数增加的原因归结为朔望时日、地、月近似成一直线，太阳和月亮对地球的引潮力叠加，因而容易触发地震，朔望前后引潮力增加不仅仅是因为日、月引潮力叠加，另外一个重要原因是月亮与地球的平均距离较小。李晓明和胡辉(1998)计算了大地震时的月亮升交点黄经值，认为太阳系天体位置分布对地震的爆发可能起了重要作用。宋岵庭和褚志宏(1983)认为，日、月对地球的引潮力与月相和月地距离有关。引潮力随月相变化，朔望时极大值平均约为上、下弦时极大值的1.9

倍。月亮过近地点时产生的引潮力平均为过远地点时的1.49倍，月亮处于朔望并逢近地点时引潮力最大。褚志宏等(1983)认为，地震分布在近地点兼望和朔的附近概率偏高，这可能是日、月引潮力对地震的触发作用。

图1.15为2013—2014年地月距离归一化图，图中远地点为1，近地点为0。

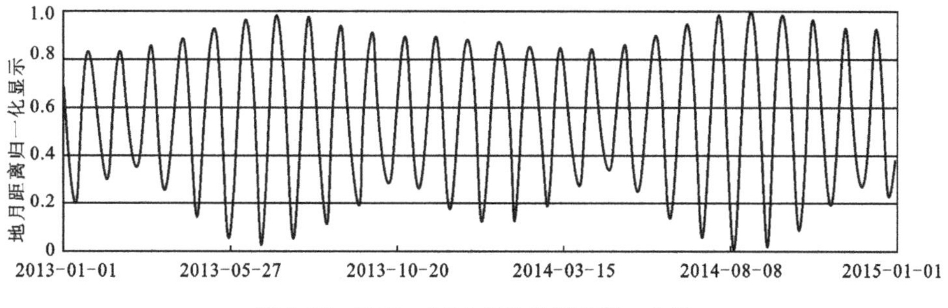

图1.15　2013—2014年地月距离归一化图

1.6.4　地月系质心与测试点的距离

地月系质心与测试点的距离也会影响地月系统对不同地表区域的作用力，进而对地壳断层和电离层等产生影响。地球是一个庞大球体，测试点在地球的位置不同，其与地月系质心的距离也不同，会受到的月球的引力和方向也不一样。地月系质心到地球表面的距离总是变化的，地月系质心到地球表面观测点的距离也总是变化的，为了研究地月系质心对地表吸引力的影响，可以考虑间接的方法，即地月系质心的潮汐变化对地壳断层和电离层等的影响。这些影响会通过各种物理现象反映出来，本节以观察甚低频电磁波的方法来讨论地月系重力潮汐对地震触发的可能影响。类比于前面的归一化百分比的方法，将地月系质心到观测点的距离也由0～1之间的系列数值来表示，图1.16为地月系质心-武汉九峰地震台站地球天然脉冲电磁场观测设备的距离，距离远为1，近为0。

1.6.5　地月系“位置共振”

以上探讨了4种“距离”，它们本质上反映的是地月系统对地球质点的作用。地球上的孕震区所受的触发力也并非由一种作用产生，综合考虑这些由“重力潮汐”引起的“叠加”作用，有可能对孕震区的分析和地震预测带来一种新的思路。这里将各种距离的“叠加”称为“共振”。这种共振是地月系对地球地壳的一种作用分析，通过对每一种距离的各自归一化来体现叠加和地月系对孕震区作用的

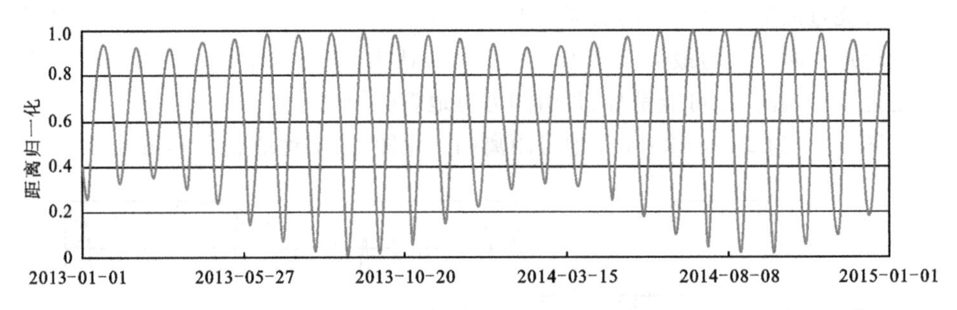

图 1.16　地月系质心-武汉九峰地震台站地球天然脉冲电磁场观测设备的距离

增强。为了说明这种共振的存在，同时采用地球天然脉冲电磁场观测设备来对应这种可能(图 1.17)。

从图 1.17 可以看出，2013 年 4 月 1 日—2013 年 6 月 1 日，有较多的共振点存在，而这期间就发生了给我国人民带来巨大灾难的 4・20 芦山地震。这是一种巧合还是有其必然的机理，我们可以通过 ENPEMF 方法来分析、寻找其规律。

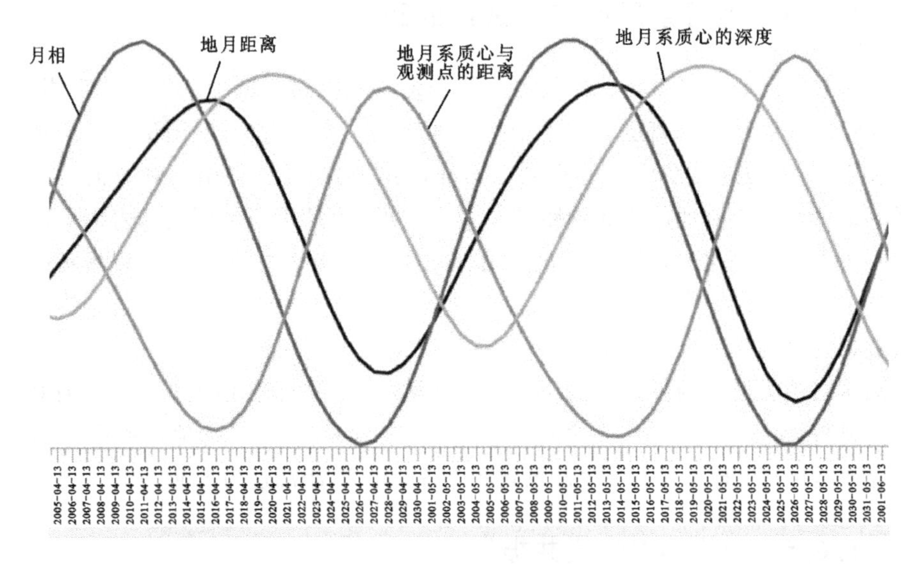

图 1.17　地月系 4 种距离图

地球的自转和公转具有日周期性和年周期性，而采集到的信号恰好也具有这样的特点，这些有规律的脉冲信号可作为校正的背景场来判断仪器的工作状态是否正常。

第 2 章　ENPEMF 信号

本章研究 ENPEMF 信号的一些特点，如信号频率范围、信号接收传感器、信号接收设备和一些相关的分析，为后续的处理和应用提供数据源。

2.1　ENPEMF 信号频率

按照空间尺度的大小，可把地磁场分解为多种成分，通过分析各成分的空间分布及其强度的特点，来认识了解地磁场的特点，进而从中找出地球天然脉冲电磁场信号的特点。在球谐级数表达式中，磁场被分解为偶极子和高阶多极子，对应的磁场能量可用球谐场系数来表达，即

$$R_n = (n+1)\sum_{m=0}^{n}\left[(g_n^m)^2 + (h_n^m)^2\right] \tag{2.1}$$

式中：R_n 为地球磁场的能谱；g_n^m 和 h_n^m 分别为高斯系数、球谐系数，n 为介数，m 为整数变量。

在高斯的地球球谐场的分析模型中，每一种场源都可分解为各自谐波的叠加。首先可根据实验判定哪些场源的谐波，即哪个频率的各种场源谐波的叠加符合已有的规律，然后设置适合该频率的幅值阈值，最后经过对传感器输出信号的调理处理，得出每天 24h 的脉冲数目的包络图，ENPEMF 设备工作原理如图 2.1 所示。信号的电磁波的频率一般在千赫兹范围内。

根据仪器记录的脉冲数目绘制每天 24h 的脉冲数目包络波形，与所给出的正常的参照包络图进行对比。如果仪器接收到了大规模异常变化的脉冲，而这个脉冲信号如果变化很剧烈，且与正常的脉冲数目包络轨迹不同，则很有可能就是某地发生地震的前兆。

获取信息的意义在于对照正常的参照波形，测量变化磁场的脉冲数目，画出异常波形。目前已知的理论表明天然脉冲电磁场具有全球场的性质，在俄罗斯测得的数据图和武汉九峰地震台测得的数据图包络近似，可以验证这一点。武汉地球天然脉冲电磁场的数据频率在 14.5kHz 和 17kHz 都做过测试，在波形上

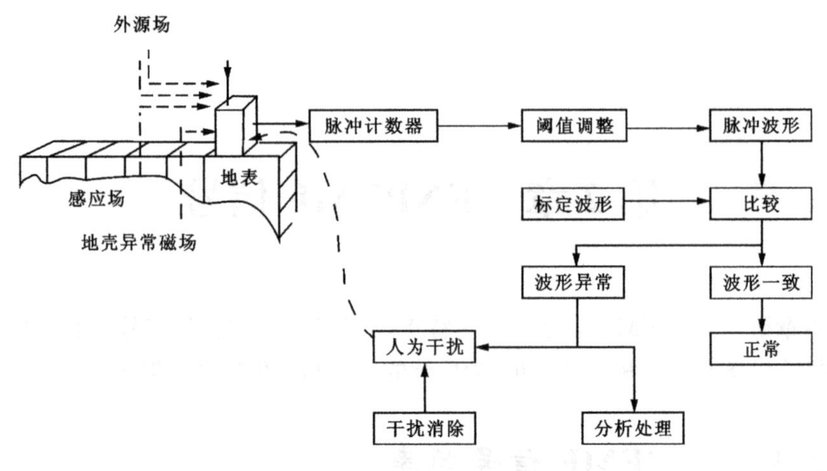

图 2.1　测量工作原理

面都接近理论的波形，但在 14.5kHz 上的脉冲数目包络与理论波形更为接近。武汉九峰地震台两个设备分别按照 S-N 方向和 W-E 方向放置，它们所接收的数据形成的脉冲数目包络图比较接近。虽然曲线不能完全重合，但在曲线的走势上具有相同的特点，很好地说明了地球脉冲电磁场信号时间尺度的稳定性，每个月每天 24h 基本具有相同的走势曲线。这对观察某地区每天的地球磁场异常具有良好的参照性。

(1)ENPEMF 信号定义为地表可接收的含各种噪声的信号叠加。由于干扰因素多(如暴雨、雷电、电力施工)，噪声干扰影响大，设备工作的稳定性、处理精度和可靠工作环境至关重要。

(2)ENPEMF 信号为非周期、非平稳信号，输出为数字量化后的信号，数据存储格式为时间-幅度-脉冲数(t-AH-NH)。其中时间单位为秒(s)；幅度为原始毫伏信号放大后的数值，在这里只是一个包络大小变化的参照量，已不具有原来的意义；NH 为每秒的脉冲数目，表征地表磁场的强弱。

(3)ENPEMF 信号的频域特点明显。对采集量化后的数据进行相应的频率分析，了解信号的时频特性，并结合能量谱研究震前 ENPEMF 信号的分布特点，识别孕震信息。

2.2　ENPEMF 信号接收传感器

由麦克斯韦的电磁场理论可以知道，变化的电场和变化的磁场不是孤立的，而是相互激励，形成统一的电磁场。变化的电场在空间中产生变化的磁场，变化的磁场又可以产生变化的电场，从而产生电磁波。电磁波遇到导体时，会发生电磁感应现象，在导体中产生一定的电流，可以利用长导体（如导线等）接收来自远处的无线电信号，如本节所研究的甚低频信号。

2.2.1 圆极化磁传感器

天线的电场方向（极化方向）包含线极化和圆极化，线极化的极化方向与天线的走向一致，而圆极化的极化方向围绕着天线中轴不断地旋转变化，从中轴截面看类似圆形。线极化与圆极化的场强变化如图 2.2 所示，场强的大小和方向由电场和磁场共同决定。

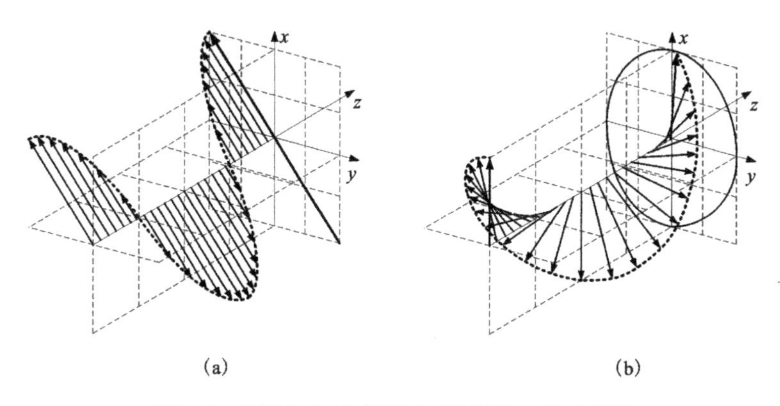

图 2.2 线极化(a)与圆极化(b)场强变化示意图

只有当接收天线和所接收电磁波的极化方向保持一致时，才能感应出最大的信号。因此，对于线极化，当接收天线的极化方向与线极化方向相同时，感应信号最大（在极化方向上电磁波的投影最大）；接收天线的极化方向与线极化方向偏离越大，则感应信号越小（在极化方向上电磁波的投影不断减小）；当接收天线的极化方向与线极化方向正交时，感应信号减小为零（在极化方向上电磁波的投影为零）。也有研究提出，利用两副空间正交安装的磁性天线对一副天线接收的信号进行相位移相处理后，与另一副天线接收的信号进行合成作为系统输入，可以此来实现信号的全向接收（史伟等，2012）。

而对于圆极化，无论接收天线的极化方向怎样，感应信号都是相同的，并且不会有差异（在任何方向上电磁波的投影都是相同的）。因此，设计的传感器以圆极化方式工作，可降低系统对天线的方位灵敏度。

此外，磁性天线接收信号的能力与磁棒的长度及横截面积有关。地球天然脉冲电磁场的磁力线在空间中的分布是十分密集的，磁棒的横截面越大，穿过它的磁感线数目就越多，线圈上产生的感应电压就越大，灵敏度就越高。磁棒越长，它所吸收的磁力线的强度就越大，线圈上产生的感应电压也就越大。但是，受到磁棒内部损耗以及天线体积的影响，磁棒的横截面和长度也有所限制。由此，本节以锰锌铁氧体作为主体材料，设计制成直径 8～10mm、长度 170mm 的黑色圆柱形磁棒天线，工作频率低、磁导率较高，适用于中长波的接收(图 2.3)。

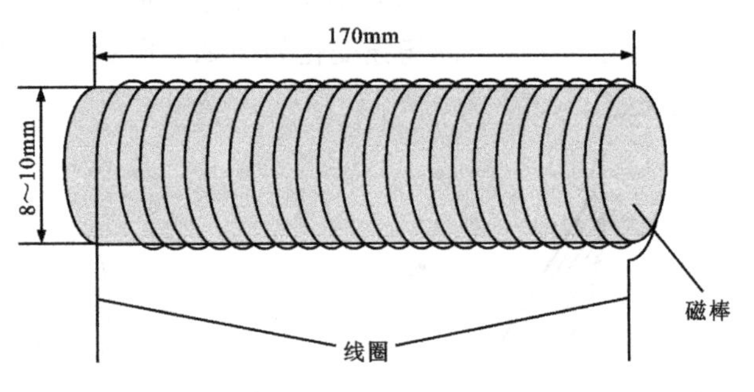

图 2.3　磁性天线示意图

影响天线性能的另外一个重要因素为电感线圈的电感量。电感线圈的电感大小一般与使用的导线直径、线圈绕制后的形状、尺寸和匝数有关。匝数越多、匝距越小，那么电感量就越大。但由于匝与匝之间存在着分布电容，线圈的品质因数下降，工作频率会受到影响，因此匝数不能过多。

为了更好地接收甚低频信号，磁感天线的线圈采用直径为 0.1mm 的漆包线，匝数为 200 匝左右，并在天线外部套一直径为 18mm、厚度为 1mm、切口为 3mm 的铜管，铜管接地，以减小无关信号的影响。传感器整体设计图及铜管横截面示意图如图 2.4、图 2.5 所示。

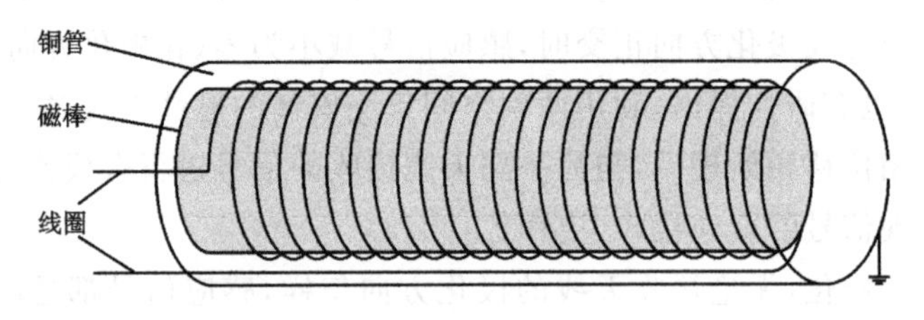

图 2.4　磁性天线传感器整体设计示意图

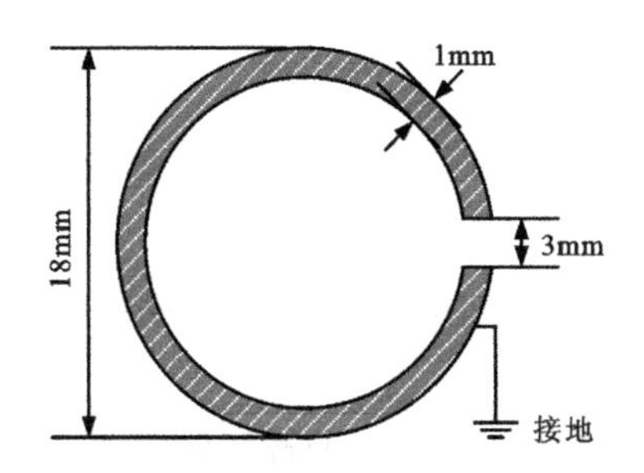

图 2.5　天线外部铜管横截面示意图

2.2.2　感应式磁传感器

基于不同物理效应的磁场传感器有很多，根据被检测磁场的性质和检测目的的不同，须采用不同的磁场传感器。目前，用于电磁法仪器的磁场传感主要有磁饱和式磁传感器、超导磁传感器和感应式磁传感器 3 种类型。

感应式磁探头是混场源（天然场和人工场）电磁法勘探不可缺少的仪器。混场源电磁法勘探主要应用于金属矿产及石油资源的勘探。

感应线圈系统结构简单牢固，制造工艺简单，使用方便，性能比较稳定，所以在国内外应用较为广泛。感应式磁传感器基于法拉第电磁感应原理，可以用来测量交变的或脉冲的磁场。它最适合用于测量交变磁场，并随着被测磁场频率的增加测量灵敏度也获得提高，其测量范围很广，分辨率较高。感应式磁传感器一般有空气芯和铁芯两种，早期使用的磁传感器都是空气芯的。为了获得足够的灵敏度，空气芯线圈面积需达到 10 000m^2，线圈常绕制几匝到十几匝，体积庞大，使用、安装、携带都很不方便；而带有磁芯的传感器，大大减小了传感器的体积，安装和使用也很方便。传感器使用的磁芯目前大致有铁氧体磁芯、坡莫合金磁芯和非晶态磁芯等，本节中采用铁氧体作为磁芯介质（陶伟等，2012）。

1. 传感器等效电路

根据法拉第电磁感应定律，当把匝数为 N、截面积为 S 的圆柱形螺线管线圈放置在随时间变化的磁场 $B(t)$ 中时，在线圈中就会产生一个感应电动势 $E(t)$，即

$$
\begin{aligned}
E(t) &= -N\frac{\mathrm{d}\varphi(t)}{\mathrm{d}t} = -NS\frac{\mathrm{d}B(t)}{\mathrm{d}t} \\
&= -NS\frac{\mathrm{d}\mu_0 n i(t)}{\mathrm{d}t}
\end{aligned}
$$

$$=-NnS\mu_0\frac{\mathrm{d}\mu n_0 i(t)}{\mathrm{d}t}$$

$$=-NnS\mu_0\frac{\mathrm{d}i(t)}{\mathrm{d}t} \tag{2.2}$$

式中：$\varphi(t)$为通过线圈的磁通量；μ_0 为真空导磁率；n 为激励线圈密度；$i(t)$为激励电流。

对于带有相对磁导率为 μ_r 的磁芯的螺线管线圈，其感应电动势 $E_m(t)$为

$$E_m(t)=-N\frac{\mathrm{d}\varphi(t)}{\mathrm{d}t}=-NS\frac{\mathrm{d}B_m(t)}{\mathrm{d}t}$$

$$=-NS\frac{\mathrm{d}\mu n i(t)}{\mathrm{d}t}$$

$$=-NnS\mu\frac{\mathrm{d}i_m(t)}{\mathrm{d}t}$$

$$=-NnS\mu_r\mu_0\frac{\mathrm{d}i_m(t)}{\mathrm{d}t} \tag{2.3}$$

由以上可知，被测磁场的变化率可由线圈的感应电动势所反映。感应式磁传感器通常由线圈和补偿电路两部分组成，线圈包括绕组、磁芯和骨架三部分，磁芯通常采用高导磁率的磁性材料。实际上线圈部分是一个振荡电路，其等效电路如图 2.6 所示。

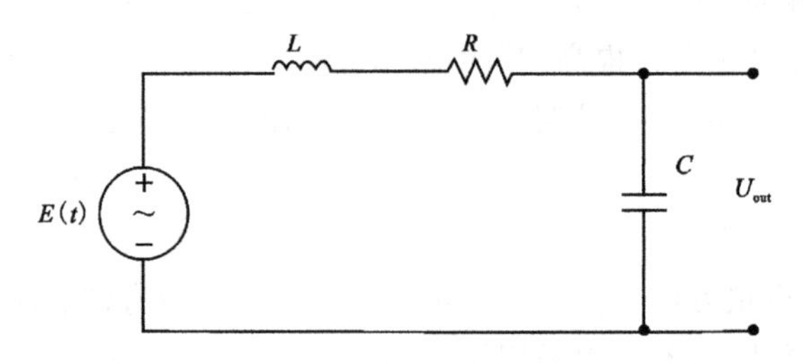

图 2.6　线圈等效电路

因此整个传感器等效为由电感 L、内阻 R_L、分布电容 C、感应电压源及匹配电阻和补偿电路所组成的电路，如图 2.7 所示。线圈输出的并非是线圈上的感应电动势 $E(t)$，而是线圈分布电容两端电位 U_{out}（邵英秋，2008）。

感应电动势 $E(t)$可描述为

$$E(t)=LC\frac{\mathrm{d}^2u(t)}{\mathrm{d}t^2}+\left(\frac{L}{R_L}+R_LC\right)\frac{\mathrm{d}u(t)}{\mathrm{d}t}+\left(1+\frac{R_L}{\mathrm{d}t}\right)u(t) \tag{2.4}$$

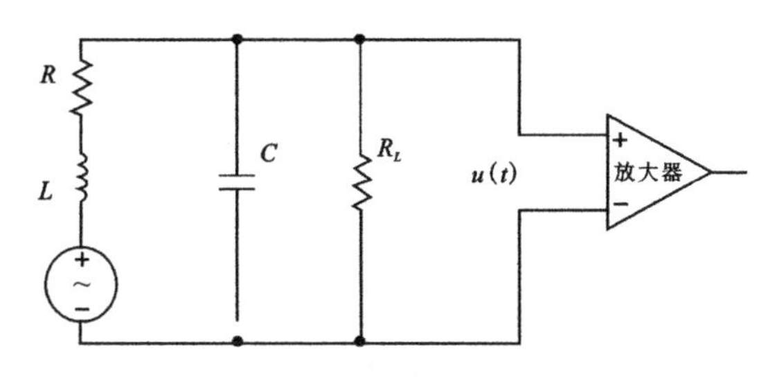

图 2.7 感应式磁传感器等效电路

2. 感应式磁传感器组成

整个传感器由线圈、接口电路两部分组成。线圈部分包括骨架、绕组、磁芯。骨架材料需要采用稳定性好、线膨胀系数小的非铁磁性材料，酚醛树脂无论是在温度和应力等稳定性方面，还是在线膨胀系数等方面都是最好的，用它作为骨架的材料可以满足传感器的要求。

感应式磁传感器的线圈参数主要包括电感、分布电容、电阻。影响线圈参数的因素主要有线圈本身的外形尺寸、绕制方法、漆包线的漆皮介电常数以及线圈的材料和磁芯材料等。电阻由线圈的材料、长度、线径等决定。导线材料必须同时具备电阻率较低，有足够的机械强度，并在一般情况下有较好的耐腐蚀性，容易进行各种形式的机械加工，价格较便宜的特点。常用的导线包括铝线和铜线，一般情况应用铜线而不是铝线绕制线圈，因为铜有较好的导电性和导热性，机械性能较高，易于线圈的绕制。铜导线的电阻率比铝导线小，铜导线的电导率σ_0为$0.59\times10^8\Omega^{-1}\cdot m^{-1}$，而且当湿度有较大变化时，铝线也不像铜线那样易于适应。此外，在设计高灵敏度的感应线圈时遇到的问题是，如果应用很细的导线做感应线圈，那么线圈的总电阻就很大，如果为了减小电阻而应用较粗的导线，那么线圈的质量就会变得很大，考虑到野外人员能携带的感应式线圈质量不应过大，显然应用细导线是适宜的。在天然场源中，磁场较弱频带比较宽，磁场的温度效应和磁阻效应很小，可以忽略不计，所以选择半径为 0.1～0.3mm 的铜导线即可(Yaghjian，1982)。为了降低线圈的分布电容值，可以应用棉纱包线，因为棉纱的厚度使导线间隔加大，电容值降低，在棉纱保持干燥的情况下，棉纱绝缘层的介电常数要比漆和尼龙类绝缘层的介电常数更低。但是如果线圈导线之间的棉纱绝缘层吸收了少量的潮气，那么就会引起介电常数的增高，从而导致电容值的加大和谐振频率的降低，使系统工作不稳定，所以选择铜漆包线较合适。

3. 仿真模型验证

1)改变线圈匝数

频率 20kHz,线圈半径 0.1mm,通电导线电流 10mA,与线圈垂直且距离 20cm 时,不同匝数线圈对应感应电压数值的关系如表 2.1 所示。

表 2.1　线圈匝数与线圈感应电压关系

线圈匝数/匝	线圈感应电压/mV
100	0.020 195+0.062 665i
200	0.040 39+0.125 33i
500	0.100 98+0.313 32i
800	0.161 56+0.501 32i
1000	0.201 95+0.626 65i
1500	0.302 93+0.939 97i
2000	0.403 90+0.001 253 3i
2500	0.504 88+0.001 566 6i
3000	0.605 85+0.001 879 9i
3500	0.706 83+0.002 193 3i
4000	0.807 80+0.002 506 6i

注:i 表示通电电流,后同。

2)改变频率

线圈半径 0.1mm,匝数 2000 匝,通电导线电流 10mA,与线圈垂直且距离 20cm 时,不同频率对应感应电压数值的关系如表 2.2 所示。

表 2.2　频率与线圈感应电压关系

频率/kHz	线圈感应电压/mV
5	0.031 099+0.351 70i
8	0.077 333+0.554 19i
10	0.117 91+0.683 67i
12	0.165 17+0.808 13i

续表 2.2

频率/kHz	线圈感应电压/mV
15	0.246 55+0.984 91i
18	0.338 18+1.149 8i
20	0.403 90+1.253 3i
22	0.472 76+1.351 8i
24	0.544 38+1.445 6i
26	0.618 43+1.534 8i
28	0.694 65+1.619 6i
30	0.772 82+1.700 1i
32	0.852 74+1.776 4i
35	0.975 51+1.883 3i

3)改变通电导线与线圈的距离

频率 20kHz,线圈半径 0.1mm,匝数 2000 匝,通电导线电流 10mA,与线圈垂直时,距离线圈不同距离对应感应电压数值的关系如表 2.3 所示。

表 2.3　导线、线圈的距离与线圈感应电压关系

距离/cm	线圈感应电压/mV
1.5	0.776 85+14.191i
2	0.762 93+13.110i
5	0.682 45+8.144 9i
8	0.607 06+5.202 9i
10	0.561 65+3.928 5i
15	0.473 91+2.120 5i
20	0.403 90+1.253 3i

4)改变漆包线的半径

频率 20kHz,匝数 2000 匝,通电导线电流 10mA,与线圈垂直且距离 20cm 时,不同半径对应感应电压数值的关系如表 2.4 所示。

表 2.4　漆包线半径与线圈感应电压关系

半径/mm	线圈感应电压/mV
0.05	0.403 90+1.253 3i
0.1	0.403 90+1.253 3i
0.2	0.403 90+1.253 3i
0.3	0.403 90+1.253 3i

5)改变电导线的电流

频率 20kHz,线圈半径 0.1mm,匝数 2000 匝,通电导线与线圈垂直且距离 20cm 时,通电导线不同输入电流对应感应电压数值的关系如表 2.5 所示。

表 2.5　电导线电流与线圈感应电压关系

电流/mA	线圈感应电压/mV
0.5	0.020 195+0.062 665i
1	0.040 390+0.125 33i
2	0.080 780+0.250 66i
5	0.201 95+0.626 65i
10	0.403 90+1.253 3i
15	0.605 85+1.879 9i
20	0.807 80+2.506 6i

4. 实物展示

传感器实物图如图 2.8 所示。

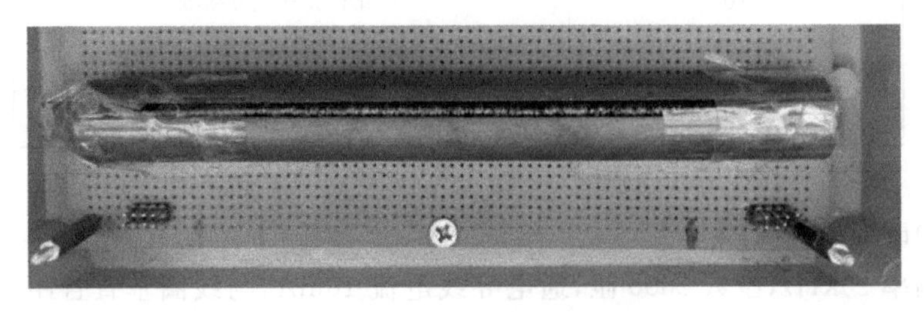

图 2.8　传感器实物图

2.2.3　磁通门传感器

1. 原理及模型

磁通门传感器是一种可以测量环境中弱磁场的矢量磁场测量仪器。在具有高磁导率的磁芯材料上绕制激励线圈和感应线圈，通过在激励线圈中施加周期性变化的激励电流，可使磁芯材料达到交替深度饱和状态。由于磁芯磁化曲线非线性的特性，此时磁芯磁导率会随着激励磁场强度的变化而变化，磁芯的磁导率变化明显，通过感应线圈将不能直接测量的被测磁场信号转化为可直接测量的电信号，并通过后续信号处理电路从测得的感应电动势中提取能反映磁场大小的偶次谐波分量，根据比例系数反推出被测磁场信号大小，从而实现对待测磁场的测量。

当磁芯材料处于非饱和磁场时，它的磁导率变化非常缓慢，磁芯只有处于交替深度饱和状态时，随被测磁场变化而变化的偶次谐波分量才会比较大，磁芯材料的这一饱和点就可类比为一道“门”，待测磁场信号通过这道“门”，被调制为电信号，因此这类传感器被称为磁通门传感器。利用磁通门技术检测磁场的方法常称为磁饱和法。

目前市售磁通门传感器主要包含探头和处理电路两个部分，探头主要由激励线圈、磁芯、感应线圈组成，电路主要包含激励电路和感应电路，因此磁通门传感器的最终输出噪声也由这两个部分的噪声叠加而成。

2. 磁通门探头构成

磁通门探头是一种特殊的变压器，同样服从于法拉第电磁感应定律。但其用途和目的却和变压器有所不同，在普通变压器中需要想办法去除的磁通门信号，却是磁通门探头希望保留的，而变压器效应感应电势却成为了需要去除的噪声。根据待测磁场和激励磁场方向的不同，磁通门传感器可以分为平行磁通门传感器、正交磁通门传感器和混合磁通门传感器。

按磁芯结构的不同，磁通门传感器又分为单磁芯型、双磁芯型、圆环形和跑道形等。单磁芯型和双磁芯型引起的横向场效应小，适合磁场分量测量，但在实际应用中，磁通门信号相对于强大的变压器信号是非常微弱的，系统的干扰信号比较大，实际功耗也比较大；圆环形和跑道形磁芯均属于闭磁路结构，可以减小变压器效应引起的噪声，在实际应用中功耗相对较小，但是圆环形和跑道形磁芯由于探头为非对称分布，并不能进行点磁测量，且探头受另外两个方向上的铁芯影响较大，探头体积也比较大。基于不同物理结构的磁通门传感器，虽然输出的磁通门信号不同，但其原理是相同的。

3. 磁化曲线与磁滞回线

磁通门传感器的核心组成之一是磁芯，而磁芯材料的各项指标又直接影响着磁芯。所以，为了更加深入地分析磁通门传感器的工作原理以及研制出各项性能指标更优的磁通门传感器，很有必要深入探讨磁芯材料的基本性能参数特性以及在变化的磁场中其动态变化过程。

磁化曲线代表磁芯磁感应强度 B 和外加磁场强度 H 的关系，如图 2.9 所示。该曲线包含了给定磁性材料的基本参数信息，其中 μ 为磁芯的磁导率；B_s 为磁芯磁饱和感应强度；H_s 为磁芯材料饱和时的磁场强度，即磁芯内部的磁感应强度几乎不再随外界磁场强度的增大而变化时的外界磁场强度值。磁化磁芯内部的磁场强度 H 与磁感应强度 B 满足的关系为

$$B=\mu H \tag{2.5}$$

当磁芯材料达到磁饱和(磁感应强度为 B_s)时，减小外界磁场强度，磁芯内部的磁感应强度自然也随之减小，但由于畴壁位置不可逆转引起磁化曲线的上升，使其减小的过程并不是沿着刚开始磁化曲线退回，而是明显滞后于磁场强度的变化，如图 2.10 所示，因此回到磁场强度为零的位置 2，材料依然被磁化且该磁化成为剩磁感应强度 B_r。继续施加反向磁场，当磁感应强度为零时，即位置 3，该磁场强度成为矫顽力 H_c，矫顽力是磁性材料磁化时非常重要的参数，该参数越小，功率损耗越小。

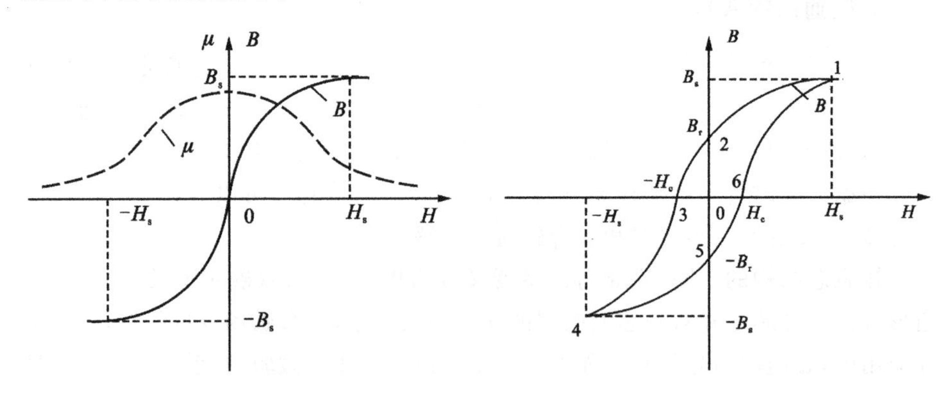

图 2.9　磁芯的磁化曲线　　　图 2.10　磁芯材料的磁滞回线

根据磁滞回线宽窄的不同，也就是矫顽力 H_c 高低的不同，可将磁性材料分为软磁材料和硬磁材料等。其中，软磁材料的磁滞回线窄而长，即剩磁感应强度 B_r 与矫顽力 H_c 均很小。而磁通门传感器磁芯材料选择的两大原则就是磁导率

高和矫顽力低，因此，软磁材料是磁通门磁芯材料的首要选择。

4. 仿真模型建立

1）磁芯模型建立

选用矫顽力小、磁导率高、电阻率高的软磁材料作为磁芯。由磁芯的J-A模型可知，通过分析比较各材料磁滞回线矫顽力的大小确定了新型磁通门传感器的磁芯材料，选择 comsol 软件中磁导率比较高的材料作为磁芯材料。

根据磁通门传感器尺寸限制和市售磁通门传感器尺寸规格，为使仿真模型更贴合实际，选择磁芯的尺寸为长 2cm、宽 0.75mm、厚 0.025mm。

在 comsol 软件中根据磁芯材料属性明细进行仿真计算，可得到磁芯的 B-H 曲线参数。在软件材料库中已有大量的常见磁芯材料，同时也可以选择添加空材料功能，方便加入新的磁性材料。

本节经过磁通门原理及数学模型的分析，选择双磁芯模型，根据双磁芯模型进行双磁芯材料的建模，磁芯的相对位置结构如图 2.11 所示，选择在 x 方向上建立磁芯的宽度为 h_core_x（即磁芯的厚），在 y 方向建立磁芯的深度为 l_core_y（即磁芯的长），在 z 方向建立磁芯的高度为 w_core_z（即磁芯的宽）。磁芯的几何尺寸及材料属性可以在软件中根据需要更改。

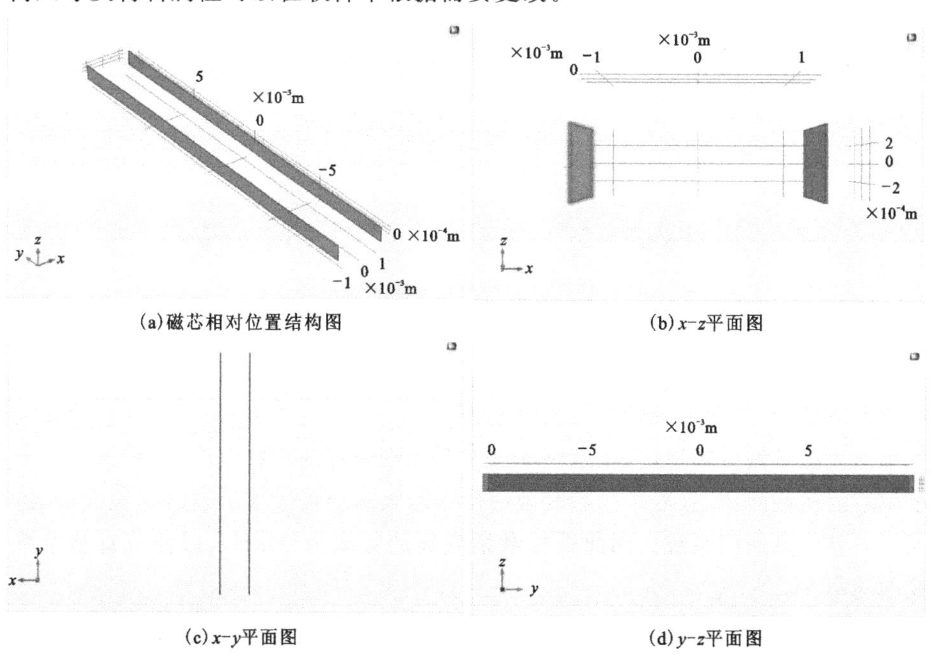

图 2.11　磁芯相对位置结构

2)激励线圈模型建立

在 comsol 软件中,磁芯外部建立包裹磁芯的激励线圈,在激励线圈和磁芯中留有一定空隙,如图 2.12 所示,对应实际生产中由于磁芯材料的刚性不足而建立一个骨架,方便绕制激励线圈。磁芯与激励线圈相对位置如图 2.12 所示,设置参数时使磁芯长度微长于激励线圈(磁芯长度为 20mm,激励线圈长度为 19mm)。

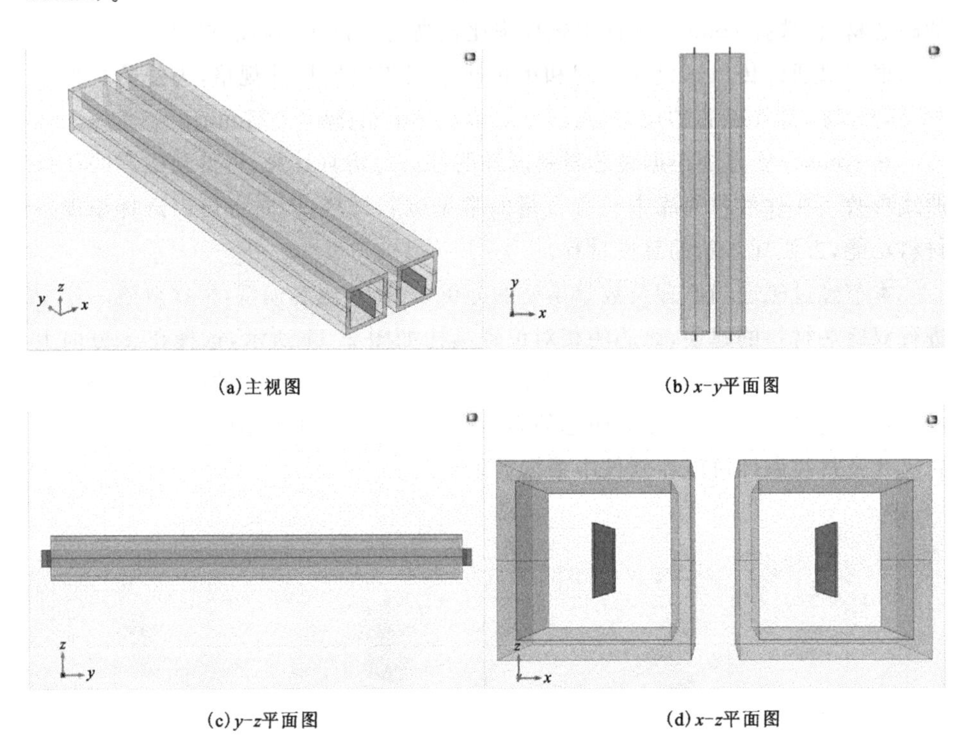

(a)主视图　(b)x-y平面图

(c)y-z平面图　(d)x-z平面图

图 2.12　磁芯与激励线圈相对位置

设置磁通门模型激励线圈材料为铜,对磁芯的两个激励线圈分别加反向的方波电流激励,使两个激励线圈内磁通为零。在实际生产中,磁通门的激励线圈频率由无源晶振分频得出,激励频率过大会加剧磁芯的趋肤效应,即相当于减小了磁芯的横截面积,且磁芯的趋肤效应使磁芯发热会极大地影响磁芯的性能,进而影响整个磁通门系统。因此选择激励磁场的频率为 20kHz,以便节省整个系统的功率。

选取合适的激励线圈匝数可以在模型的仿真条件中得到最大的感应电动势。依次取磁芯的匝数分别为 10 匝、100 匝、300 匝、350 匝、400 匝、450 匝、

500 匝、600 匝、1000 匝，由仿真数据可知，在两个磁芯的匝数均为 400 匝时，得到的感应电动势最大。由此，根据实际生产中市售磁通门参数以及仿真数据，选取磁芯的激励线圈匝数为 400 匝，激励线圈的长为 19mm，宽为 2mm，厚度为 0.2mm。

3)感应、反馈线圈和环境磁场模型建立

三分量磁通门要确保 $x-y-z$ 分量的 3 个探头之间的垂直度，常见的有圆环形、跑道形和“井”字形空间结构。由于圆环形和跑道形的探头为非对称分布，不能进行点磁测量，且其体积也比较大，因此若要满足本节中对点磁的测量，只能选择“井”字形空间结构，“井”字形空间结构的三轴探头真正实现了对称布局，且 $x-y-z$ 3 个分量的探头中心汇聚于一点。三分量磁通门即要分别测 x、y、z 3 个方向的磁通门信号，为了防止软件因为计算量太大而不能运算出结果，所以先选择测某一分量的磁通门信号，若测三轴即可以通过在软件中修改单轴磁通门模型方向实现。

为了实现三轴探头微型化设计，简化磁通门模型结构，选取感应线圈和反馈线圈共用的设计，模型以输出的感应电动势来表征被测磁场，并在电路中利用电容“通交流阻直流”的特性，对感应电压与反馈电压进行分离。

图 2.13 为 comsol 软件中磁芯的磁通密度云图，由图可知激励磁场的大小满足磁芯饱和的需求，且两磁芯中的磁场方向相反，形成正反磁通密度图。

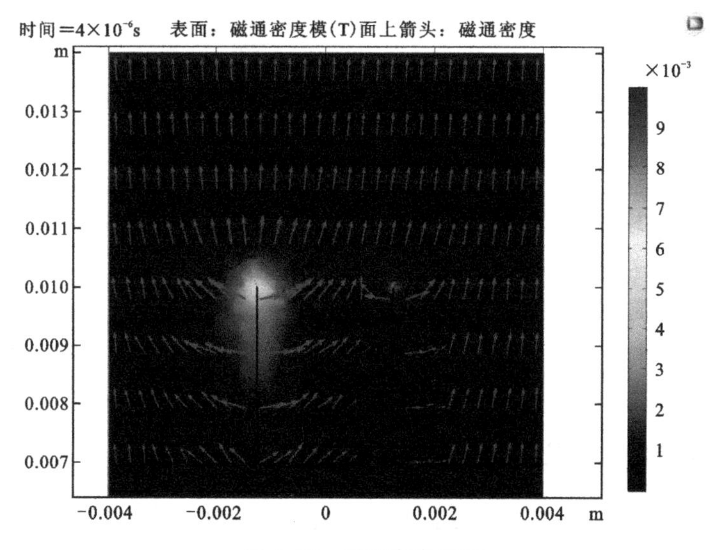

图 2.13　磁通密度云图

在 comsol 软件中，基于双磁芯与激励线圈模型，在其外部建立检测线圈模型，为方便绕制感应线圈，与实际生产相对应，在检测线圈与激励线圈中留有空隙（图 2.14）。同样使激励线圈长度略微长于检测线圈（激励线圈长度为 19mm，检测线圈长度为 18.5mm），依据市售磁通门规律，选取感应线圈匝数为 900 匝。

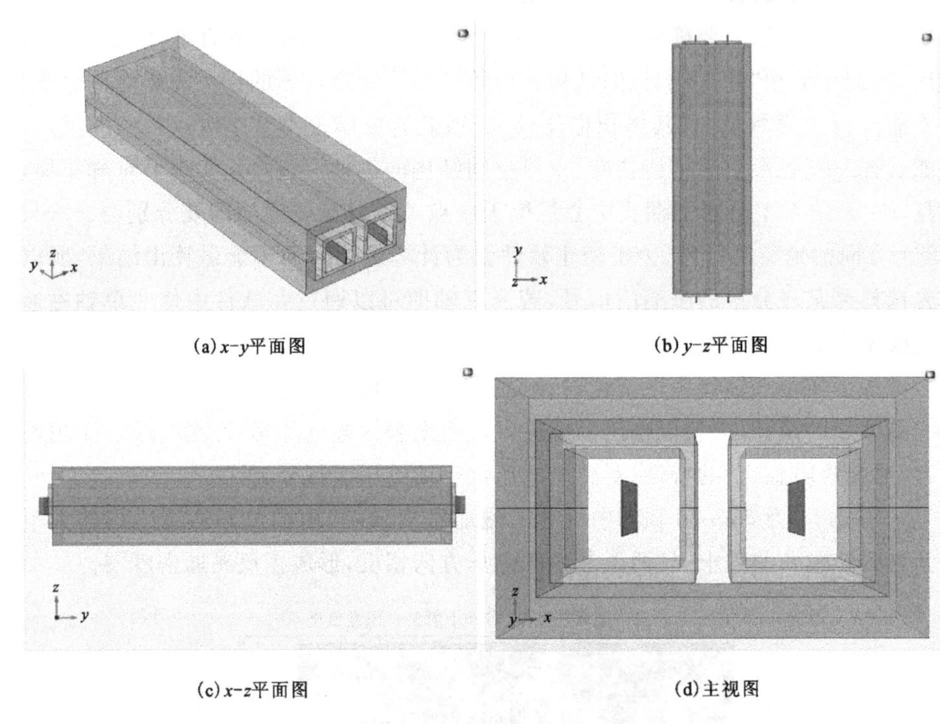

(a) x-y平面图　　(b) y-z平面图

(c) x-z平面图　　(d)主视图

图 2.14　磁芯与激励线圈相对位置

在 comsol 软件中，为了研究磁通门模型各元件参数对输出磁通门信号的影响，可以设置一个虚构域，即在整个磁通门模型外围建立长方体，将它设置为无限元域。对该虚构域加一个均匀且强度足够的背景磁场，作为待测磁场，可以选择 x、y、z 3 个分量方向的背景磁场，本节选取在 y 方向上加 0.5Gs[①] 磁场，即地磁场。

5. 仿真参数设置及模型验证

在正常工况其他参数不变的条件下，固定其中一磁芯激励线圈匝数为 400 匝，

① 1Gs=10^{-4}T。

对另一磁芯的激励线圈匝数进行改变，分别进行匝数为 360 匝、370 匝、380 匝、390 匝的仿真，及匝数为 410 匝、420 匝、430 匝、440 匝的仿真。对磁通门模型分别在背景磁场为 0 和 0.5Gs 的条件下进行仿真。

(1)背景磁场为 0 时，仿真结果如图 2.15 所示。

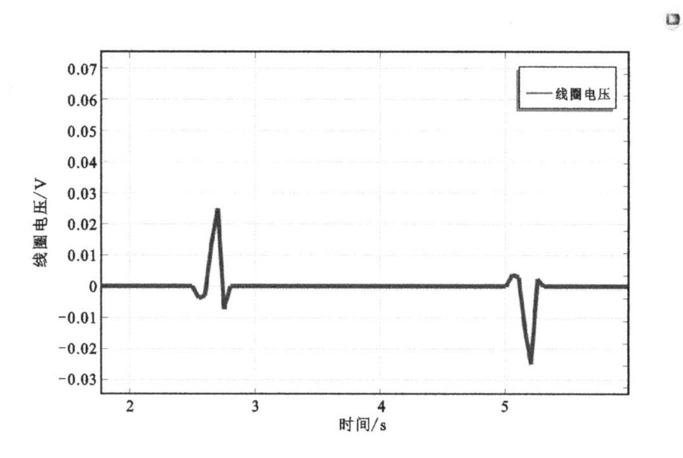

图 2.15　背景磁场为 0 时的正常工况

背景磁场为 0 时，磁芯激励线圈匝数不一致，固定左侧线圈匝数为 400 匝，右侧磁芯匝数分别为 410 匝、420 匝、430 匝、440 匝，线圈电压结果如图 2.16 所示。

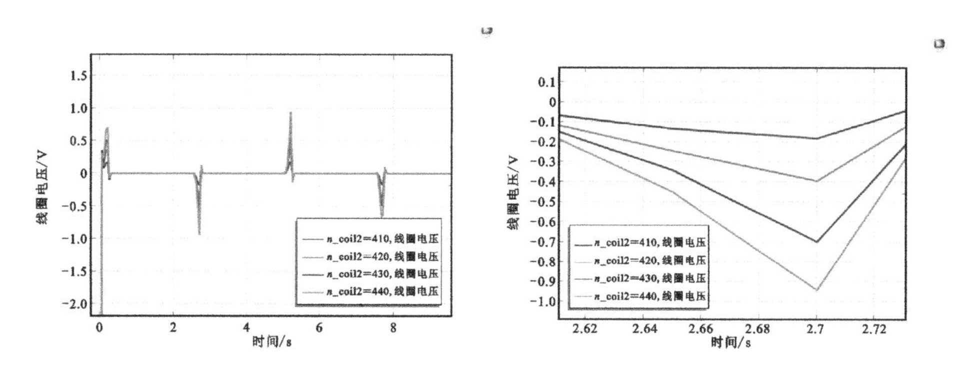

图 2.16　磁芯激励线圈匝数不同时的线圈电压结果图

(2)背景磁场为 0.5Gs 时，仿真结果如图 2.17 所示。

①背景磁场为 0.5Gs 时，磁芯激励线圈匝数不一致，固定左侧线圈匝数为 400 匝，右侧磁芯匝数分别为 410 匝、420 匝、430 匝、440 匝，结果如图 2.18 所示。

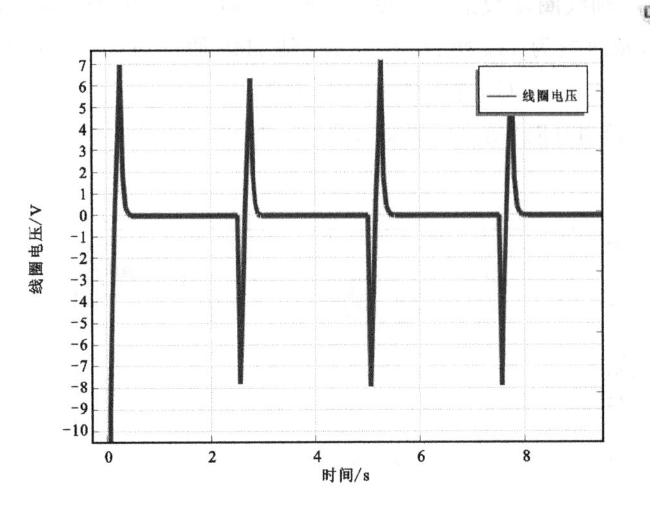

图 2.17　背景磁场为 0.5Gs 时的正常工况

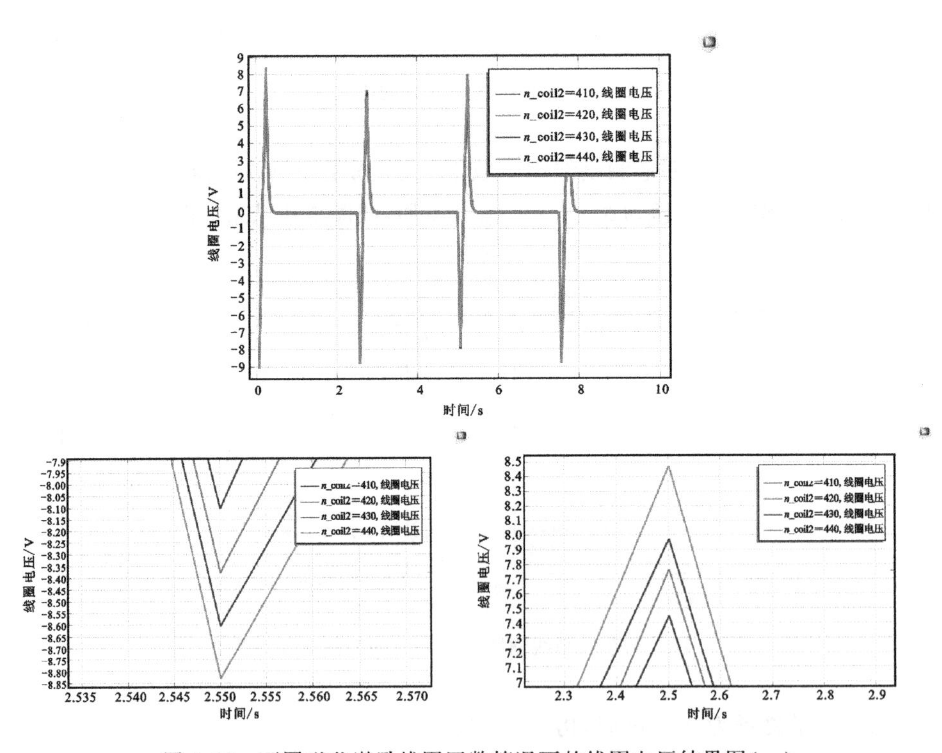

图 2.18　不同磁芯激励线圈匝数情况下的线圈电压结果图(一)

②背景磁场为 0.5Gs 时，磁芯激励线圈匝数不一致，固定左侧线圈匝数为 400 匝，右侧磁芯匝数分别为 360 匝、370 匝、380 匝、390 匝，结果如图 2.19 所示。

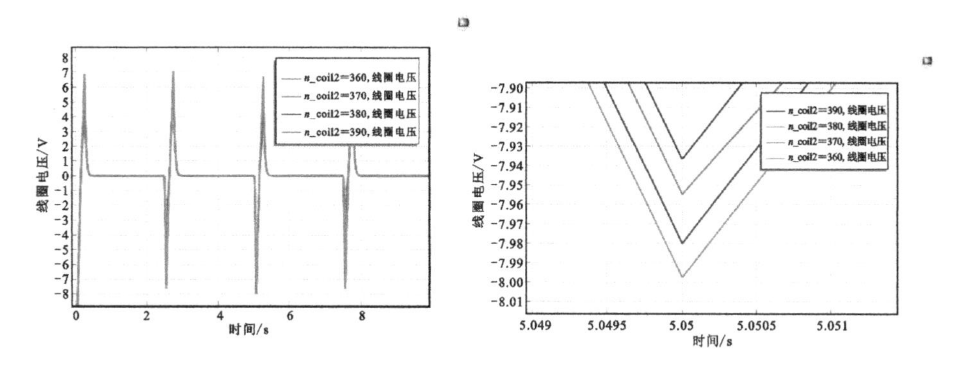

图 2.19　不同磁芯激励线圈匝数情况下的线圈电压结果图(二)

从图 2.15、图 2.16 中仿真结果可以看出，在背景磁场为 0 时，磁芯匝数一致时，输出感应电动势幅值约为 0.03V，而磁芯匝数不一致时，随着两磁芯激励线圈匝数差值的变大，在感应线圈中出现了较为明显的感应电动势，且幅值在匝数相差 40 匝时，逐渐增大至 1V 左右，与正常工况下幅值仅相差 10 倍左右，且由于匝数不一致产生的感应电动势与匝数一致时波形的出现时间点基本相同，势必会对磁通门探头有效的输出信号产生较大的影响，影响系统最终的性能。

2.3　ENPEMF 信号接收设备

整体设备设计流程如图 2.20 所示。

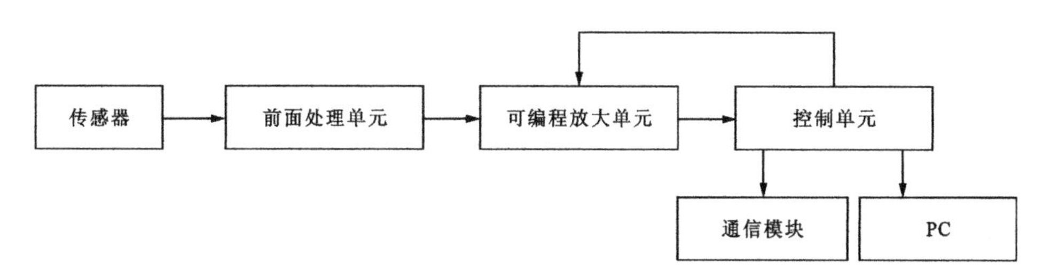

图 2.20　整体设备设计流程

2.3.1 整体电路设计

整体电路设计图、PCB 电路设计图、二维/三维视图、设备实物图如图 2.21～图 2.24 所示。

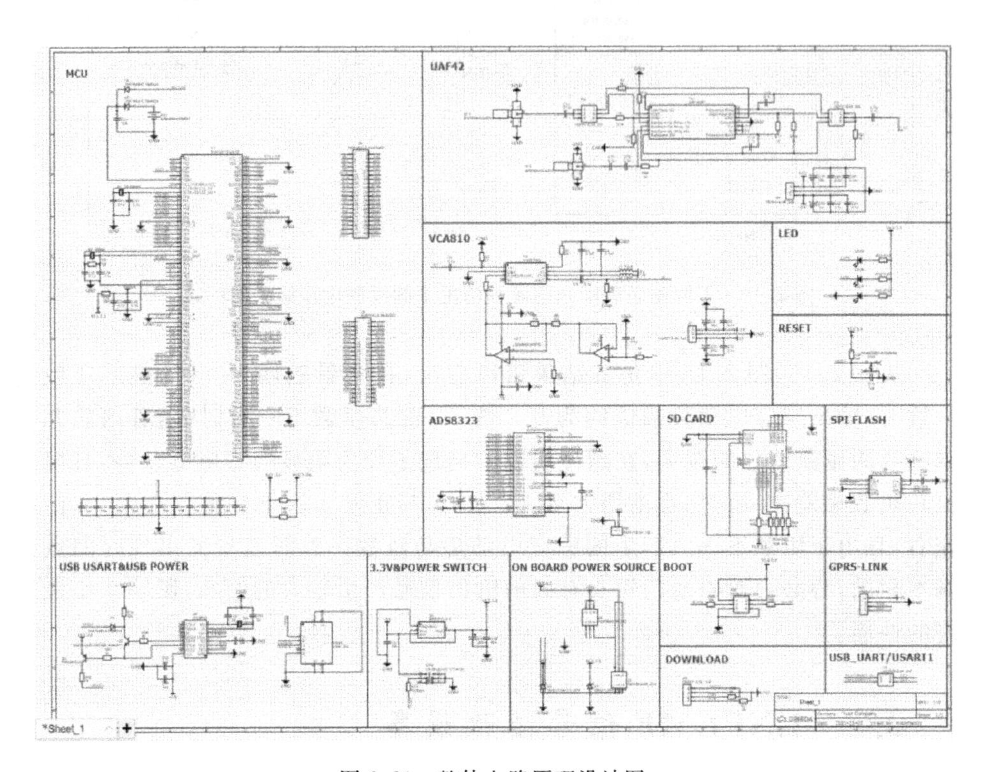

图 2.21 整体电路原理设计图

2.3.2 滤波模块(5～35kHz)

UAF42 芯片是美国 Burr-Brown 公司推出的高集成度通用有源滤波器，具有设计方便、使用灵活的特点，通用性强，可根据需要设计成高通、低通、带通和带阻滤波器。本书采用 UAF42 芯片，通过改变 UAF42 的电路参数可以构成满足实际需要的滤波器，频率范围为 5～35kHz。滤波模块电路原理图、实物电路图、滤波模块测试图如图 2.25～图 2.27 所示。

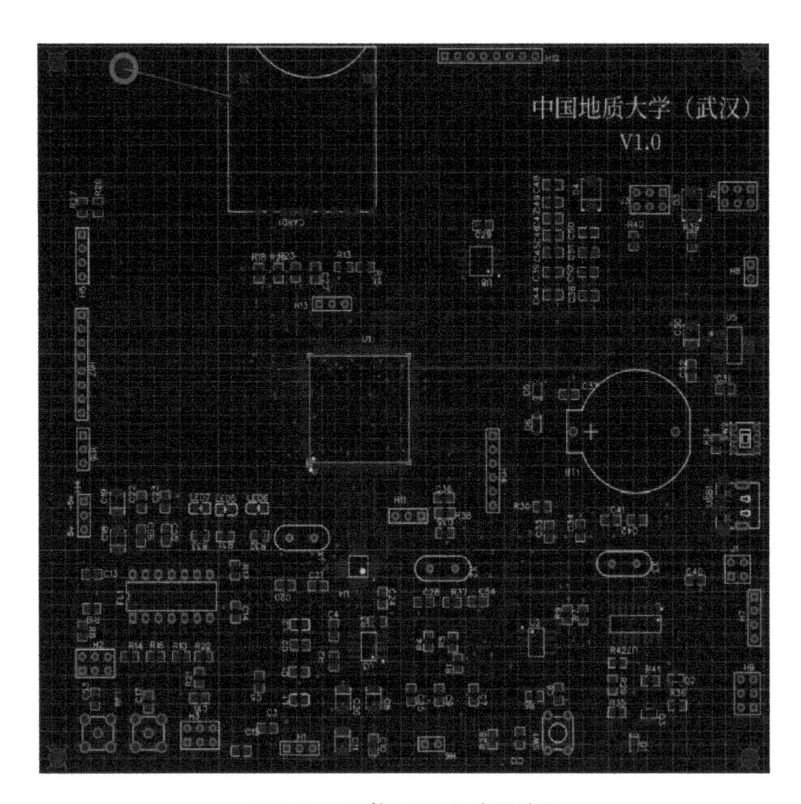

图 2.22　整体 PCB 电路设计图

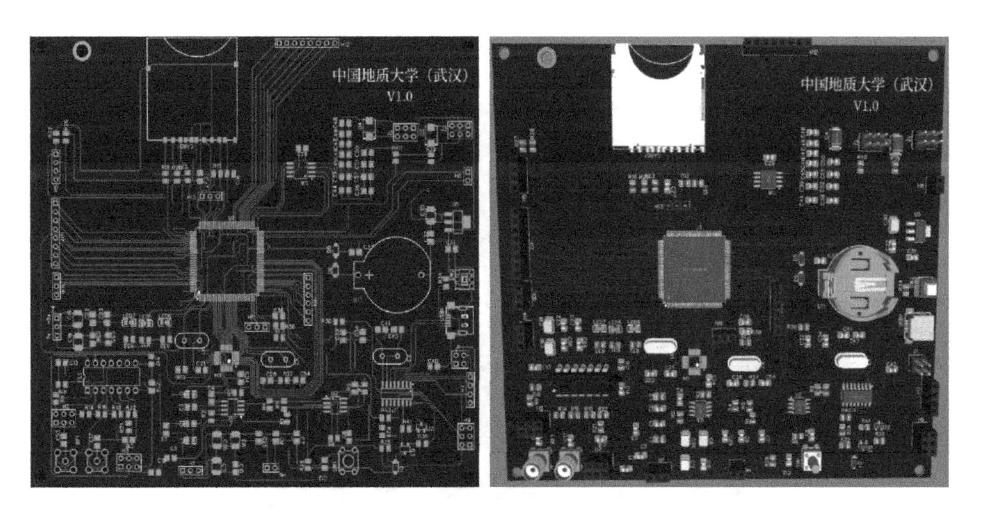

图 2.23　整体电路二维/三维视图

图 2.24　设备实物图

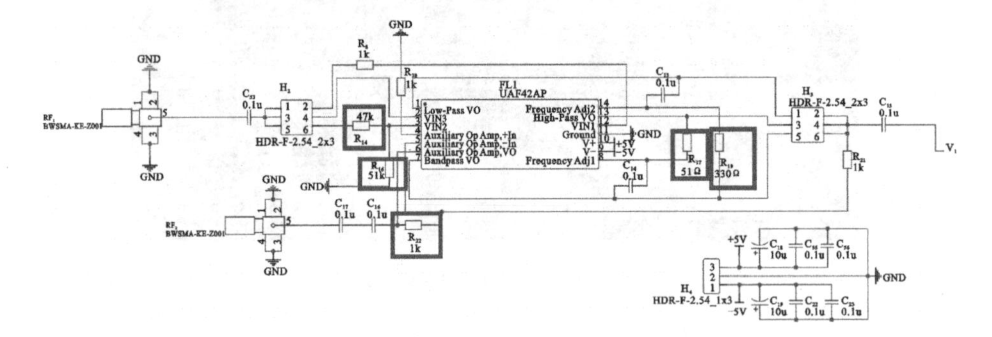

图 2.25　滤波模块电路原理图

图 2.26　滤波模块实物电路图

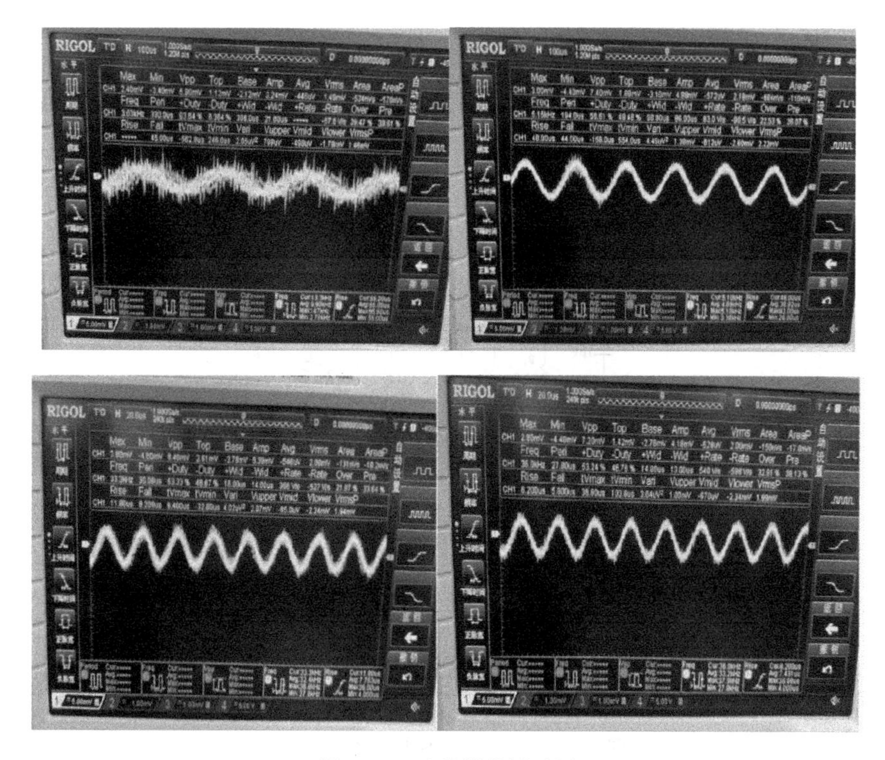

图 2.27　滤波模块测试图

2.3.3　信号放大模块

1. 电路图设计(三级放大)

微伏级别的信号输入经过放大模块的连接,可以放大 10 000 倍。信号放大模块电路仿真图如图 2.28 所示。

2. PCB 设计

1)第一级放大

第一级芯片为 AD620(图 2.29)和 OP27AH(图 2.30),可以放大 20 倍。

前级放大器采用精密仪表放大器 AD620,它是一款低成本、高精度仪表放大器,仅需要一个外部电阻来设置增益,增益范围为 1～10 000,并且功耗低(最大电源电流仅 1.3mA),因而非常适合电池供电及便携式(或远程)应用。AD620 除具有高精度(最大非线性度 40×10^{-6})、低失调电压(最大 50 μV)和低失调漂移(最大 0.6 μV/℃)的特性外,还具有低噪声、低输入偏置电流和低功耗

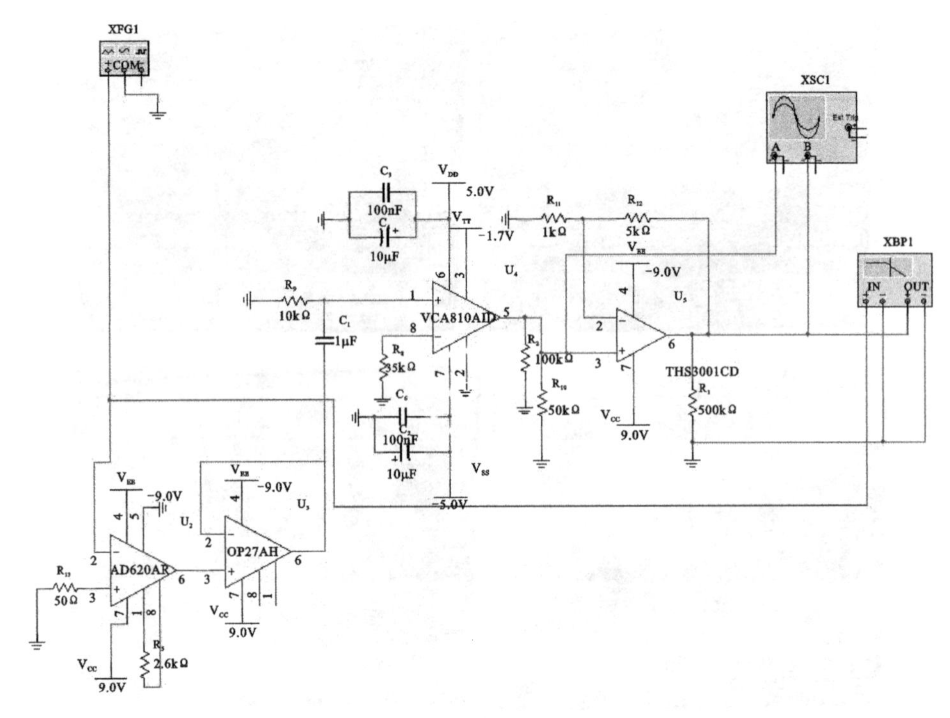

图 2.28　信号放大模块电路仿真图

的特性，共模抑制比高，能大大提高对小信号放大的精度。

前级放大器先对小信号进行了 20 倍的放大。选择放大 20 倍，得到使用的电阻大小为 2.6kΩ。实际仿真有一定误差，可以对使用的电阻进行调整，最终选取 R_G＝2.6kΩ。

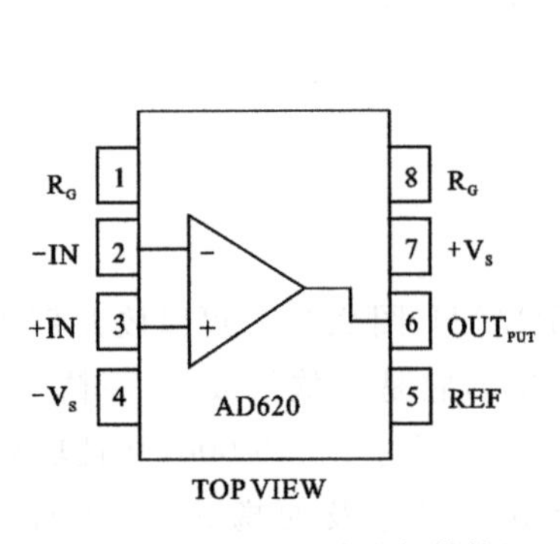

图 2.29　AD620 芯片内部结构图

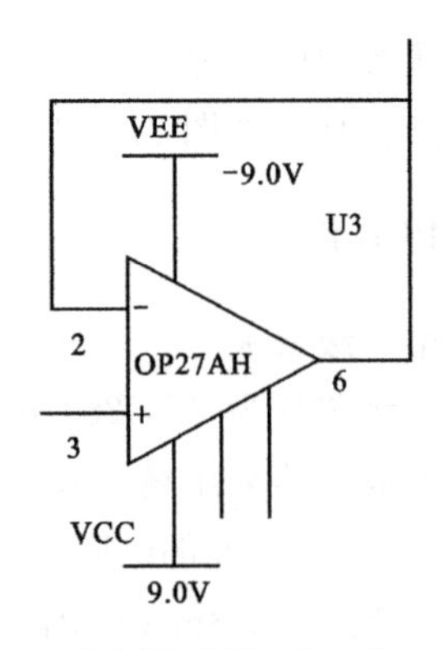

图 2.30　电压跟随器 OP27AH 电路图

OP27AH本质为放大倍数为1的反相比例放大电路，因其输入阻抗大，输出阻抗小等特性，可起到隔离前、后两级电路的效果，避免前级信号对后级信号产生干扰。信号放大模块电路第一级放大PCB原理图如图2.31所示。

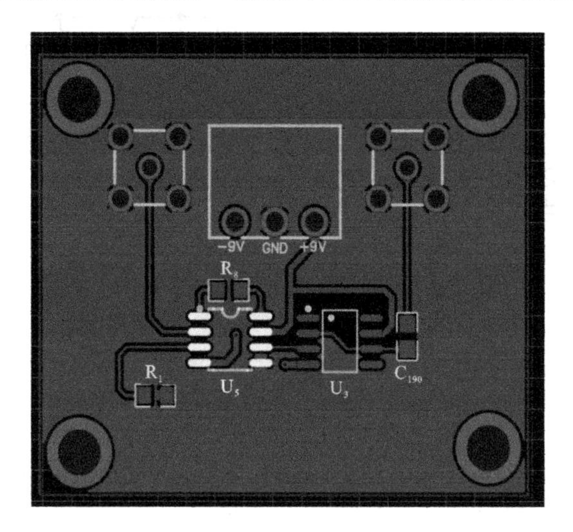

图2.31　信号放大模块电路第一级放大PCB原理图

2)第二级放大

第二级芯片为VCA810，可以放大100倍。

宽带电压控制放大器VCA810，它的增益连续可变，可调范围80dB，增益精度±0.5dB，信号带宽35MHz。VCA810提供差分输入到单端输出放大器，主要用于脉冲或时域系统的模拟信号处理。VCA810把高增益调整范围、低噪声、高带宽和增益精度组合在一起。VCA810芯片内部结构图如图2.32所示。

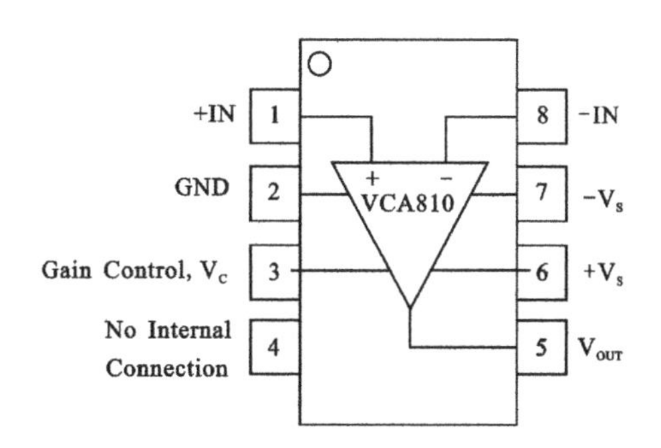

图2.32　VCA810芯片内部结构图

VCA810 外接电路图如图 2.33 所示。

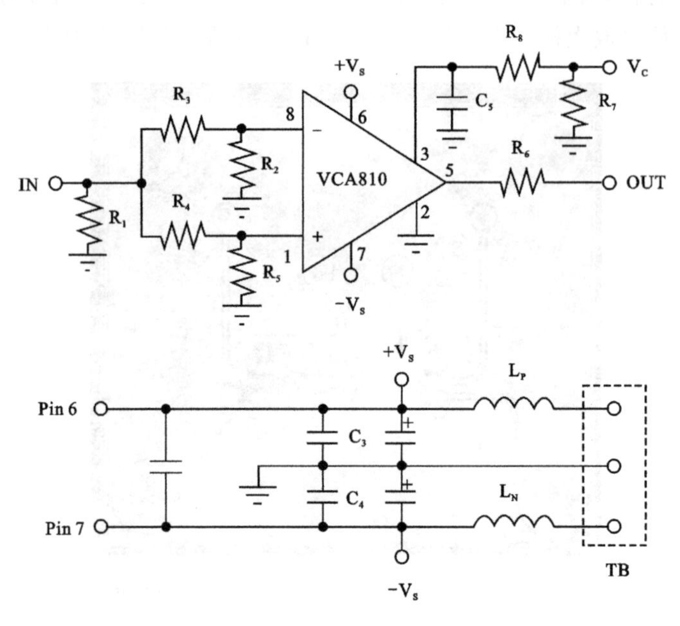

图 2.33　VCA810 外接电路图

图中 R_2、R_5、R_7 进行阻抗匹配，C_1、C_2 为钽电容(2.2～6.8 μF)，C_{PN} 为瓷片电容，尽可能布置在电源端口，C_3、C_4 为瓷片电容(0.1 μF)，尽量靠近芯片 6、7 脚。R_1 是与源阻抗匹配的输入电阻。使用 R_3 或 R_4 选择 VCA810 的反相或同相输入。R_2 或 R_5 需要接地。R_6 是输出电阻。R_7 提供驱动控制电压。如果需要，可添加 R_8 和 C_5 以提供低通滤波。L_P 和 L_N 是铁氧体芯片，可以减少与高频电源的相互作用；如果无需求，可以用 0Ω 电阻代替它们。

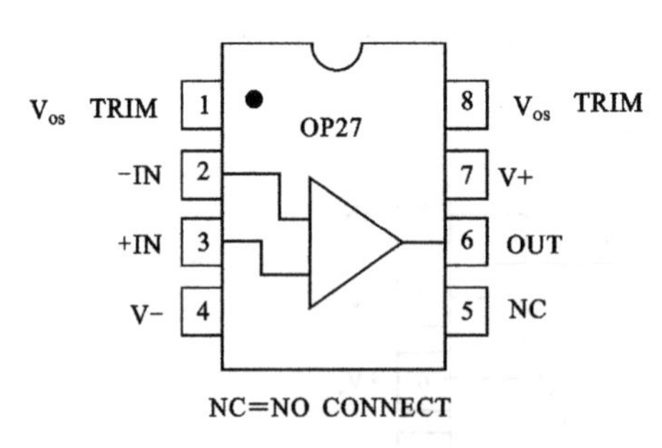

图 2.34　OP27 内部电路图

OP27 是一种低噪声、精密运放放大器，我们需要将单片机的 DA 输出的电压给此芯片，经过芯片将电压反向输出，供给 VCA810 的 3 引脚，芯片内部电路图如图 2.34 所示。

整体第二级放大电路 PCB 原理图及实物图如图 2.35 和图 2.36 所示。

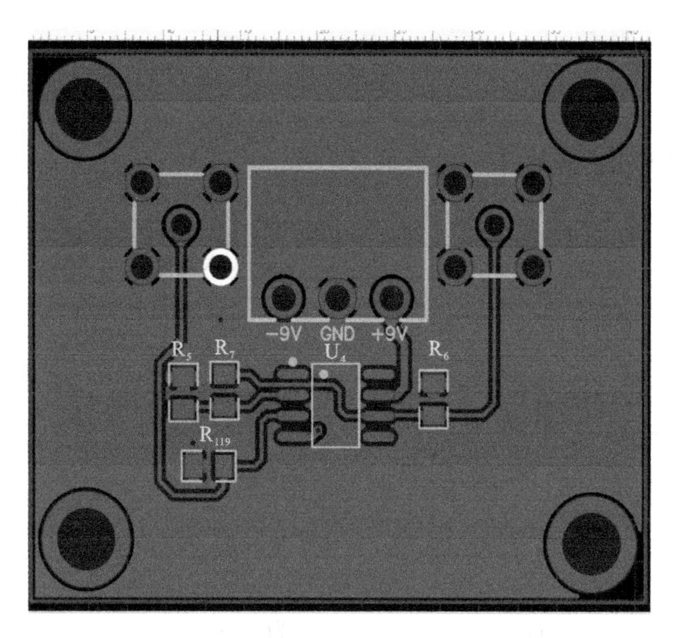

图 2.35　信号放大模块电路第二级放大原理图

图 2.36　信号放大模块电路第二级实物电路图

3)第三级放大

第三级芯片为THS3001,可以放大5倍。它是一款高速电流反馈运算放大器。THS3001芯片内部结构图如图2.37所示。

增益计算电路图如图2.38所示。

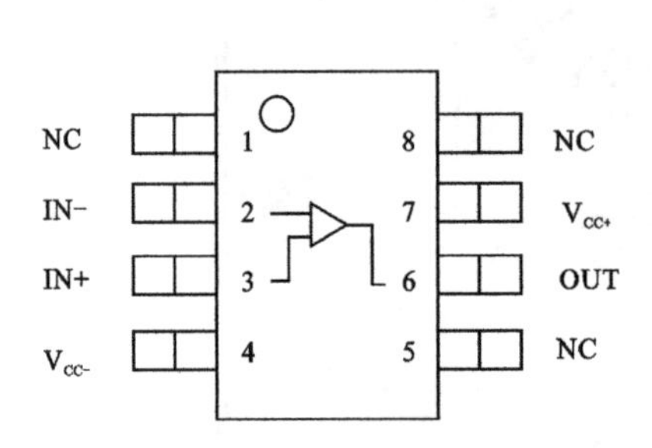

图2.37　THS3001芯片内部结构图

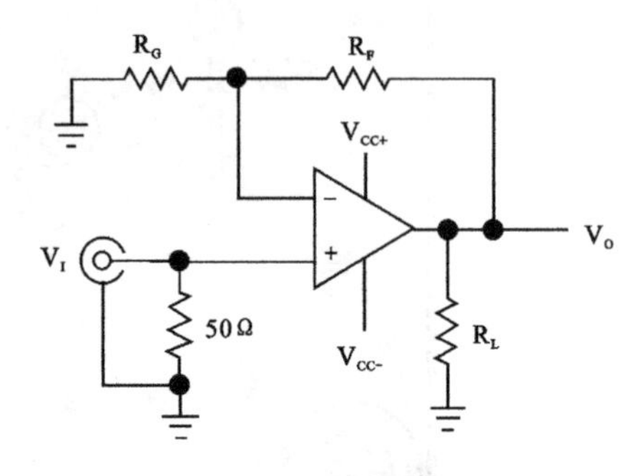

图2.38　增益计算电路图

增益计算公式为Gain＝1＋(R_F/R_G)。为了获取6倍增益,令R_F为5000Ω,R_G为1000Ω。但是实际测试只能获取5倍的放大效果。仿真测试时,两个电阻的阻值比是5倍的时候电路性能最好。整体第三级放大电路PCB原理图如图2.39所示。

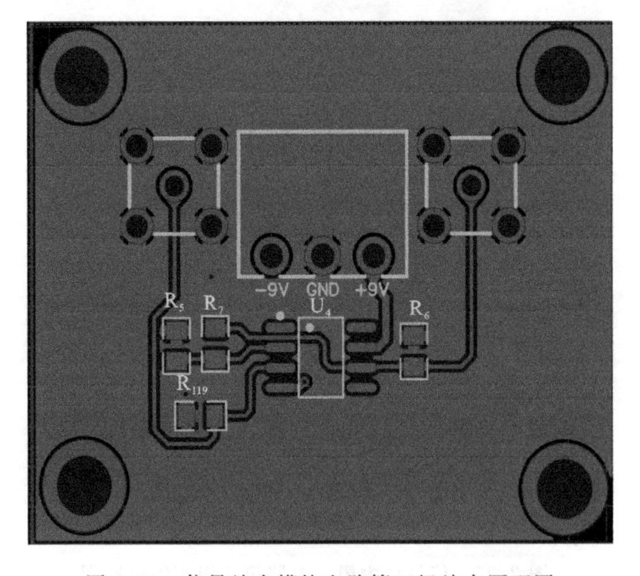

图2.39　信号放大模块电路第三级放大原理图

3. 电路模块测试

(1)一二级放大模块的测试如图 2.40 所示。

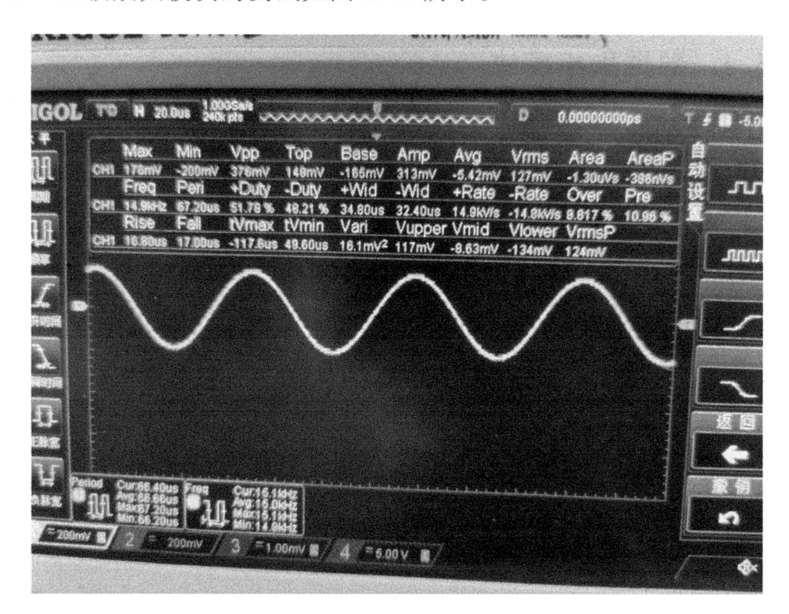

图 2.40 一二级放大模块的测试

(2)第三级放大模块的测试如图 2.41 所示。

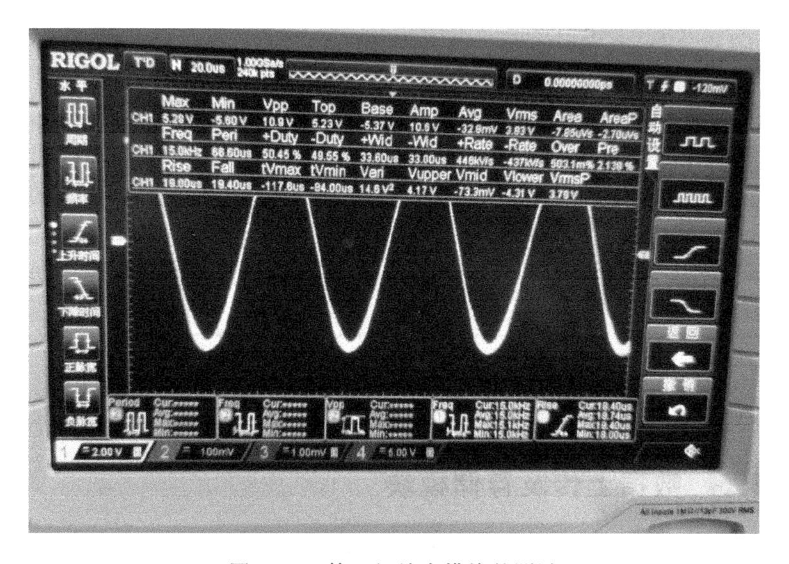

图 2.41　第三级放大模块的测试

微伏级别的信号输入经过放大模块的连接，可以放大 10 000 倍：①第一个模块芯片为 AD620 和 OP27AH，放大了 20 倍；②第二个模块芯片为 VCA810，放大了 100 倍；③第三个模块芯片为 THS3001，放大了 5 倍。

2.3.4 数据采集模块

STM32F1 的单片机内部自带 12 位的 ADC 处理器，数据采集模块将数据做均值处理，定义为 AH 值；设置阈值，超过阈值，NH 值增加。调试界面如图 2.42 所示。

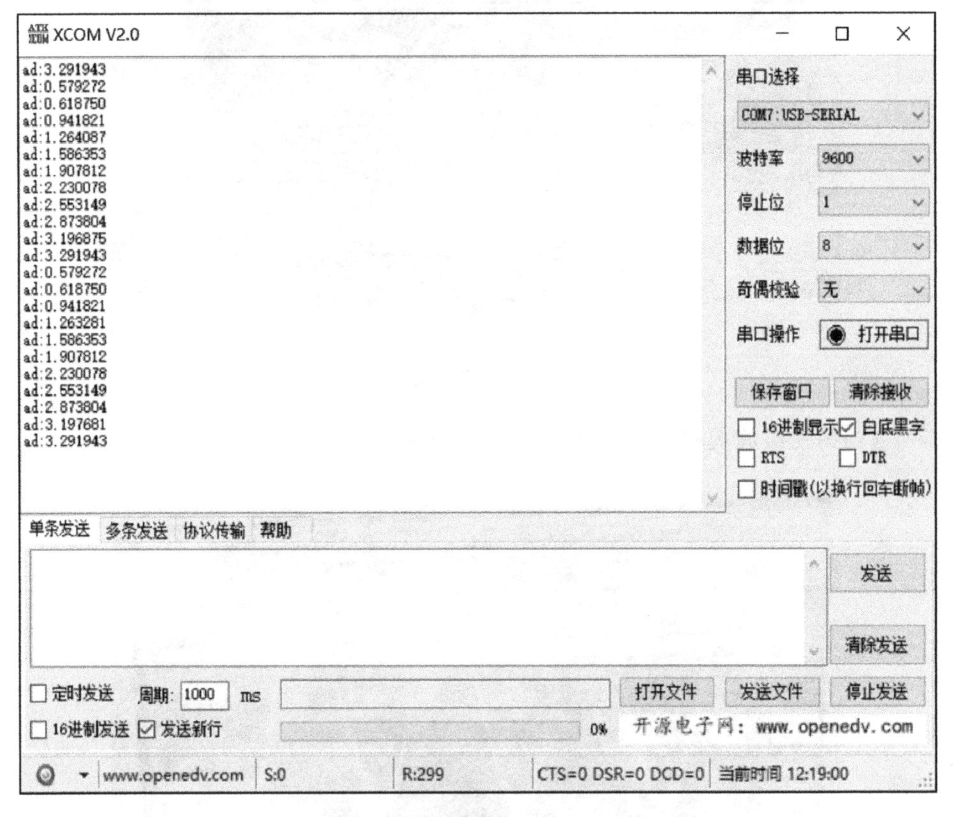

图 2.42 数据采集模块调试界面

2.3.5 数据上传及存储模块

GSM/GPRS 芯片主要由 AT 指令进行控制。AT 即 Attention，AT 指令集是从终端设备(terminal equipment,TE)或数据终端设备(data terminal equipment,DTE)向终端适配器(terminal adapter,TA)或数据电路终端设备(datacircuit terminal equipment,DCE)发送的。通过TA、TE发送AT指令来控制移动台的功能,与GSM网络业务进行交互。用户可以通过AT指令进行呼叫、短信、电话本、数据业务、传真等方面的控制。SIM900A模块提供的AT命令包含符合GSM07.05、GSM07.07和ITU-T RecommendationV.25ter的指令,以及SIMCOM自己开发的指令。接下来介绍进行GPRS通信所必需的11条AT指令。

(1)AT+CGCLASS用来设置移动台的类别。SIM900A模块只支持“B”(包交换)和“CC”(电路交换)两种类别。

(2)AT+CGDCONT用来设置PDP上下文。发送AT+CGDCONT=1,“IP”,“CMNET”,设置PDP上下文标志为1,采用互联网协议(IP),接入点“CMNET”(移动梦网)。

(3)AT+CGATT用来设置附着和分离GPRS业务。发送AT+CGATT=1,就可以附着GPRS业务。

(4)AT+CIPCSGP用来设置CSD或GPRS两种不同的链接模式。发送AT+CIPCSGP=1,“CMNET”,即可设置为GPRS连接模式,接入点为“CMNET”。

(5)AT+CIPHEAD用来设置接收数据是否显示IP头。发送AT+CIPHEAD=1,设置显示IP头。

(6)AT+CLPORT用来设置本地接收端口号。发送AT+CLPORT=“TCP”,“2000”,即设置为TCP连接,本地接收数据的端口号为2000。

(7)AT+CIPSTART用来建立TCP连接或注册UDP端口号。发送AT+CIPSTART=“TCP”,“47.115.219.20”,“8080”,模块将建立一个TCP连接,目标地址为47.115.219.20,连接端口为8080,连接成功会返回CONNECT OK。

(8)AT+CIPSEND用来发送数据。在连接成功以后发送AT+CIPSEND,模块返回>,此时可以输入要发送的数据,最大可以一次发送1352字节,数据输入完后,同发短信一样,输入十六进制的1A(0X1A),启动发送数据。

(9)AT+CIPSTATUS用来查询当前连接状态。

(10)AT+CIPCLOSE用来关闭TCP/UDP连接。

(11)AT+CIPSHUT用来关闭移动场景。

数据库存储界面如图2.43所示。

1 信息　2 表数据　3 信息

id	time	AH	NH
1	2021-10-12 22:00:46	0	0
2	2021-10-12 22:00:47	897	1788
3	2021-10-12 22:00:48	2084	4196
4	2021-10-12 22:00:49	2417	4872
5	2021-10-12 22:00:50	2438	4916
6	2021-10-12 22:00:51	2228	4489
7	2021-10-12 22:00:52	1971	3966
8	2021-10-12 22:00:53	2130	4289
9	2021-10-12 22:00:54	1765	3549
10	2021-10-12 22:00:55	1610	3234
11	2021-10-12 22:00:56	1628	3271
12	2021-10-12 22:00:57	1688	3393
13	2021-10-12 22:00:58	1807	3634
14	2021-10-12 22:00:59	2138	4306
15	2021-10-12 22:01:00	2218	4468
16	2021-10-12 22:01:01	2433	4904
17	2021-10-12 22:01:02	2448	4935
18	2021-10-12 22:01:03	2448	4935
19	2021-10-12 22:01:04	2447	4933
20	2021-10-12 22:01:05	2447	4933
21	2021-10-12 22:01:06	2400	4838

数据库：shixi　表格：2021_10_12_22h

图 2.43　数据库存储界面

2.3.6　ENPEMF 实时监测系统

后端服务器搭建采用 node.js，直接读取网络串口将数据存入 MySQL 数据库，并根据前端不同的请求设置 get 路由，将数据送到浏览器上（图 2.44）。同时生成.csv 文件，方便前端下载文件时使用。这样就可以实现前后端分离，我们设置了 Login（登录界面）、Menu（菜单界面）、DataTime（历史数据界面）、CurrentData（当前数据界面）、HotMap（热图界面），用户可以通过登录网页进行数据查询。

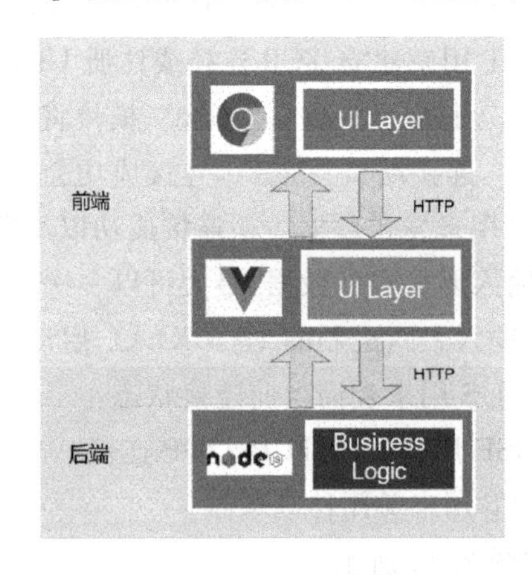

图 2.44　前后端连接图

(1)登录界面(图 2.45)。

图 2.45　实时监测系统网页登录界面

(2)监测地点选择界面(图 2.46)。

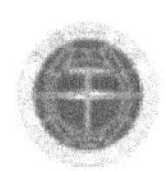

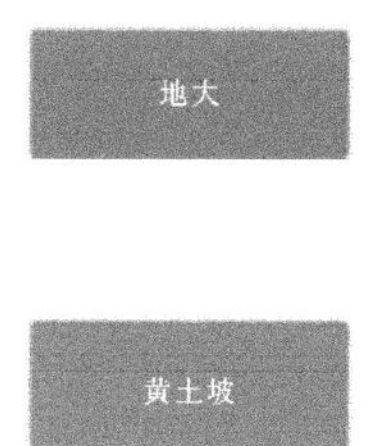

图 2.46　实时监测系统网页监测地点选择界面

(3)数据显示界面(图 2.47)。

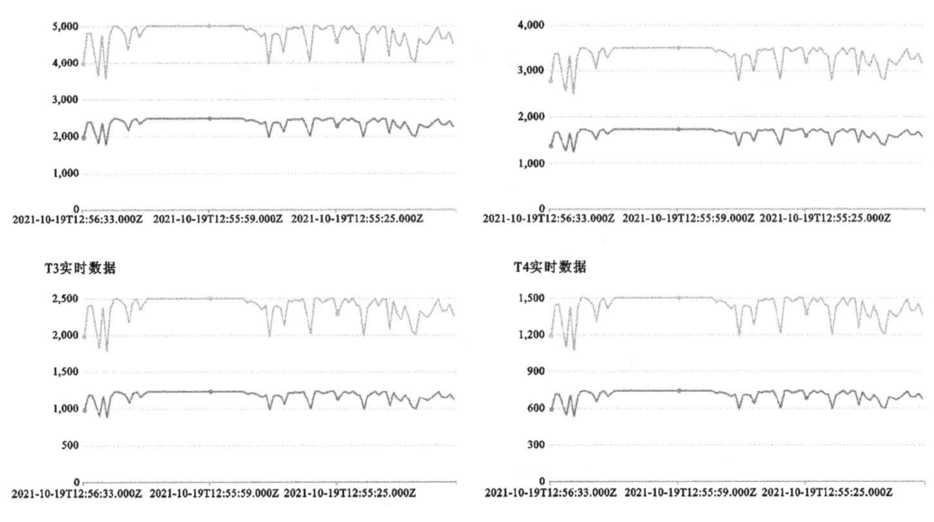

图 2.47　数据显示界面

(4)数据查询界面(图 2.48)。

日期	AH	NH
2021-10-15T07:00:00.000Z	2479	5000
2021-10-15T07:00:01.000Z	2479	5000
2021-10-15T07:00:02.000Z	2479	5000
2021-10-15T07:00:03.000Z	2475	5000
2021-10-15T07:00:04.000Z	2216	4486
2021-10-15T07:00:05.000Z	2141	4312
2021-10-15T07:00:06.000Z	1500	3012
2021-10-15T07:00:07.000Z	2183	4397
2021-10-15T07:00:08.000Z	1840	3706

图 2.48　数据查询界面

第 3 章　非平稳信号的特征提取方法

3.1　时频分析

地震信号处理中最基本的方法为傅里叶频域分析法。这种方法将数据从时间域转换到频率域,使得在时间域难以观察到的现象和规律在频率域可以显示出来。但是傅里叶变换使得时间信息难以在频率域同时得到,频谱上不能联合显示时间信息。傅里叶变换是基于全局的,而对于全局谐波分量并不一致的非平稳信号来说,傅里叶变换就不再适用(时世晨,2011)。此外,傅里叶分析还要求系统满足线性,因此,在地震波信号的处理上存在相当大的局限性。

20 世纪 80 年代,Meyer、Grossman 和 Dallbechies 等共同发展了小波变换。与傅里叶变换相比,小波变换是时间(空间)频率的局部化分析。它通过伸缩平移运算对信号(函数)逐步进行多尺度细化,最终达到高频处时间细分、低频处频率细分,能自动适应时频信号分析的要求,从而可聚焦到信号的任意细节,解决了傅里叶变换的困难问题,成为继傅里叶变换以来在科学方法上的重大突破(李晟,2009)。但是小波分析也有其局限性,其解释有时候也有违常规,且不具备自适性。一旦小波基被确定,在整个分析过程中就不能被替换(张海勇,2001),对于频谱结构在不同时间上差别较大的非平稳信号来说,这样的处理过于笼统。

希尔伯特-黄变换(Hilbert-Huang transform,HHT)是由 Huang 等在 1998 年提出的一种新的时域分析方法,能够对非线性、非平稳的信号进行分析,同时具有良好的自适应性(黄清华,2005)。HHT 的核心是经验模态分解(empirical mode decomposition,EMD),通过 EMD 将信号分解为多个固有模态函数(intrinsic mode function,IMF)之和,然后对每一个 IMF 分量进行 Hilbert 变换得到瞬时频率,最后可将时间、频率和能量特征在 Hilbert 谱上表现出来。按照这种方法得到的 Hilbert 谱是在时间-频率域中描述非平稳信号,具有非常高的时频分辨率。与以往传统的分析方法相比,HHT 更加高效,适用于分析大量频率随时间变化的非平稳信号,而不受海森伯格测不准原理的制约(王慧,2009)。

目前，HHT 作为一种新的信号分析理论，已逐步应用到各种非平稳信号的分析中，如地震信号分析、语音信号处理、机械故障查找和医学信号处理等众多领域。这一方法尚处在初步发展阶段，因而还需要进一步的研究和改进。

近年来，Winger-Ville 分布（Wigner-Ville distribution，WVD）分析方法（WVD）已经被广泛用于多种时频分析领域，它以良好的时变特性，特别是对线性调频信号可直接由其精确定义“瞬时频率”，多年来一直被广泛用于非平稳信号的分析。但是当用于非平稳信号分析时，这种方法虽然对边缘特性、瞬时频率和局域化等有很好的描述，但交叉项成为其应用的瓶颈，交叉项的存在使它很难将有多个频率成分的信号表示清楚。本节将分别构造信号进行仿真，验证上述每一种方法的时频分析效果。

3.1.1 HHT 的改进：二次 EEMD（DEEMD）

传统的 EMD，为信号分解提供了一种新的思想，但是在信号分解时存在严重的模态混叠现象，这样的混叠会使信号分析失去意义。法国 Flandrin 小组通过研究发现，在分解白噪声的时候，白噪声中的各个频率分量被均匀的分离，Huang 提出将白噪声加入到待分解的信号中来弥补信号中断产生的尺度缺失。下面将先分析 EEMD（ensemble empirical mode decompostion，集合经验横态分解）的实现步骤和效果，研究其进一步的改进方法，从而最终实现二次 EEMD（DEEMD）。

1. EEMD

EEMD 实现的具体步骤和流程图如图 3.1 所示。

（1）向信号中加入正态分布白噪声。

（2）将加入白噪声的信号作为一个整体，然后进行 EMD 分解，得到各 IMF 分量。

（3）重复步骤（1）、（2），每次加入新的正态分布白噪声序列。

（4）将每次得到的 IMF 集成平均处理后作为最终结果。

2. 基于地球天然脉冲电磁场的 EEMD

与传统的 EMD 相比，EEMD 很大程度上改善了模态混叠的现象，各个频率之间的分离更加彻底了。通过更改信噪比，EEMD 的效果可以进一步改善。在图 3.2 的 EEMD 中，仍然存在着端点飞翼的情况，这种端点效应会影响接下来的分解，并产生误差。

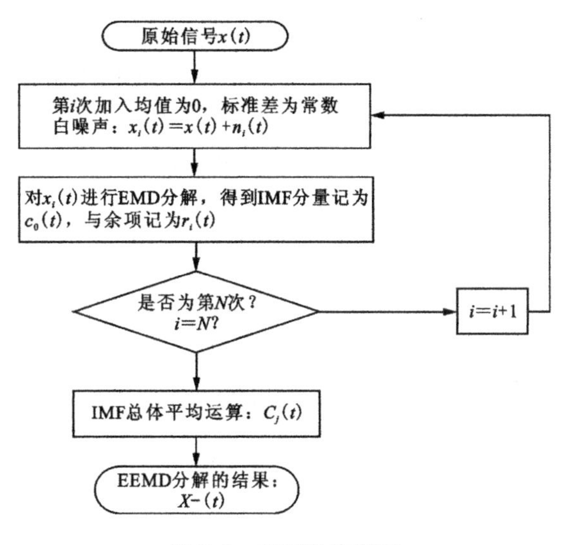

图 3.1　EEMD 流程图

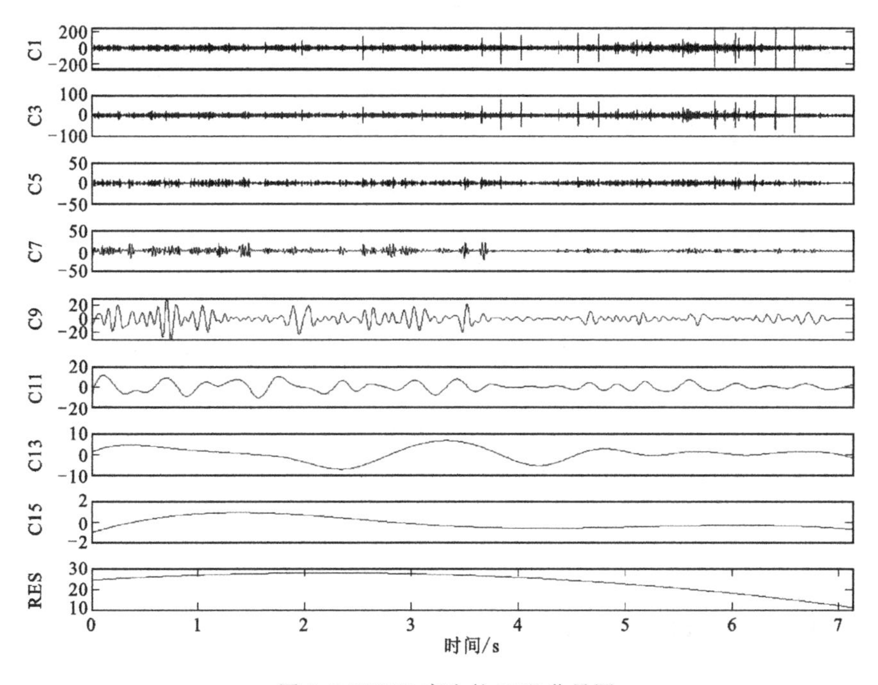

图 3.2 EEMD 产生的 IMF 分量图

3. 二次 EEMD(DEEMD)

先用 EEMD 将原始信号进行分解，再筛选出相关系数符合标准的 IMF 分量，将这些 IMF 分量再次进行 EEMD，然后筛分出相关系数符合标准的 IMF 分量，整合之后，作为一组新的 IMF 分量组，这一组新的 IMF 分量为 WVD 的分析提供了准备条件。

DEEMD 产生的 IMF 分量图(图 3.3)与 EEMD 产生的 IMF 分量图(图 3.2)比较起来，频率的分解更加彻底，模态混叠也有改善。

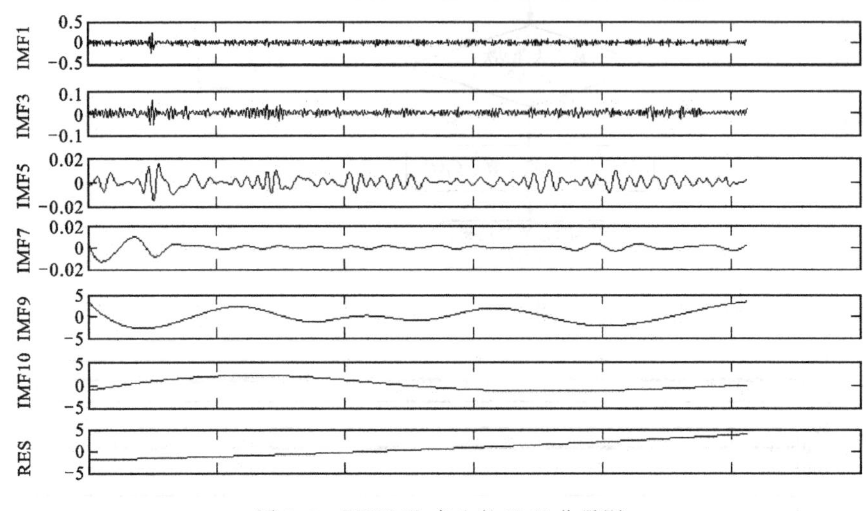

图 3.3 DEEMD 产生的 IMF 分量图

4. 二次 EEMD 的局限性

由于二次 EEMD(DEEMD)是在一次 EEMD 的基础之上再次运行加噪声的 EMD 程序，而 EMD 运行本身的模态混叠和端点效应，及 EEMD 所加的噪声系数大小和运行次数，都会影响 DEEMD 的执行效果，甚至在某些情况下，DEEMD 的处理效果还不如 EEMD。经过大量的分析，可以考虑在执行 DEEMD 时，采用两次可变的噪声系数，来减少由噪声系数和运行次数带来的影响，此部分将作后续研究。

3.1.2 NSTFT-WVD 变换

STFT-WVD 变换基本思想是通过两者重叠运算来增强 STFT(Short time Fourier transform，短时傅里叶变换)和 WVD 的重叠部分，消除或削弱交叉项分量，达到 STFT-WVD 变换在保持良好的时频聚集特性的同时抑制交叉项的效果。STFT-WVD 变换定义了：$\mathrm{SSTFT}_x(t,f)$和 $\mathrm{W}_x(t,f)$2 个变量，其任意函数表达式为

$$SW_x(t,f)=p(SSTFT_x(t,f),W_x(t,f)) \tag{3.1}$$

式中：$p(x,y)$为任意函数。

例如，当 $p(x,y)=x^a y^b$ 时，$SW_x(t,f)=SSTFT_x^a(t,f)\cdot W_x^b(t,f)$；当 $p(x,y)=x+y$ 时，$SW_x(t,f)=SSTFT_x(t,f)+W_x(t,f)$。需要注意的是，STFT-WVD 变换得出的结果并不能真实反映分析信号的时频分布幅值，只能显示经时频变换后的相对大小。根据定义，STFT-WVD 变换有如下几种。

$$SW_x(t,f)=\min\{SSTFT_x(t,f),|W_x(t,f)|\} \tag{3.2}$$

$$SW_x(t,f)=W_x(t,f)\cdot\{|SSTFT_x(t,f)|>c\} \tag{3.3}$$

$$SW_x(t,f)=SSTFT_x^a(t,f)\cdot W_x^b(t,f) \tag{3.4}$$

式(3.2)表示只取 STFT 变换与 WVD 后的数值中的较小值，如此处理以达到消除 WVD 变换的交叉项，并将被消除部分的值用 STFT 时频谱中的数值替代。

式(3.3)表示二值化消除交叉项法，其中 c 为交叉项消除阈值。将 STFT 时频谱中大于阈值的数值返回 1，小于阈值的数值返回 0。因为短时傅里叶变换得到的时频谱不存在交叉项，所以可将信息矩阵位上的数值置为 1，其余置为 0，将两者点乘后消除 WVD 中的交叉项。

式(3.4)中的 a、b 为幂调节系数法。通过幂指数来增强 STFT 与 WVD 中数值较大部分，借此来削弱交叉项分量。实验结果表明，幂指数 a、b 增大时，STFT-WVD 变换的时频聚集特性会相应提高。同时，a、b 不宜取值过高，a 的取值范围在[1.5,3.5]，b 的取值范围在[0.3,1]较为适宜。

为了评价 3 种 STFT-WVD 变换的性能，构建三分量的线性调频信号为

$$Z(t)=e^{0.1\times t+j2\pi\left(\frac{1}{2}mt^2\right)}+e^{0.25\times t+j2\pi\left(\frac{1}{2}mt^2\right)}+e^{0.4\times t+j2\pi\left(\frac{1}{2}mt^2\right)} \tag{3.5}$$

信号的时频波形图如图 3.4 所示。

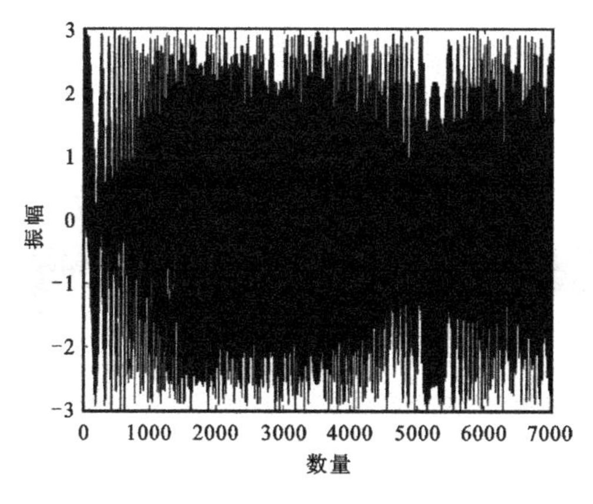

图 3.4　$Z(t)$时域波形图

$Z(t)$函数式中的参数 m 为调频斜率，取值 0.2。图 3.5 为几种时频方法的效果比较。

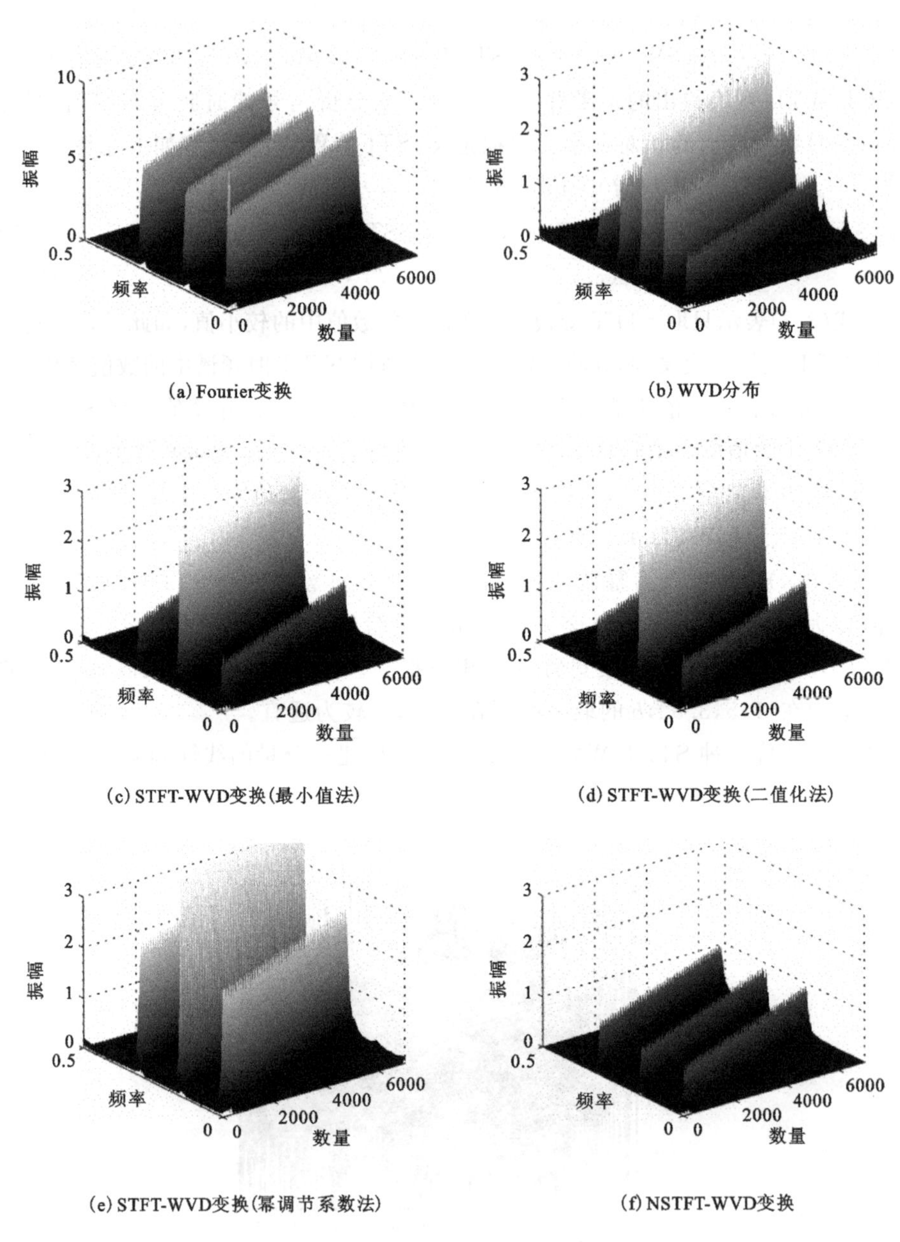

(a) Fourier变换

(b) WVD分布

(c) STFT-WVD变换(最小值法)

(d) STFT-WVD变换(二值化法)

(e) STFT-WVD变换(幂调节系数法)

(f) NSTFT-WVD变换

图 3.5 几种时频方法比较

图 3.5(a)对 $Z(t)$函数的整体频率描述较好，但频率在时间轴的零起点处有内收现象，即傅里叶变换的低频聚焦性差，同时振幅显示不真实，达到了 5。图 3.5(b)的 $Z(t)$函数经过 WVD 后出现了严重的交叉项，甚至在中心频率为 0.25Hz 的信息项上也叠加了交叉项。图 3.5(c)、(d)和(e)都是采用 STFT-WVD 变换得到的时频能量分布，结果表明：现有的 STFT-WVD 变换能起到很好的消除交叉项的作用，但对于叠加到信息项频率分量上的交叉项则无能为力，3 个图在 0.25Hz 处都叠加了交叉项的振幅，使得在该频率处产生了虚假振幅。对于图 3.5(d)、(e)，目前还没有一套理论来指导如何根据输入信号的特征来确定阈值或幂调节系数。

图 3.5(f)为改进后的归一化 STFT-WVD 变换，即 NSTFT-WVD，对比图 3.5(a)～(e)，该算法沿袭了较高的时频聚集特性，同时也较好地消除了包括叠加在信息项频率上的交叉项分量，振幅显示也是正确的。该方法不需要设置阈值公式中的 c 与幂调节系数 a、b，有效克服了输入信号改变从而需要重新调节阈值与幂调节系数的缺点，并改善了 STFT-WVD 算法难以消除叠加在信息项频率上的交叉项问题，结果更为理想。

NSTFT-WVD 变换算法步骤如下。

(1)将待处理信号分别作 STFT 和 WVD，得到 STFT 数组和 WVD 数组。

(2)选取 STFT 数组的最大值 max_st，通过将 STFT 数组中的各个数除以 max_st 来对 STFT 数组进行归一化，得到归一化后的数组 STFT_1。

(3)记录数组 STFT_1 数值为 1 的数所在的位置(i,j)；记录数组 STFT_1 中非 0 值的最小值 min_1。

(4)将数组 STFT_1 中值为 0 的数全部用 min_1 替换。

(5)选取 WVD 数组中位置为(i,j)的数为 max_wvd，通过将 WVD 数组中的各个数除以 max_wvd 来对 WVD 数组进行归一化，得到临时数组 A。

(6)临时数组 A 点除以数组 STFT_1 得到临时数组 B，设置矩阵倍数比值上限值 x 与设置矩阵倍数比值下限值 y，x 的范围为 5～10，y 的范围为 1～2；选取临时数组 B 中大于 x 的数并记录其位置，将临时数组 B 中大于 x 的数和小于 y 的数全部置为 1。

(7)将 WVD 数组和步骤(6)中记录的临时数组 B 中大于 x 的数的位置相同的数全部置为 0，并将 WVD 数组点除以数组 B。

(8)输出 WVD 时频分析数组。

以上步骤可用图 3.6 的算法流程图来表示。

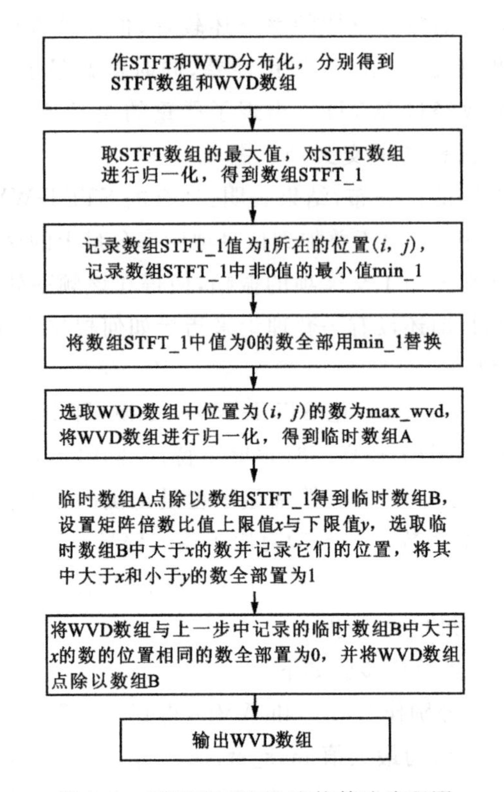

图 3.6　NSTFT-WVD 变换算法流程图

图 3.7 用 4 个频率的分段函数来验证 NSTFT-WVD 变换算法的频率聚集性,同时对比给出了 STFT 和 WVD 两种方法的二维时频分布图。

$$x_1(25:75)=\cos\{2\times\pi\times 1/2.5\times[t(25:75)-25]\} \tag{3.6}$$

$$x_2(100:150)=\cos\{2\times\pi\times 1/5\times[t(100:150)-100]\} \tag{3.7}$$

$$x_3(175:225)=\cos\{2\times\pi\times 1/10\times[t(175:225)-175]\} \tag{3.8}$$

$$x_4(250:350)=\cos\{2\times\pi\times 1/40\times[t(250:350)-250]\} \tag{3.9}$$

图 3.7 中的二维和三维示意图可较好地反映 3 种算法扫频性能的优劣。图 3.7(a)、(d)的 STFT 方法频率聚集性能差,每个函数都发生频率延展,图 3.7(d)中的函数 x_4 的频率扫描从原本的 100 个点(250～350)延伸到了 400 个点(100～500);图 3.7(b)、(e)的 WVD 方法,扫频聚集性良好,但在频点为 0.3Hz、0.25Hz、0.15Hz、0.05Hz 处出现了明显的虚假频率交叉项;图 3.7 的(f)NSTFT-WVD 方法可以较好地显示频率-时间分布,并且交叉项和其他虚假频率干扰消除得也不错,较好地实现了 4 个函数的时频分布。

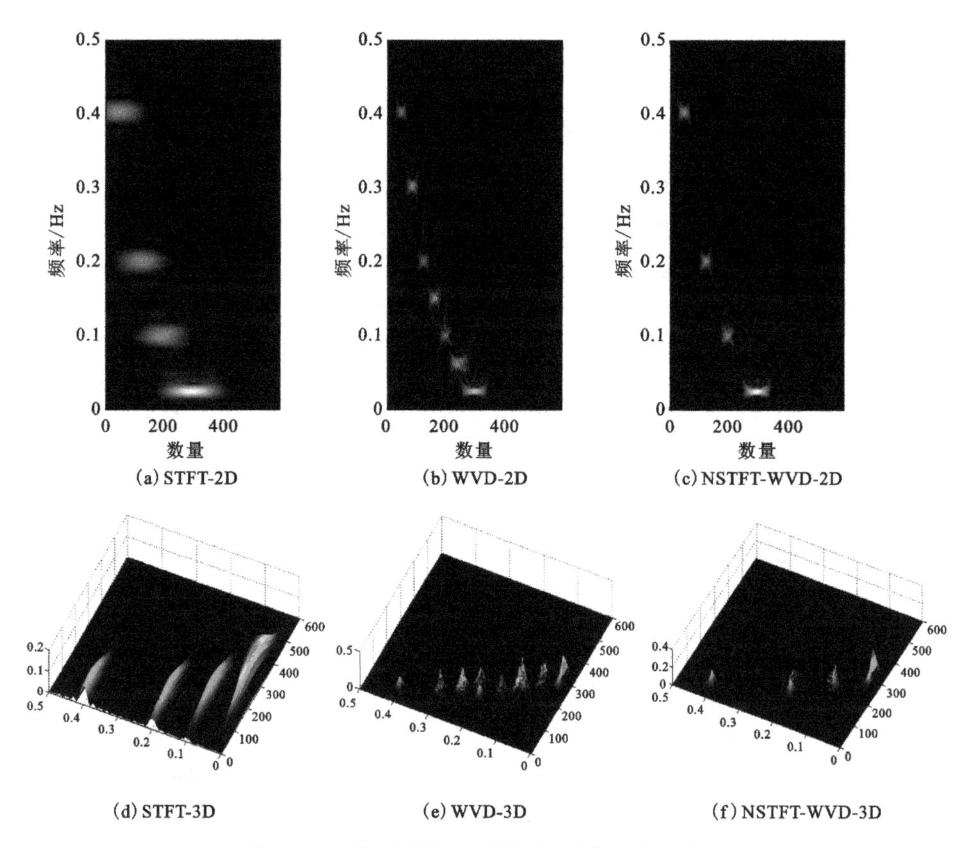

图 3.7 不同时间段和不同频率函数的扫频实验

3.1.3 BSWT-DDTFA 方法

本节提出一种基于二值化同步压缩小波变换的数据驱动时频分析方法(data-driven time-frequency analysis method based on binarized synchrosqueezed wavelet transform,BSWT-DDTFA),该算法能够较为精确地提取信号的时频分布,且具有数据驱动自动赋值的功能。实验仿真证明了该算法的有效性和优越的抗噪声性能。

数据驱动时频分析(data-driven time-frequency analysis,DDTFA)方法对信号是完全自适应的,相对于 EMD 和 EEMD 方法而言,它不仅减弱了端点效应和模态混叠现象,抗噪声性能强,而且有更加坚实的数学理论支撑(Hou T Y and Shi Z Q,2012)。DDTFA 有两个比较重要的方面,以保证对数据的完全自适应性:第一是用来分解数据的基来源于数据本身,而不是之前设定的;第二是在包含本征模态函数的字典中寻找信号的最稀疏表示。最稀疏表示是指分解结果在分量具有物理意义的基础上保证分量个数最少。所以 DDTFA 的处理过程可分为两部分：

(1)建立一个高度冗余的字典 D,其定义式为

$$D=\{a\cos\theta : a\in V(\theta,\lambda),\theta'\in V(\theta,\lambda),\forall t\in R,\theta'(t)\geqslant 0\} \tag{3.10}$$

式中:$V(\theta,\lambda)$为所有比 $\cos\theta(t)$平滑的函数的集合。

以过完备傅里叶基构造的$V(\theta,\lambda)$可表示为

$$V(\theta,\lambda)=\text{span}\left\{1,\left[\cos\left(\frac{k\theta}{2L_\theta}\right)\right]_{1\leqslant k\leqslant 2\lambda L_\theta},\left[\sin\left(\frac{k\theta}{2L_\theta}\right)\right]_{1\leqslant k\leqslant 2\lambda L_\theta}\right\} \tag{3.11}$$

式中:$L_\theta=\left[\frac{\theta(1)-\theta(0)}{2\pi}\right]$;$\lambda\leqslant\frac{1}{2}$是控制 $V(\theta,\lambda)$平滑度的参数,本节取 $\lambda=\frac{1}{2}$。

(2)通过合适的稀疏分解方法寻找信号在这个字典上的最稀疏表示,该过程可以通过求解一个非线性优化问题 P0 来解决。

P0:最小化 M,使其满足条件

$$\begin{cases} f=\sum_{k=1}^{M}a_k\cos\theta_k \\ a_k\cos\theta_k\in D,K=1,\cdots,M \end{cases} \tag{3.12}$$

在 DDTFA 算法中,稀疏分解的过程可选择基于非线性三阶全变差(third-order total variation,TV3)最小化的分解或者基于非线性匹配追踪法的分解两种方法。但是由于非线性 TV3 最小化的分解对噪声比较敏感,而非线性匹配追踪法的计算量较大,所以本节选择针对周期数据的一种基于快速傅里叶变换的快速算法(张学阳,2012),实验证明此快速算法对非周期数据也具有一定的适用性。

对于数据驱动时频分析方法,当算法的初始相位赋值为信号分量的平均频率时,得到的 IMF 分量和瞬时频率曲线比较准确。目前给 DDTFA 赋初始值的方式有两种:一种是将信号进行短时傅里叶变换,然后通过肉眼识别信号的主要频率,这种方式过程比较烦琐,并且会受主观因素的影响;另一种是通过经验模态分解得到信号的 IMF 分量,然后以每个 IMF 分量的平均频率作为 DDTFA 的初始赋值,这种方式虽然可以实现初始赋值的自动化,但是由于 EMD 本身存在模态混叠现象,并且容易受噪声的影响,会造成得到初始频率赋值不准确,时频结果错误。本节提出的基于二值化同步压缩小波变换来改进数据驱动时频分析方法(BSWT-DDTFA)是通过 BSWT 提取信号的主要频率,实现 DDTFA 相位初值的自动赋值。BSWT-DDTFA 方法既能得到聚集度高的时频分布,又保留了 DDTFA 抗噪声性能好的优点。

BSWT-DDTFA 方法的实现主要包含如下 5 个步骤,技术路线如图 3.8 所示。

(1)通过稳定小波转换(stationary wavelet transform,SWT)得到信号 $x(t)$ 的时频分布。

(2)对 SWT 的时频分布进行二值化,提取信号的主要频率值。

(3)将提取的频率值乘以 $2\pi t$ 作为数据驱动时频分析方法的初始相位值 θ_0。

(4)信号 $x(t)$ 在参数 θ_0 下进行 DDTFA 变换,得到 IMF 分量和时间-频率曲线。

(5)将 IMF 分量分别进行同步压缩小波变换,叠加后得到 $x(t)$ 的时频分布。

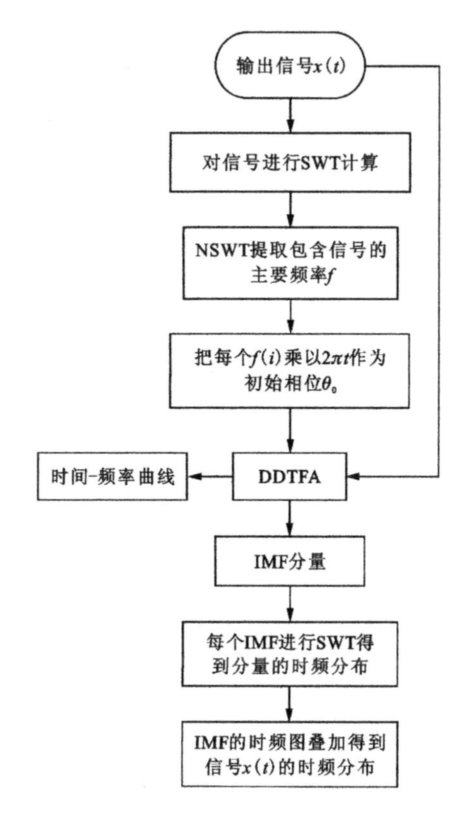

图 3.8　BSWT-DDTFA 方法的流程图

BSWT-DDTFA 方法能有效地分解信号,得到 IMF 分量和频率曲线,可以直接绘制信号的时间-频率分布图,且抗噪声性能比较优越。本节设计两组不同的仿真实验来验证该方法的优点,同时证明 BSWT-DDTFA 方法应用的广泛性及有效性,可作为对后面实际信号分析可靠性的支持。

仿真信号 $x_1(t)$ 的公式为

$$x_1(t)=\cos[10\pi t-0.2\sin(2\pi t)]+\sin[20\pi t+2\sin(0.4\pi t)]+\cos(0.5\pi t^2+4\pi t)$$
$$\text{SNR}=1.5\text{dB} \tag{3.13}$$

仿真信号 $x_2(t)$ 的公式为

$$\begin{aligned} &x_2(t)=x_{21}(t)+x_{22}(t) \\ &x_{21}(t)=\cos(40\pi t) \quad 0\leqslant t\leqslant 2 \\ &x_{22}(t)=\cos(\pi t^2+20\pi t) \quad 1\leqslant t\leqslant 2 \\ &\text{SNR}=1\text{dB} \end{aligned} \tag{3.14}$$

图 3.9 是仿真信号 $x_1(t)$ 和 $x_2(t)$ 在含噪声情况下分别通过 EMD-DDTFA 和 BSWT-DDTFA 方法分解得到的 IMF 分量。可以看出 EMD-DDTFA 分解出的 IMF 分量与信号的实际分量相似度极小，几乎不能分辨，受信号中噪声的影响很大；而 BSWT-DDTFA 分解得到的 IMF 分量与实际分量很接近，噪声信号得到很大程度的抑制。结果表明 BSWT-DDTFA 相较于 EMD-DDTFA，除同样能实现初始相位的自动赋值外，还可以更为准确地分解信号。

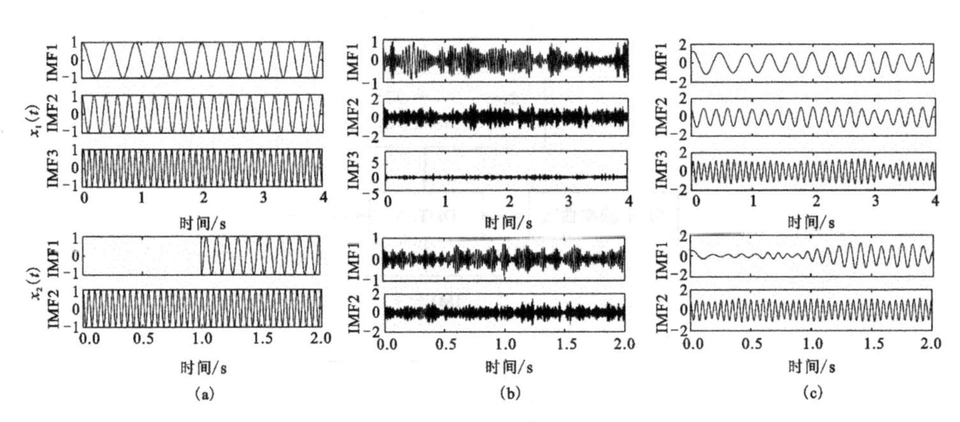

图 3.9　不同方法分解得到的信号 $x_1(t)$ 和 $x_2(t)$ 的分量

(a)信号函数式定义的实际分量；(b) EMD-DDTFA 方法得到的信号的 IMF 分量；(c) BSWT-DDTFA 方法得到的信号的 IMF 分量

下面比较 SWT 和 BSWT-DDTFA 的抗噪声效果，定义仿真信号 sig(t)为

$$\begin{aligned} \text{sig}(t)=&\cos[10\pi t-\sin(2\pi t)]+\sin[24\pi t+2\sin(2\pi t)]+ \\ &\cos(2\pi t^2+40\pi t) \end{aligned} \tag{3.15}$$

比较两个仿真信号由 BSWT-DDTFA、EMD-DDTFA 方法和 SWT 方法得到的频率曲线及时频分布。从图 3.10(a)、(b)可以看出，与信号的实际频率相比，由 EMD-DDTFA 方法得到的频率曲线基本不能分辨，大多都为频率较高的噪声分量，而 BSWT-DDTFA 方法得到的频率曲线有很明显的改善，与信号的

真实频率基本相近。比较 SWT 方法和 BSWT-DDTFA 方法在不同信噪比条件下得到的时频分布图(图 3.11),可以看出 SWT 处理得到的时频分布图中依然存在噪声,而 BSWT-DDTFA 时频分布图中的噪声得到了较好的抑制。

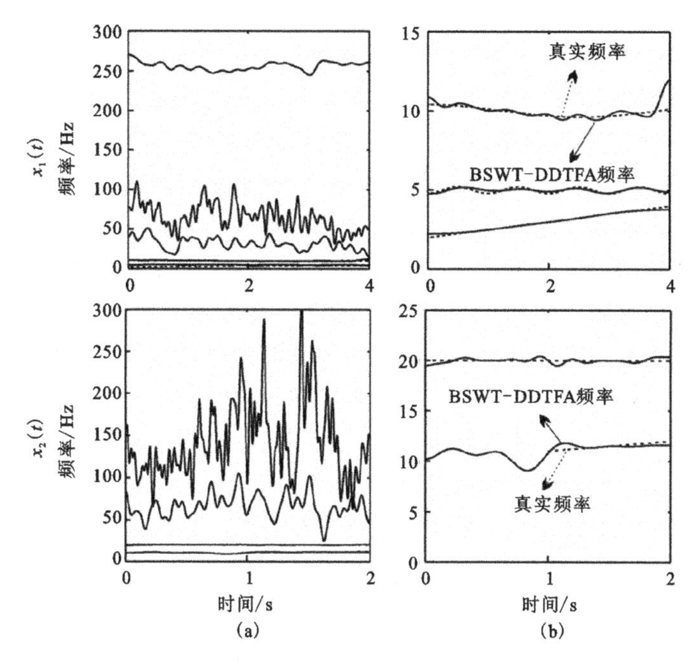

图 3.10　仿真信号 $x_1(t)$和 $x_2(t)$的时频分布图

(a)EMD-DDTFA 时频图;(b)BSWT-DDTFA 时频图

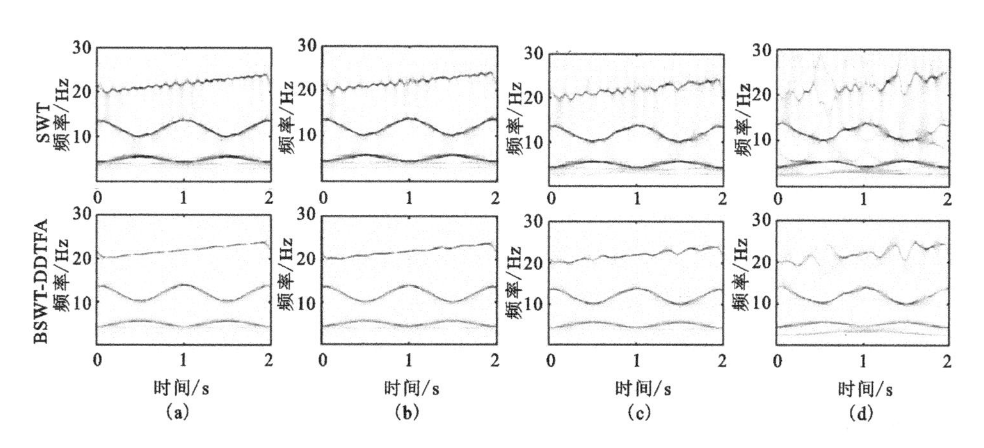

图 3.11　不同信噪比下 sig(t)由 SWT 和 BSWT-DDTFA 绘制的时频分布图

(a)SNR=20dB;(b)SNR=10dB;(c)SNR=0dB;(d)SNR=－10dB

3.1.4 DE-DDTFA 方法

本节提出基于差分进化算法(differential evdution,DE)的 DDTFA 算法(differential evolution data-driven time-frequency analysis,DE-DDTFA),实现自适应数据驱动时频分析方法,能够较准确地分解 ENPEMF 信号。DE-DDTFA 能有效地解决 EMD 过程中出现的端点效应、模态混叠问题和原 DDTFA 算法中初始相位函数赋值问题,具有自适应性和高鲁棒性。

在 DDTFA 方法分解真实信号过程中,一般采用对原信号进行傅里叶变换估计相位初值,选取幅度值最大处对应的角频率作为初值。这种方法一旦确定初值,信号分解结果也就确定了,不能自适应地调整初始相位函数来获得最佳分解结果,对处理含噪声信号和复杂信号的适应性较差。本节分析的 ENPEMF 信号为非线性、非平稳且初始相位值未知的复杂信号,为获取 ENPEMF 信号准确的时频特点,本节提出用 DE 算法优化原 DDTFA 算法。DE 算法是一种迭代优化算法,在迭代初期,具有较强的全局搜索能力(Zhang J,Sanderson A C,2009)。在局部区域收敛的迭代后期,种群差异大大减小,DE 算法又具有较强的局部搜索能力。DE 算法的主要步骤包括复制、变异、重组和选择等,主要思想是通过变异操作获得变异个体,在变异个体的基础上进行交叉操作得到实验个体,最后选择适应度较好的个体进入下一代种群。

DE-DDTFA 方法的主要思想是以信号分解后的残差能量值为目标优化函数,通过 DE 算法自适应的搜索最优分解相位值,并通过该相位值完成信号分解。DE-DDTFA 算法主要步骤如下:

(1)初始化种群,设置 DE 算法的相关参数及迭代终止条件,包括交叉概率 Cr,缩放影子 F 和最大进化代数 $D_{\max}$。

(2)设置初始相位函数范围,首先对原信号进行平滑伪维格纳-威尔变换(smoothing pesudo Wigner-Ville distribution,SPWVD)变换,得到信号的时频分布,则 DE 算法的自变量范围为 $x\in[0,f]$,其中 f 为信号进行 SPWVD 后在时频域上的最大频率值,所以初始相位函数范围为 $\theta_0(t)\in[0,2\pi ft]$。

(3)根据目标优化函数建立适应度函数,即

$$g(x,t)=\| r_i(x,t)-r_{i-1}(x,t) \| \tag{3.16}$$

(4)通过优化计算得到最佳初始相位函数 $\theta_0(t)=2\pi ft$,利用该初始相位函数完成 DDTFA 的分解得到第一个 IMF 分量。

(5)循环步骤(1)~(4),完成原信号的分解,得到其他的分量信号。

图3.12是利用DE-DDTFA算法处理仿真信号得到的信号分解结果，并与EMD-DDTFA方法对比，仿真信号函数为

$$
\begin{aligned}
x_1(t)&=\cos[20\pi t+2\sin(2\pi t)]\\
x_2(t)&=\sin[80\pi t+2\sin(4\pi t)]\\
x_3(t)&=x_1(t)+x_2(t)
\end{aligned}
\tag{3.17}
$$

式中：信号 $x_3(t)$ 的频率成分较复杂，包含两个线性调频分量。

由图3.12仿真结果可知，DE-DDTFA算法能够更加准确地获取初始信号相位，据此相位分解得到的信号分量与真实分量相似度较高。经过EMD-DDTFA方法分解得到的信号分量IMF2中出现分解错误，分解效果不如DE-DDTFA好，与真实分量相比有明显失真。显然，DE-DDTFA算法不仅可以用于信号分解，且其分解效果优于现有的EMD方法。

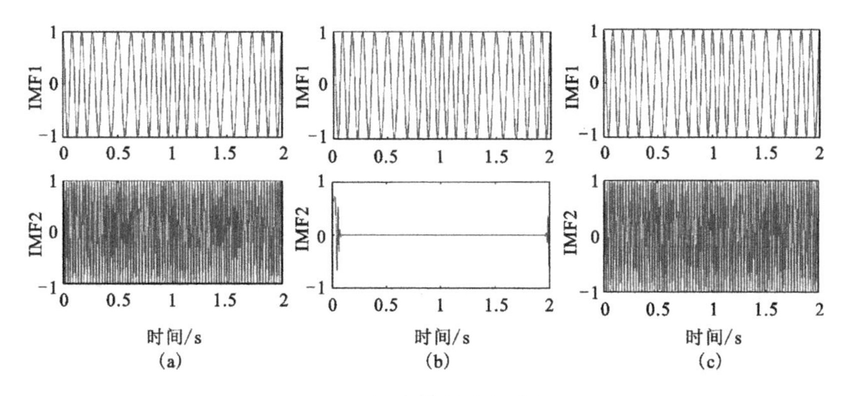

图3.12　仿真信号分节结果图

(a)仿真信号分量时域波形图；(b)EMD-DDTFA方法分解结果图；(c)DE-DDTFA方法分解结果图

时频聚集度是衡量时频分析方法优劣的重要标准之一，良好的聚集度能够最大程度地刻画信号真实的时间-频率分布。本节选择以两个调频信号分量组成的复合信号 $x_6(t)$ 为例，添加高斯白噪声，使其信噪比为2dB，信号构造函数为

$$
\begin{aligned}
x_4(t)&=\cos[20\pi t-4\sin(2\pi t)]\\
x_5(t)&=\sin[50\pi t+2\sin(2\pi t)]\\
x_6(t)&=x_4(t)+x_5(t)+n(t)
\end{aligned}
\tag{3.18}
$$

经过EMD-DDTFA和DE-DDTFA两种算法的处理，得到 $x_6(t)$ 信号的IMF分量如图3.13所示。图3.14为用上述两种方法处理得到的每个分量的瞬

时频率曲线。对比图 3.14 中 $x_6(t)$的频率准确性分布,DE-DDTFA 算法优越于 EMD-DDTFA 算法。

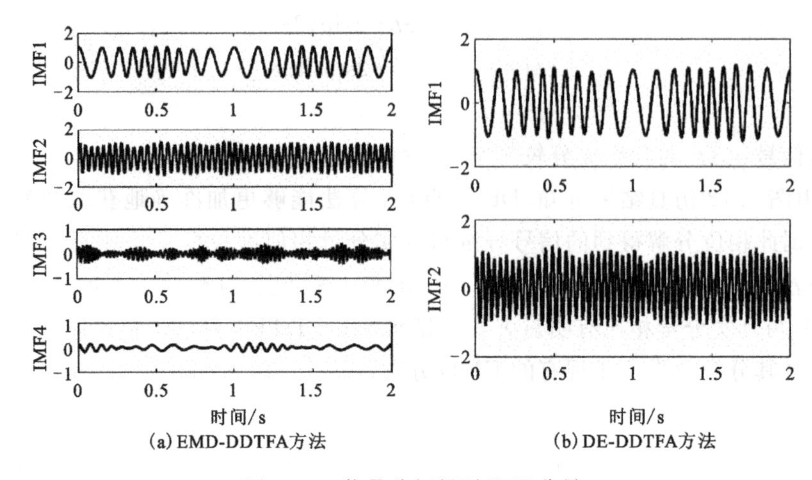

图 3.13 信号分解得到 IMF 分量

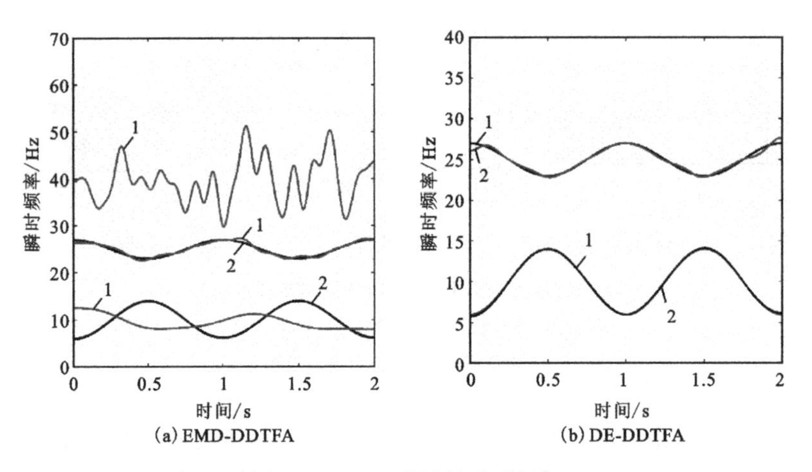

图 3.14 IMF 分量的瞬时频率

1. 代表通过时频分析方法得到的瞬时频率;2. 代表仿真信号的真实时间-频率曲线

在加噪条件下,图 3.13 中 EMD-DDTFA 分解得到的信号 IMF 分量受噪声干扰较大,发生模态混叠现象,产生虚假频率成分,对频率未知的真实信号分析产生错误。DE-DDTFA 方法的时域波形失真较小,EMD-DDTFA 方法的时域失真较大。DE-DDTFA 分析结果与理想频率分布基本吻合,受噪声影响较小,该方法分解 IMF 分量得到的瞬时频率与信号真实的瞬时频率拟合较好。

鲁棒性是指系统的健壮性，对时间域或频率域信号而言，算法过程动态特性参数及其变化范围需要有一定的冗余度，算法不需要精确的过程模型但需要一定程度的离线辨识，使得算法能够对变化的输入信号具有良好的适应性。前文已说明 DE-DDTFA 算法相比 EMD-DDTFA 算法分析结果更加准确。为验证 DE-DDTFA 方法适合于分析 ENPEMF 信号，采用均方根误差（root mean square error，RMSE）值作为评价 DE-DDTFA 算法鲁棒性能的量化参数，仿真信号使用构造函数 $x_6(t)$，添加不同强度的高斯白噪声，信号信噪比从 25dB 至 −8dB 依次减小，记录不同信噪比下两个 IMF 分量的 RMSE 值，如图 3.15 所示。

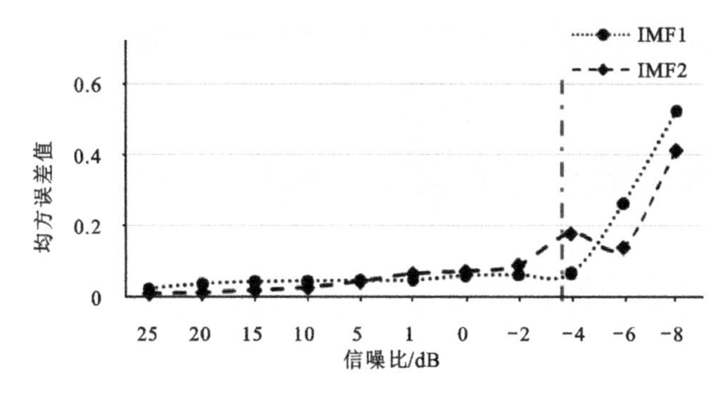

图 3.15　基于 DE-DDTFA 方法的 IMF 分量均方误差图

在图 3.15 中，随着信噪比减小，信号的 RMSE 值越来越大，当信噪比恶化到 −4dB 以下时，噪声对 DE-DDTFA 信号分解造成的影响开始增加，即 DE-DDTFA 算法具有良好的容错鲁棒性能。信号噪声大于 −4dB 时，DE-DDTFA 对信号的分析结果可以较准确地反映信号的真实瞬时频率。通过上述分析结果可知，DE-DDTFA 方法适合分析含噪声的非平稳信号，具有较强的鲁棒性，可用于分析 ENPEMF 信号。

3.2　修正布拉施克分解

对复杂信号公认较为常用的表示方法之一是级数展开，20 世纪 90 年代，曾有运用布拉施克积进行级数展开的表示方法（Coifman et al.，2017）。布拉施克积作为复分析无穷乘积中经典的分析对象，已有几种围绕其开展的相关分解算法。这些方法作为一种新兴的信号处理技术，在声学、生物医学和高能物理学等领域得到了广泛的研究与应用。对于非平稳信号处理领域中布拉施克积的数学定义,也随着技术的发展出现了不同形式,且因工程需要还存在构造流程不同的分解算法。在不同的实际应用中,均能够按照不同的构造形式进行定义,使得所获结果更符合工程需要。

3.2.1 布拉施克积的基础内容

1. 布拉施克积

设$\{a_n\}$是$\mathbb{D}(0,r)$,$|z|=r<1$内复数序列,满足$a_n\neq 0$和$\sum_{n=1}^{\infty}(1-|a_n|)<\infty$,那么其布拉施克积(the Blaschke products)可以被表示为

$$B(z)=\prod_{n=1}^{\infty}\frac{a_n-z}{1-\overline{a_n}z}\cdot\frac{|a_n|}{a_n},z\in\mathbb{D} \tag{3.19}$$

且$B\in H^{\infty}$,B除a_n外没有零点。同时,当有限个因式相乘时,仍然可以被称为布拉施克积。

布拉施克积存在以下性质:

(1)布拉施克积B是内函数,同时也存在着其他内函数。

(2)若B是布拉施克积,则几乎处处$|B^{*}(\mathrm{e}^{i\theta})|=1$且$\lim_{r\to 1}\frac{1}{2\pi}\int_{-\pi}^{\pi}\lg|B(r\mathrm{e}^{i\theta})|\mathrm{d}\theta=0$。

(3)对于布拉施克积B,假定一个常数c,$|\mathrm{c}|=1$,μ是$\mathbb{T}$上正有限傅雷尔测度,它关于勒贝格测度是奇异的且$M(z)=\mathrm{c}B(z)\exp\left\{-\int_{-\pi}^{\pi}\frac{\mathrm{e}^{it}+z}{\mathrm{e}^{it}-z}\mathrm{d}\mu(t)\right\},z\in\mathbb{U}$,则$M$是一个内函数,同时每一个内函数都存在着该形式。

在20世纪90年代中期,Rudin(1974)提出不仅要把原点处的零点分解出来,还要把$\mathbb{D}\in\mathrm{C}$内所有的根分解出来。通过这种方法得到的便是复分析中的经典分析对象布拉施克积,其可以被写作

$$B(z)=\prod_{n=1}^{\infty}\frac{z-a_n}{1-\overline{a_n}z}\cdot\frac{\overline{a_n}}{|a_n|},z\in\mathbb{D},a_n\in\mathbb{D} \tag{3.20}$$

式中:a_n和$\overline{a_n}$是共轭的复数对。

2. 修正布拉施克积

在布拉施克积的基础上,Qian等(2011)提出了形如式(3.21)定义的修正布拉施克积(the modified Blaschke product),通过最大选择原则来获得能量最大

增益的贪婪算法零点求解实现布拉施克积的求取。

$$B_n(z)=B_{\{a_1,a_2,\cdots,a_n\}}(z)=\frac{\sqrt{1-|a_n|^2}}{1-\overline{a_n}z}\prod_{j=1}^{\infty}\frac{z-a_j}{1-\overline{a_j}z}, \tag{3.21}$$

$$z\in\mathbb{D},a_n\in\mathbb{D},n=1,2,\cdots$$

式中：$\{a_j\}$为$\mathbb{D}$中的复数序列。

此外，取决于$\{a_j\}$的全纯函数或有理函数被称为正交有理函数系统或 TM 系统。

由下式规定的规范化重现核函数$\{e_a\}_{a\in\mathbb{D}}$，在自适应傅里叶分解中被称为评估器。

$$\mathrm{e}_a=\frac{\sqrt{1-|a|^2}}{1-\overline{a}z} \tag{3.22}$$

式中：a 为来自贪婪算法每次所获得的根；z 为开单位圆$\mathbb{D}$上的点。

同时，修正布拉施克积来自于此，且这个评估器也是哈代空间（Hardy space）H^2 的规范化重现核函数。

修正布拉施克积的性质是，对于任意 $F\in H^2$，在 H^2 中有收敛，即

$$F=\lim_{n\to\infty}S_k,S_k=\sum_{i=0}^{k-1}\langle F,B_i\rangle B_i \tag{3.23}$$

其中，被选取的 $a_k\in\mathbb{D}$ 满足

$$\begin{aligned}&F_k=F-S_k\\&(1-|a_k|^2)\left|F_k(a_k)\prod_{i=0}^{k-1}\frac{1-a_ia_k}{a_k-a_i}\right|^2\\&=\max\{(1-|a|^2)\left|F_k(a)\prod_{i=0}^{k-1}\frac{1-a_ia_k}{a_k-a_i}\right|^2:a\in\mathbb{D}\}\end{aligned} \tag{3.24}$$

式中：$F_k=F-S_k$。

同时由于 F_k 是经 $a_0,a_1,\cdots,a_{k-1}$ 计算出的，因此不具有奇异性。

3.2.2　求解布拉施克积

1. 非数值求解法

$$\sup_{0\leqslant r<1}\int_0^{2\pi}|F(re^{i\theta})|^p\mathrm{d}\theta<\infty \tag{3.25}$$

H^p，$p>0$ 是由被定义在开单位圆$\mathbb{D}(0,r)$，$|z|=r<1$ 上形如不等式(3.25)的全纯函数 $F(z)$ 构成的向量空间，这些全纯函数还遵循着定理一与定理二（Weiss and Weiss，1962）。

定理一:若 $F(z)\in H^p$, $p>0$,那么 $\lim F(re^{i\theta})=F(e^{i\theta})$存在且几乎处处有限,即

$$\lim_{r\to 1}\int_0^{2\pi}\left|F(re^{i\theta})-F(e^{i\theta})\right|^p d\theta=0 \tag{3.26}$$

所有定义在开单位圆$\mathbb{D}$上的解析函数 $F(z)$的内瓦林纳类$\mathbb{N}$(The Nevanlinna Class)也遵循着定理一。若 $F(z)\in\mathbb{N}$,那么 $\lim F(re^{i\theta})=F(e^{i\theta})$存在且处处有限。当 $p>1$ 时,不等式(3.25)代表 $F(re^{i\theta})$是在 $L^p(0,2\pi)$里的泊松分布,即

$$\sup_{0\leqslant r<1}\int_0^{2\pi}\lg^+\left|F(re^{i\theta})\right|d\theta<\infty \tag{3.27}$$

其中,若 $x\geqslant 1$,则$\lg^+x=\lg x$;反之,若 $x<1$,则$\lg^+x=0$。

若 $F(z)\in\mathbb{N}$, $F(z)\neq 0$,那么存在 $F(z)=B(z)\cdot G(z)$,其中 $B(z)$是在$\mathbb{D}$内零点构成的布拉施克积,$G(z)$是一个在$\mathbb{D}$内没有零点的外函数。令 $G(z)=F(z)/B(z)$,那么$G(z)\in\mathbb{N}$,且$\|G\|_0=\|F\|_0$。进而若 $F(z)\in H^p$,那么 $G(z)\in H^p$,且$\|G\|_p=\|F\|_p$。通过这个定理,可以得到任意一个 $F(z)\in H^p$[除 $F(z)=0$ 外],都可以分解得到一个布拉施克积 $B(z)$和在圆内没有零点的外函数$G(z)$。

定理二:由于 $F(z)\neq 0$,所以存在一个序列$\{r_n\}$, $1/2\leqslant r_n<1$,且$\lim\limits_{n\to\infty}r_n=1$,使得当$|z|=r_n$ 时,$F(z)$不为零。

据此,最早是由 Mary 和 Guido 提出了无须计算根的非数值求解布拉施克积的方法。

令 $F_n(z)=F(r_nz)$,

$$G_n(re^{i\theta})=\exp\left\{\frac{1}{2\pi}\int_0^{2\pi}\frac{e^{i\varphi}+re^{i\theta}}{e^{i\varphi}-re^{i\theta}}\lg\left|F_n(e^{i\varphi})\right|d\varphi\right\} \tag{3.28}$$

结合定理二,可以得到不等式

$$\begin{aligned}&\frac{1}{2\pi}\int_0^{2\pi}\lg\left|G_n(re^{i\phi})\right|d\phi\\&\leqslant 2m-\lg\left|F_n(0)\right|+\lg\frac{1}{(r_n)^k}\\&\leqslant 2m-\lg\left|F_n(0)\right|+\lg 2^k,\quad 0\leqslant r\leqslant 1\end{aligned} \tag{3.29}$$

其中,k 是 $G_n(z)$ 根的重数,$0\leqslant k<\infty$;$m=\sup\limits_{0\leqslant r<1}\dfrac{1}{2\pi}\displaystyle\int_0^{2\pi}\lg^+\left|F(re^{i\theta})\right|d\theta$。

Coifman 和 Steinerberger(2017)给出了计算 $G(z)$的方法,即

$$\begin{cases}G(re^{i\theta})=\exp\{2m+2*[(\lg\left|F(re^{i\theta})\right|-m)+i\mathscr{H}F(re^{i\theta})](re^{i\theta})\}\\B(re^{i\theta})=F(re^{i\theta})/G(re^{i\theta})\end{cases} \tag{3.30}$$

式中：$m=\sup\limits_{0\leqslant r<1}\frac{1}{2\pi}\int_0^{2\pi}\lg^+|F(re^{i\theta})|\mathrm{d}\theta$；$\mathscr{H}F(re^{i\theta})$为$F(re^{i\theta})$的希尔伯特变换；$(u+i\mathscr{H}v)(re^{i\theta})$为 Vakman（1996）提出的关于 u 和 $\mathscr{H}v$ 的经典复数化（the canonical complexification)之和。

2. 贪婪求解法

记 L^2 为封闭区间$[0,2\pi]$上能量有限的信号的希尔伯特空间，同时约定内积为

$$\langle\widetilde{F},\widetilde{G}\rangle=\int_0^{2\pi}\widetilde{F}(\mathrm{e}^{it})\overline{\widetilde{G}}(\mathrm{e}^{it})\mathrm{d}t \tag{3.31}$$

若 $\widetilde{G}\in L^2$，那么 L^2 范数可以表示为

$$\widetilde{G}(\mathrm{e}^{it})=\sum_{k=-\infty}^{\infty}c_k\mathrm{e}^{ikt},c_k=\frac{1}{2\pi}\int_0^{2\pi}\widetilde{G}(\mathrm{e}^{it})\mathrm{e}^{-ikt}\mathrm{d}t \tag{3.32}$$

$$\|\widetilde{G}\|_2^2=2\pi\sum_{k=-\infty}^{\infty}|c_k|^2$$

同时，$\widetilde{G}$ 可以被表示为 $\widetilde{G}=G^++G^-$，其中 G^+ 和 G^- 分别是解析函数在单位圆上非切向边界值，即

$$\begin{cases}G^+=\sum\limits_{k=0}^{\infty}c_kz^k,\ |z|<1\\ G^-=\sum\limits_{k=-\infty}^{-1}c_kz^k,\ |z|>1\end{cases} \tag{3.33}$$

那么，由柯西积分得到 G^+ 在哈代空间投影为

$$\begin{aligned}G^+(z)&=\frac{1}{2\pi i}\int_{\partial\mathbb{D}}\frac{\widetilde{G}(\zeta)}{\zeta-z}\mathrm{d}\zeta\\&=\frac{1}{2\pi}\int_0^{2\pi}\widetilde{G}(e^{it})\sum_{k=0}^{\infty}(z-e^{-it})^k\mathrm{d}t\\&=c_0+c_1z+\cdots+c_nz^n+\cdots,z\in\mathbb{D}\end{aligned} \tag{3.34}$$

据此，Qian（2010）在 AFD 中给出了基于最大选择原则求解修正布拉施克积的贪婪算法：被投影在哈代空间中一个实信号 $\widetilde{G}\in L^2$ 遵循式（3.35），结合关于 G^+ 的分解，可以得到一种不经 G^+ 与 G_k 且由方程（3.36）定义的变体求解方法。

$$\widetilde{G}(e^{it})=-\mathrm{c}_0+2\,\mathrm{Re}G^+(e^{it}),\mathrm{a.\,e.} \tag{3.35}$$

$$\begin{cases}\langle\widetilde{G}(z),B_n\rangle=\langle\widetilde{G}(z),\mathrm{e}_{\{a_n\}}\rangle,a_n\in\mathbb{D}\\ G_{k+1}(z)=(G_k(z)-\langle G_k(z),\mathrm{e}_{\{a_n\}}\rangle\mathrm{e}_{\{a_n\}})\dfrac{1-\overline{a_k}z}{z-a_k},\widetilde{G}=G_1\end{cases} \tag{3.36}$$

其中，

$$\langle \widetilde{G}(z), e_{\{a_n\}} \rangle = \sqrt{2\pi}\sqrt{1-|a_n|^2}\frac{1}{2\pi i}\int_0^{2\pi}\frac{G(e^{it})}{e^{it}-a_n}d(e^{it}) = \sqrt{2\pi}\sqrt{1-|a_n|^2}|G(a_n)|^2 \tag{3.37}$$

$$a_k = \operatorname{argmax}\{|\langle G_k, e_{\{a\}}\rangle|^2 : a\in \mathbb{D}\} = \operatorname{argmax}\{2\pi(1-|a|^2)|G_k(a)| : a\in \mathbb{D}\} \tag{3.38}$$

3. 布拉施克积求解方法对比

此前，Coifman 和 Steinerberger 给出了非数值求解布拉施克积表示信号在迪利克雷空间 $H^{s+1/2}(s>-1/2)$ 中广泛收敛性的证明。Qian（2010）和 Pei（2013）也已经在哈代空间中对于贪婪算法分解表示信号的收敛性进行了证明。两种方法都称所得结果为模态分量，对于两种算法间的区别，将通过由下式定义的非平稳信号，分别进行对应分解实现对比。

$$x_1(t)=x(z)=\frac{\overline{a_1}}{|a_1|}\frac{a_1-z}{1-\overline{a_1}z}\cdot\frac{\overline{a_2}}{|a_2|}\frac{a_2-z}{1-\overline{a_2}z}, z\in e^{it}, t\in(0,2\pi) \tag{3.39}$$

式中：$a_1=-0.1+0.18i$，$a_2=0.16-0.38i$。

非平稳信号的波形如图 3.16 所示。

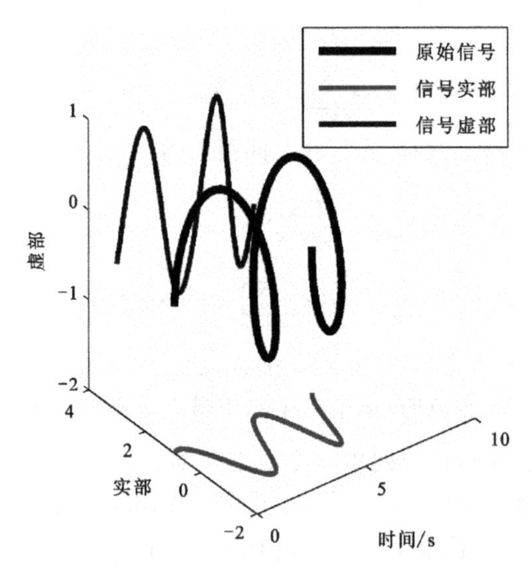

图 3.16　非平稳信号 $x(z)$

将 $x(z)$ 分别进行基于非数值分析方法与贪婪算法的布拉施克积求解，其结果如图 3.17 所示。非数值求解法与贪婪算法求解法的结果从数值角度分析极为相似，均与原始信号实部接近。非数值求解法所得模态分量更接近时频分析中的本征模态函数，但该方法无法获得信号对应布拉施克积的根。贪婪算法求解的模态分量是每一轮布拉施克积，幅度约束做得更好，但相位存在偏差使残余模态分量更大。这两种方法从不同角度实现了布拉施克积求解，因此将二者结合利用非数值方法约束贪婪算法所得结果，并利用贪婪算法提取非平稳信号布拉施克积的根，最终实现非平稳信号的降噪与深层特征提取是重要的研究方向。

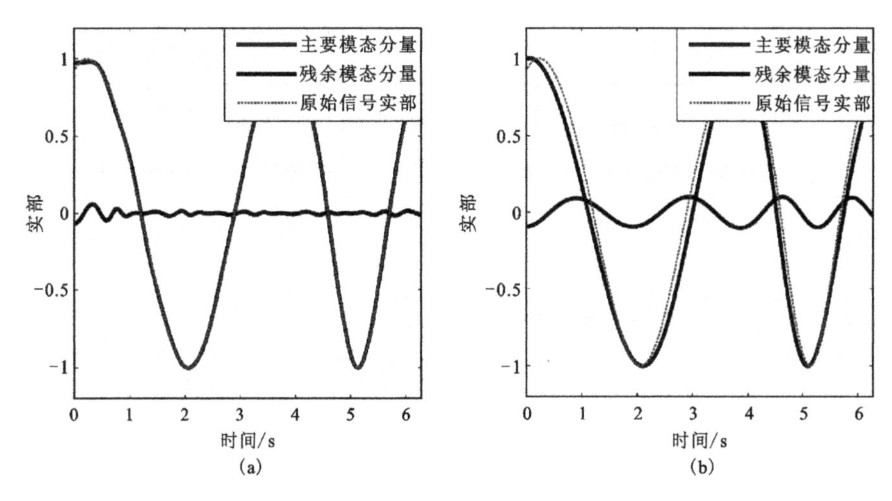

图3.17　非平稳信号模态分量

(a)非数值求解法；(b)贪婪算法求解法

3.2.3　非平稳信号降噪与深层特征提取

非平稳信号在哈代空间投影后可以被表示成外函数与布拉施克积相乘的形式。同时不同方法得到的布拉施克积都可以被视为非平稳信号的模态函数，且贪婪算法还能获取各个模态函数对应在单位圆上根的集合。通过这些根可以还原得到非平稳信号的模态函数，因此可以认为单位圆上根的集合是原信号的特征。

在大多数工程应用场合中，采集到的非平稳信号大多都含有较大的噪声，缺少存在较为直观的统计特征或时频分布变化用以异常检测，即低信噪比降噪与信号深层特征提取。为解决这两个问题，本节提出修正布拉施克积分解算法，用于低信噪比情况下的非平稳信号与深层特征提取。本节将从算法原理及其公式推导、程序结构实现与细节等多方面进行阐述，整体方法如图3.18所示。

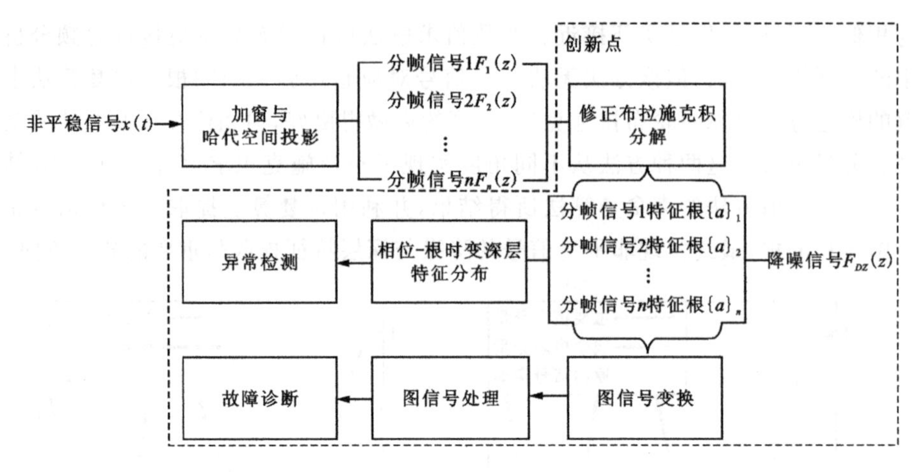

图 3.18　修正布拉施克积分解算法与应用整体方案

1. 修正布拉施克积分解降噪

对于信号来说最自然且直接的表示方法是如下式所示的级数展开。

$$
\begin{aligned}
F(z) &= \sum_{k=0}^{\infty} a_k z^k \\
&= F(0) + zF_1(0) + z^2 F_2(0) + \cdots, z = \mathrm{e}^{it}
\end{aligned}
\tag{3.40}
$$

本节所提修正布拉施克积分解仿照同样的形式对 $F(z)=G(z)$ 以类似幂级数展开的方式进行分解，即

$$
\begin{aligned}
F(z) &= B_{-1}(z)[L_0(z) + H_0(z)] \\
&= B_{-1}(z)L_0(z) + z^0 B_{-1}(z)B_0(z)G_0(z) \\
&= B_{-1}(z)L_0(z) + z^0 B_{-1}(z)B_0(z)[L_1(z) + H_1(z)] \\
&= B_{-1}(z)L_0(z) + z^0 B_{-1}(z)B_0(z)L_1(z) \\
&\quad + z^1 B_{-1}(z)B_0(z)B_1(z)G_1(z) \\
&= \cdots \\
&= B_{-1}(z)L_0(z) + \sum_{j=0}^{n-1} z^j L_{j+1}(z)B_{-1}(z)\prod_{i=0}^{i} B_i(z) + \\
&\quad z^{n+1} B_{-1}(z)B_0(z)\cdots B_{n+1}(z)G_{n+1}(z) + A_n(z)
\end{aligned}
\tag{3.41}
$$

式中：B_i 是每一次解绕获得的布拉施克积，且 $B_{-1}=1$；L_i 和 H_i 分别为信号的低频与高频部分用以划分进行修正布拉施克积分解的部分，一般选取 $F(0)$ 和 $[F(z)-F(0)]$ 对全频进行修正布拉施克积分解，同时 H_i 还代表了下一轮修正

布拉施克分解中的 G_i；$A_n(z)$是在进行 n 轮修正布拉施克积分解后的残余项。

对应的分解流程示意图如图 3.19 所示。

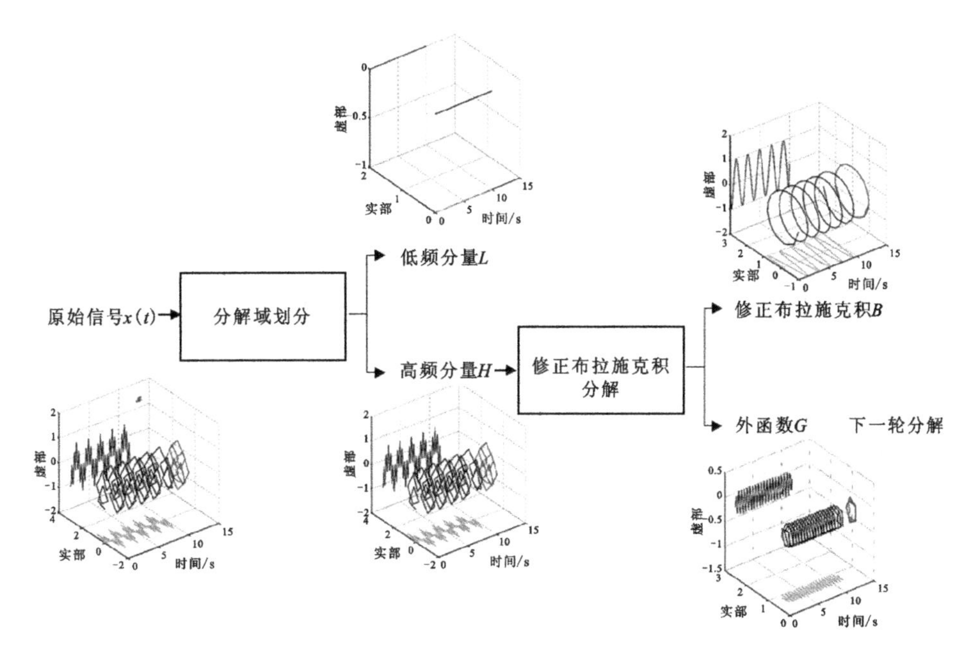

图 3.19　修正布拉施克积分解算法分解流程示意图

令 $S_n(z)=B_{-1}(z)L_0(z)+\sum_{j=0}^{n-1}z^jL_{j+1}(z)B_{-1}(z)\prod_{i=0}^{j}B_i(z)$，代表的是 $F(z)$在 n 轮修正布拉施克积分解所得的一部分，即非平稳信号在修正布拉施克积分解降噪后的结果，$N_n(z)=z^{n+1}B_{-1}(z)B_0(z)\cdots B_{n+1}(z)G_{n+1}(z)$是第 n 轮修正布拉施克积分解后下一轮的输入，二者之和称为 $F(z)$进行 n 轮修正布拉施克积分解结果之和，记作 $T_n(z)=S_n(z)+N_n(z)$。并且 $S_n(z)$和 $N_n(z)$、$T_n(z)$和 $A_n(z)$两两相互正交，即分解结果与残余信号也总能保证正交性，同时由正交性可以得到

$$\|F_n\|^2=\|S_n\|^2+\|N_n\|^2+\|A_n\|^2 \tag{3.42}$$

当 n 趋向于无穷时，$\lim_{n\to\infty}S_n(z)=F$，这意味着$\lim_{n\to\infty}(\|N_n\|^2+\|A_n\|^2)=0$。此外，由于$\lim_{n\to\infty}(\|A_n\|^2)=0$，仍可以得到$\lim_{n\to\infty}T_n=F$，因此合理控制 n 的大小对残余项 $A_n(z)$多少进行控制，尽可能多地保留有效信息实现非平稳信号更高质量降噪。其中在修正布拉施克积分解实现对非平稳信号降噪的过程中，结合最大

选择原则对 G 进行修正布拉施克积分解，式(3.41)中第一轮分解可以写作

$$\begin{cases} F(z)=G_1(z)=\langle G_1, e_{\{a_1\}}\rangle e_{\{a_1\}}+R_1(z) \\ R_1(z)=G_2(z)\dfrac{z-a_1}{1-\overline{a_1}z} \\ a_1=\arg\max\{|\langle G_1, e_a\rangle|^2 : a\in\mathbb{D}\} \end{cases} \tag{3.43}$$

同时，从中可以得到第二轮输入，即

$$G_2(z)=(G_1(z)-\langle G_1, e_{\{a_1\}}\rangle e_{\{a_1\}}(z))\frac{1-\overline{a_1}z}{z-a_1} \tag{3.44}$$

其中 Qian 等(2011)指出通过评估器计算的最大选择原则能够有效避免所选取的最大特征值是由噪声引起的情况，并产生高效的点式收敛。最大选择原则求取修正布拉施克积的流程示意图如图 3.20 所示。

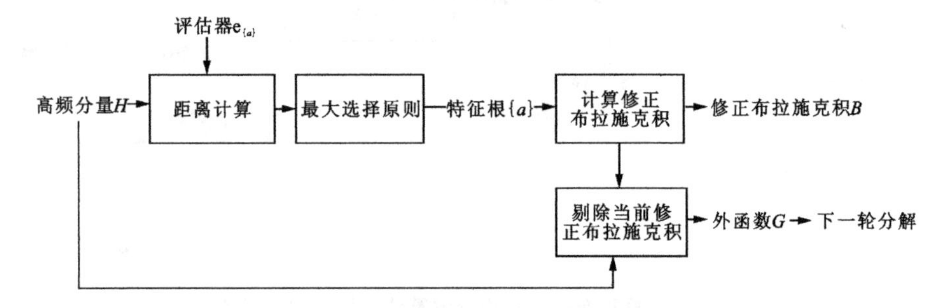

图 3.20　最大选择原则求取修正布拉施克积流程示意图

如此循环，重复 n 轮可以得到基于修正布拉施克积分解结果，即

$$\begin{aligned} F(z) &= \sum_{i=1}^{n}\langle G_i, e_{\{a_i\}}\rangle B_{\{a_1,a_2\cdots a_i\}} + G_{i+1}(z)\prod_{i=1}^{n}\frac{z-a_i}{1-\overline{a_i}z}+A_n(z) \\ &= S_n(z)+N_n(z)+A_n(z) \end{aligned} \tag{3.45}$$

根据内瓦林纳因式分解定理(Garnet，1981)与式(3.45)可以得到布拉施克积的另一种表现形式，即

$$\begin{cases} F(z) = B(z)\cdot G(z) = \displaystyle\sum_{n=1}^{\infty} c_n I_{(n)} B_n + N_n(z) + A_n(z) \\ I(z) = \dfrac{F(z)}{G(z)}, G(z) = \exp\left\{\dfrac{1}{2\pi}\displaystyle\int_0^{2\pi}\dfrac{e^{it}+z}{e^{it}-z}\lg|F(e^{it})|\,dt\right\} \end{cases} \tag{3.46}$$

式中：c_n 为常数；B_n 为修正布拉施克积。

对于所需降噪的非平稳信号进行哈代空间投影，使 $F(z)\in H^2$，通过最大选择原则进行修正布拉施克积的求解，可以得到修正布拉施克积分解，即

$$F(z)=G_1(z)=I_1(z)\langle G_1(z),e_{\{a_1\}}\rangle B_1(z)+I_1(z)\frac{z-a_1}{1-\overline{a_1}z}G_2(z) \tag{3.47}$$

其中，

$$G_2(z)=\frac{G_1(z)-\langle G_1(z),e_a\rangle e_{a_1}}{\frac{z-a_1}{1-\overline{a_1}z}}\in H^2 \tag{3.48}$$

重复上述操作 n 轮，可以得到基于修正布拉施克积分解的非平稳信号降噪结果，即

$$F_{DN}(z)=\sum_{n=1}^{N}c_nI_{(n)}B_n \tag{3.49}$$

这一流程如图 3.21 所示。

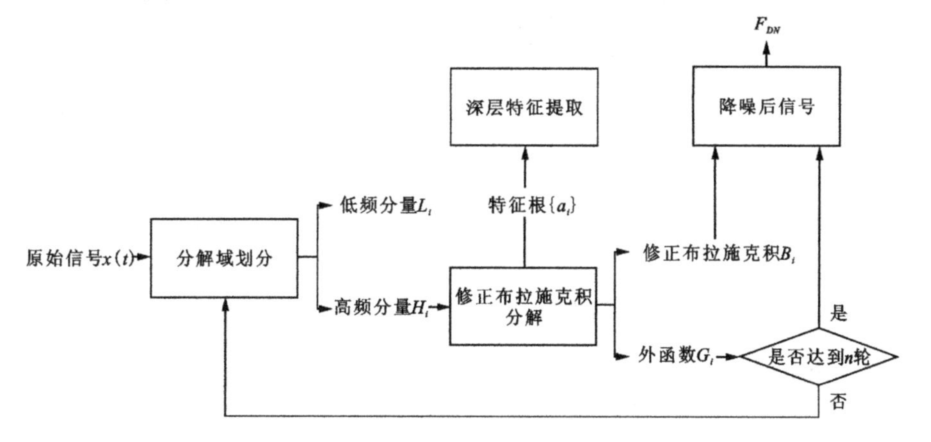

图 3.21　修正布拉施克积分解降噪流程示意图

其中每一轮分解所获得的根序列$\{a_1,a_2,\cdots,a_j,\cdots\}$便作为下一节非平稳信号深层特征表示的重要特征根。

2. 非平稳信号深层特征提取

1)信号深层特征

信号处理中，基于数学或物理模型得到的特征在本节中被称为浅层特征，如描述非平稳信号全局特征的均值、频谱特征，功率谱特性等和描述非平稳信号特征时变特性的时频分布等。这类特征虽然具有较为明确的物理意义，但由于主观性较强，仅能对某一类问题有着较为突出的解决能力，使得这类特征在其他环境下泛化解决能力较低。

随着机器学习与深度学习的逐渐完善，通过变换与一系列网络结构实现从

数据中挖掘内在关联结构，提取抽象特征，如 PCA 对数据降维所得结果，以及大部分深度学习在进行 softmax 分类或预测前最后一层所提取到的特征数值，这类特征由于不存在较为明确的物理意义被称为深层特征。这类深层特征已被广泛应用于解决各类实际工程问题，但机器学习或深度学习提取特征往往需要消耗大量的时间，并需要大量数据学习作为支撑，因此探寻新的信号深层特征提取方法也成为一种研究方向。本节将会从修正布拉施克积分解提取到的特征根作为研究重点，提出两个关于非平稳信号的深层特征，即相位-根时变分布特征和特征根图信号。

2）相位-根时变分布特征

为了能更精确地找寻非平稳信号中的异常部分，参考时频分析对信号各类特征分布进行基于时间变化的展示是十分有必要的。因此，对于待分析的非平稳信号 $x(t)$ 通过进行加窗处理，获得较短时间内的时域信号，即

$$F(t)=\int_{-\infty}^{+\infty}x(\tau)h^{*}(\tau-t)\mathrm{d}\tau \tag{3.50}$$

式中：h^{*} 为复共轭；h 为人为选取的实窗函数，且 $h^{*}=h$。

得到一系列加窗非平稳信号 $F_n(t)$ 后，经修正布拉施克积分解依次得其对应特征根序列 $\{\{a\}_1,\{a\}_2,\cdots,\{a\}_n\}$，再得到每组相位-特征根分布特征（phase-root distribution features，PRDF）。

$$\mathrm{PRDF}(p)=\sum_{j=1}^{\infty}\left|\frac{\sqrt{1-|a_j|^2}}{1-\overline{a_j}p}\cdot\frac{e^{ip}-a_j}{1-\overline{a_j}e^{ip}}\right|,p\in[0,2\pi] \tag{3.51}$$

式中：$\{a_j\}$ 为每个加窗非平稳信号根据最大选择原则获得的修正布拉施克积的根；p 为相位。

以非平稳信号修正布拉施克积分解所得特征根为例，说明相位-根分布特征与评估器 e_a 间关系，如图 3.22 所示。

根据图 3.22 中相位-根分布特征与评估器所得结果呈现镜像分布，且相位-根分布特征能够放大评估器与特征根的关联结果。为了更加清楚地说明特征根在单位圆中位置变化，同相位-根分布特征与评估器间的关系，再次设置了两个点 $r_1=-0.1+0.1i$，$r_2=0.5-0.44i$，其结果如图 3.23 所示。

从图 3.23 可以分辨出根越靠近单位圆，其相位-根分布特征与评估器结果越呈现突变的幅度，因此根在单位圆的不同位置将直接由此反映。为了更好且从整体角度展现根同相位-根深层特征分布关系，尤其是每个最大值所处相位区间的关系，我们设置了一系列单位圆上的点，依次进行相位-根的分布变换，所得结果如图 3.24 所示。

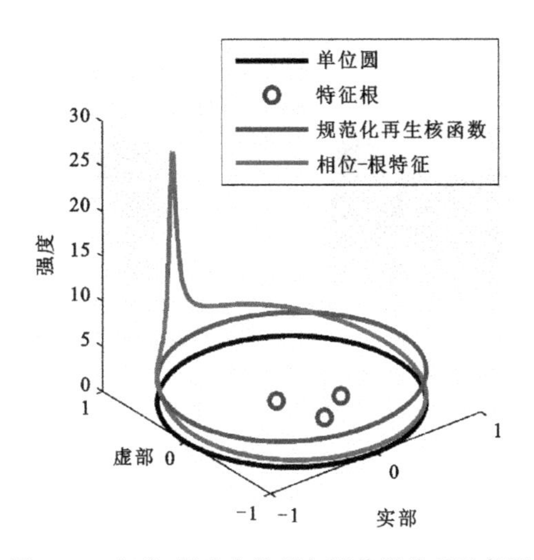

图 3.22 相位-根分布特征与评估器关系示意图

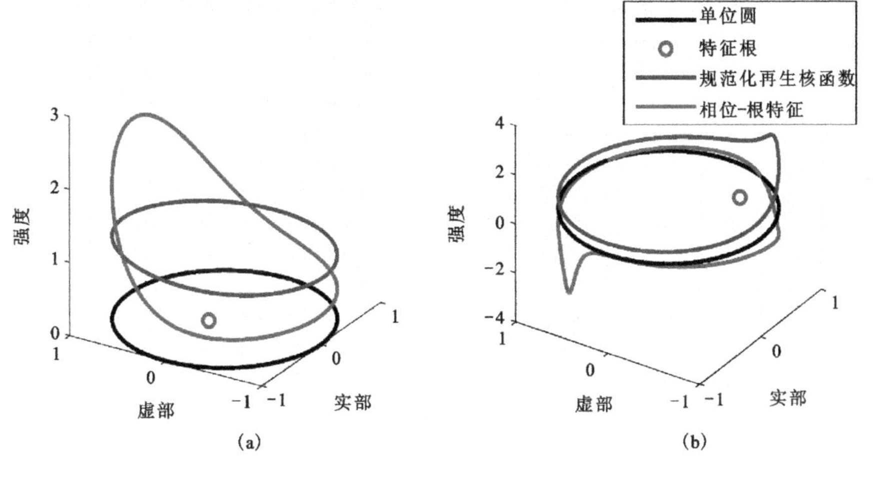

图 3.23 不同根的特征分布

(a)$r_1=-0.1+0.1i$;(b)$r_2=0.5-0.44i$

图 3.24 所反映的是单位圆上各点其相位-根特征关于相位的变化，越接近原点相位-根深层特征分布的最大值越接近 2π，同理，相位-根深层特征分布的最小值越接近 0。因此，对于不同的根可以通过辨识最大值与最小值所处相位分辨，并能从中反映原信号的特征。

最终，对于非平稳信号的相位-根时变分布特征，可以通过每个加窗后的信号依次进行相位-根分布变换得到，其结果如图 3.25 所示。

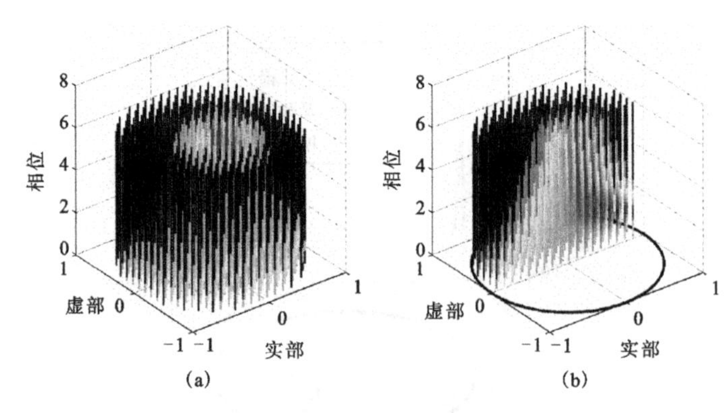

图 3.24　相位-根分布特征变化示意图

(a)整体示意图;(b)横截面示意图

图 3.25 反映非平稳信号 $x(z)$ 的相位-根时变深层分布特征存在着两大特征,分别是高相位区域较为集中的曲线以及低相位区间弥散开来的大幅度信号,这两个部分均沿时间铺展开来。

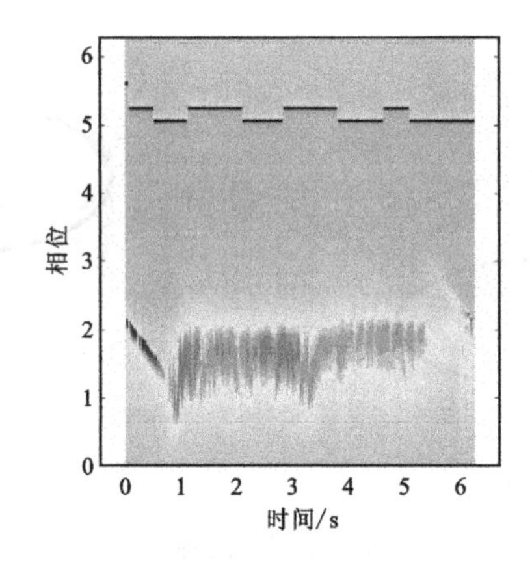

图 3.25　非平稳信号相位-根时变深层特征分布

3)特征根图信号

在实际故障诊断问题中,所采集到的信号大多是片段不连续以及长度不一的,且由于设备故障原因的多样性,每一次采集不一定都能捕获故障信号。因此在此类问题中,需要对同一设备采集到的一系列信号进行相同分析,由一系列信号共同对设备运转情况进行评估。

在非平稳信号 $x(t)$ 进行修正布拉施克积分解的过程中,特征根是一层一层被解绕得到的，每一层解绕所得的特征根数量并不全部相等。对每一个信号来说，进行解绕分解的过程本身也可以作为一种对信号进行描述的特征，属于某种类型的图信号(Stankovic et al.，2019；Dózsa and kovávs，2016)。

规定$\{\{a\}_1,\{a\}_2,\cdots,\{a\}_n\}$代表非平稳信号每一轮布拉施克积分解所获得的特征根组，每一组特征根所包含的特征由根本身的复坐标作为顶点$V=\{v_1,v_2,\cdots,v_n\}$，每组根解绕顺序作为有向连接方式$\mathrm{E}=\{e_{1i},\cdots,e_{ij},\cdots\}$以及每组根定义的幅度$\boldsymbol{x}=[x_1,x_2,\cdots,x_n]^{\mathrm{T}}$。据此，可定义由顶点与连接方式构成修正布拉施克积特征根的图信号$\mathrm{G}=(\mathrm{V},\mathrm{E})$，$x_i$表示每个顶点$v_i$的图信号强度。

$$x_i=\max\left\{\sum_{j=1}^{\infty}\left|\frac{\sqrt{1-|a_j|^2}}{1-\overline{a_j}p}\cdot\frac{\mathrm{e}^{ip}-a_j}{1-\overline{a_j}\mathrm{e}^{ip}}\right|\right\},a_j\in\{a\}_i,p\in[0,2\pi] \tag{3.52}$$

同时，根据图信号分析可做出以下定义。

(1)对于一条边e_{ij}，它所连接的顶点是v_i和v_j，称v_i与v_j是邻居，同时记v_i所有邻居的集合为$N(v_i)=\{v_j\mid\exists e_{ij}\in\mathrm{E}\text{ or }e_{ji}\in\mathrm{E}\}$。

(2)以v_i为端点的所有边的数目之和称为v_i的度(degree)，记作$\deg(v_i)=|N(v_i)|$，且图中所有顶点度之和满足$\sum_{v_i}\deg(v_i)=2|\mathrm{E}|$。

(3)设图信号$\mathrm{G}=(\mathrm{V},\mathrm{E},\boldsymbol{x})$，顶点用$v_i$表示，$e_{ij}$代表着顶点间的边，则图 G 的邻接矩阵$A\in\mathbb{R}^{N\times N}$的定义为

$$A_{ij}=\begin{cases}1, & \text{if}(v_i,v_j)\subseteq\mathrm{E}\\0, & \text{else}\end{cases} \tag{3.53}$$

(4)图信号的能量被定义为$E(\boldsymbol{x})=\|\boldsymbol{x}\|_2^2=\boldsymbol{x}^{\mathrm{T}}\boldsymbol{x}=(V\boldsymbol{x})^{\mathrm{T}}(V\boldsymbol{x})=\boldsymbol{x}^{\mathrm{T}}\boldsymbol{x}$。

非平稳信号$x(t)$对应的图信号是定义在顶点上，而顶点间也存在着由邻接矩阵定义的固有关联结构，因此除信号强度外，图信号的拓扑结构也是其重要的性质，其中反映图信号整体平滑度的总变差 TV(total variation)的定义为

$$\mathrm{TV}(\boldsymbol{x})=\boldsymbol{x}^{\mathrm{T}}\boldsymbol{L}\boldsymbol{x}=\sum_{v_i}\sum_{v_j\in N(v_i)}x_i(x_i-x_j)=\sum_{e_{ij}}(x_i-x_j)^2 \tag{3.54}$$

式中：$\boldsymbol{x}$是非平稳信号$x(t)$对应图信号幅度；$\boldsymbol{L}$代表拉普拉斯矩阵(Laplacian Matrix)。

拉普拉斯矩阵的定义为

$$\boldsymbol{L}=D-A,D_{ii}=\sum_j A_{ij},L_{ij}=\begin{cases}\deg(v_i), & \text{if } i=j\\-1, & \text{if } e_{ij}\in\mathrm{E}\\0, & \text{else}\end{cases} \tag{3.55}$$

设图G的拉普拉斯矩阵为$\boldsymbol{L}\in\mathbb{R}^{N\times N}$，是实对称矩阵，则对其进行正交对角化，其结果为

$$L=V\Lambda V^{\mathrm{T}}=\begin{pmatrix}\vdots & \cdots & \vdots\\ v_1 & \cdots & v_N\\ \vdots & \cdots & \vdots\end{pmatrix}\begin{pmatrix}\lambda_1 & & \\ & \ddots & \\ & & \lambda_N\end{pmatrix}\begin{pmatrix}\cdots & v_1 & \cdots\\ & \vdots & \\ \cdots & v_N & \cdots\end{pmatrix} \tag{3.56}$$

式中：$V\in \mathbb{R}^{N\times N}$是正交矩阵；$v_i$ 代表着拉普拉斯矩阵 L 的 N 个特征向量，λ_i 则是与之对应的特征向量的特征值。

由于$[v_1,v_2,\cdots,v_N]$组成了 N 维特征空间的完备基向量，那么据此对于任意一个图 G 上的信号 x 其图傅里叶变换为

$$\tilde{x}_k=\sum_{i=1}^{N}V_{ki}^{\mathrm{T}}x_i=\langle v_k,x\rangle \tag{3.57}$$

此时称特征向量为傅里叶基，图信号傅里叶变换代表着图信号与傅里叶基间的相似度。同时可以得到

$$\begin{aligned}\mathrm{TV}(x)&=x^{\mathrm{T}}Lx=x^{\mathrm{T}}V\Lambda V^{\mathrm{T}}x=(V\tilde{x})^{\mathrm{T}}V\Lambda V^{\mathrm{T}}(V\tilde{x})=\tilde{x}^{\mathrm{T}}\Lambda\tilde{x}\\&=\sum_{k=1}^{N}\lambda_k\tilde{x}_k^2\end{aligned} \tag{3.58}$$

图信号特征值可以等价为频率，特征值越低所代表的频率越低，对应的傅里叶基变化越缓慢，此时总变差也越小，表明图信号与傅里叶基相似度越高，图信号越平滑，相近顶点上的图信号趋向于一致。

据此，仍以非平稳信号 $x(z)$ 为例，其基于自适应修正布拉施克积分解所得特征根的图信号，如图 3.26 所示。

由图 3.26 可以辨认出，$x(z)$经自适应修正布拉施克积分解所得的 3 个特征根，总共分为两组，以上特征共同构成了$x(z)$修正布拉施克积特征根的图信号 $G_{x(z)}$，其中一组包含两个特征根另一组仅有一个特征根，同时单一根所对应的图信号幅度最大。除此之外，图信号总变差 TV＝7.13，对应图傅里叶变换如图 3.27 所示。

图 3.27 反映 $G_{x(z)}$ 更多地集中于傅里叶基序号较小的“低频区域”和“中频区域”，位于“高频区域”的分量较少。同时从图 3.27 中也能注意到，$G_{x(z)}$ 的图傅里叶变换后的序列长度与变换前 $G_{x(z)}$ 的长度相关，那么对于不同长度的特征根序列，其图傅里叶变换后的结果长度也不一致，这将为后续故障诊断带来不小的麻烦。

针对图傅里叶变换空间大小不一致的问题，我们再规定另外一个特征作为后续统一长度不一修正布拉施克积分解所得特征根序列的补充判定特征，图信号傅里叶基变化总趋势(graph fourier total trends，GFTT)，其定义为

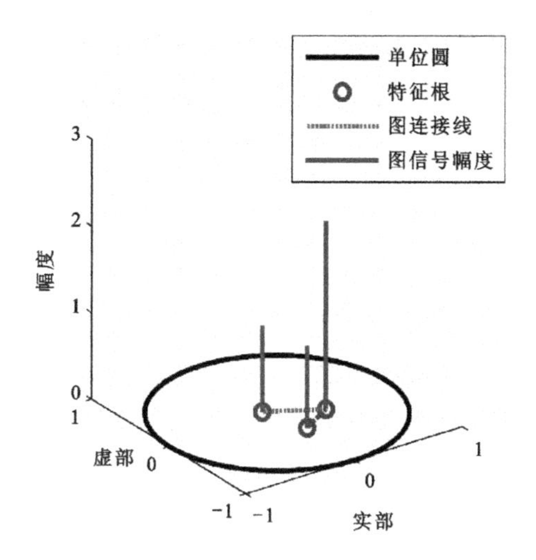

图3.26 非平稳信号 $x(z)$ 特征根的图信号深层特征示意图

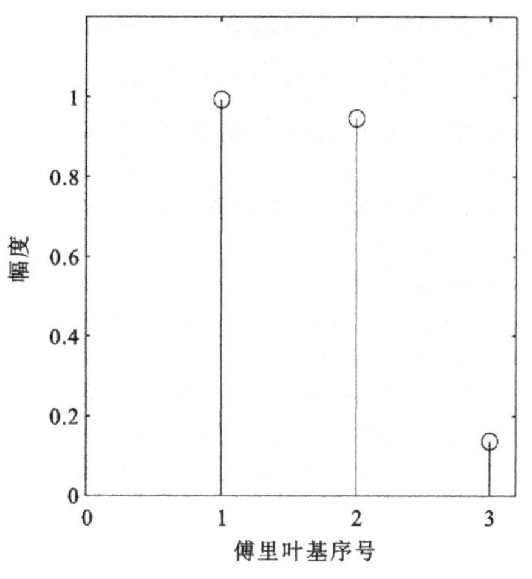

图3.27 图信号 $G_{x(z)}$ 的图傅里叶变换

$$\mathrm{GFTT}(G_{x(z)}) = \sum_{i=2}^{N}\left(\sum_{j=1}^{N}\boldsymbol{V}_{ij}^{\mathrm{T}}x_j - \sum_{j=1}^{N}\boldsymbol{V}_{(i-1)j}^{\mathrm{T}}x_j\right) \tag{3.59}$$

式中：N 代表了图信号的长度；x_j 则是非平稳信号 $x(t)$ 的图信号；$\boldsymbol{V}\in \mathbb{R}^{N\times N}$ 是关于图信号 x_j 的特征正交矩阵。

GFTT越大表明图信号的图傅里叶变换整体呈现上升的趋势，即代表高频区域占据主要分量；反之，GFTT越小表明图信号的图傅里叶变换整体呈现下降的趋势，代表低频区域占据主要分量；与此同时，当GFTT趋近于0时代表了图信号的图傅里叶变换低频与高频分量呈均衡模式。我们可以得到图信号 $G_{x(z)}$ 的GFTT=−0.86，其反映的是 $G_{x(z)}$ 的傅里叶变换总体呈现下降的趋势，与结果一致。

3.2.4 数值仿真

为进一步拓宽布拉施克积分解算法的应用范围，本节提出了基于修正布拉施克积分解的降噪方法，并针对不同应用场景提出了非平稳信号的相位-根时变分布特征与特征根图信号深层特征提取方法。前面章节分别介绍和推导了修正布拉施克积分解相关原理与深层特征提取技术要点，为更具说服力地验证所提算法的有效性，本节将对其测试性能加以对比。调频信号频率随时间呈现不同变化，是较为典型的非平稳信号，因此本节将设计多组不同的仿真调频信号，用以对比验证所提算法在不同应用场景的有效性与高效性。其中针对深层特征，由于其目的是能够进行异常检测与故障识别，本节将只会通过设置仿真异常或故障信号信号分析所得特征表示分布，并与 PCA 与 BP 神经网络提取到的深层特征对比说明所提方法的有效性。

1. 非平稳信号降噪

1)降噪性能评估

在实际工程中，设备所采集的信号往往携带着大量噪声，不仅仅来源于外部环境，还存在着设备自身噪声，有效信号被掩盖在噪声之下。降噪算法在这种情况下，需要既能有效去除噪声，还可最大限度地保留有效信息。这类算法降噪后的信号需要保持与原信号包络趋势接近、误差小，除用人眼或经验判断外，常使用以下量化指标用以评估算法在降噪方面的性能，分别是均方根误差(root mean square error，RMSE)、均方根百分比(the percentage root-mean-square difference，PDR)和信噪比(the signal to noise ratio，SNR)。

$$\mathrm{RMSE}=\sqrt{\frac{\sum_{n=1}^{N}[X_o(n)-X_d(n)]^2}{N}} \tag{3.60}$$

式中：$X_o(n)$是原始不含噪声的信号；$X_d(n)$代表着降噪后的信号；N 则是原始不含噪声信号的总长度。

RMSE 是用于衡量降噪后信号与原始不含噪声的信号间的偏差，RMSE 越小表明误差越小，降噪算法性能越好；反之，RMSE 越大表明降噪算法性能越差。

$$\mathrm{PDR}=\sqrt{\frac{\sum_{n=1}^{N}[X_o(n)-X_d(n)]^2}{\sum_{n=1}^{N}(X_o(n))^2}} \tag{3.61}$$

式中：$X_o(n)$是原始不含噪声的信号；$X_d(n)$代表着降噪后的信号；N 则是原始不含噪声信号的总长度。

PDR 是用于衡量原始不含噪声的信号 $X_o(n)$与降噪后信号 $X_d(n)$间区别的指标，越小的 PDR 表明降噪后的信号越接近原始不含噪声的信号，从而说明算法的降噪性能越强；反之，越大的 PDR 则说明算法的降噪性能越弱。

$$\mathrm{SNR}=10\lg\left(\frac{\sum_{n=1}^{N}(X_o(n)-\overline{X})^2}{\sum_{n=1}^{N}(X_o(n)-X_d(n))^2}\right) \tag{3.62}$$

式中：$X_o(n)$与 $X_d(n)$仍然分别代表着原始不含噪声的信号与降噪后的信号；$\overline{X}$ 代表着原始信号的平均值；N 也还代表原始不含噪声的信号总长度。

SNR 是用于衡量信号与噪声之间比例的重要指标，因此也可衡量降噪后信号与降噪前信号间信噪比变化，直观地对比说明降噪算法的性能。SNR 越高表明信号占比越大，说明所包含的噪声越少，间接表明算法去除的噪声越多，算法降噪性能越好；反之，SNR 越小表明算法降噪性能越差。除此之外，由于本节所添加的噪声也是通过信噪比衡量的，因此对于不同降噪算法，降噪后信号的信噪比应该比所添加噪声的信噪比要好，才能说明算法起到了降噪效果。

2)单分量线性调频信号

为了验证修正布拉施克积分解算法在不同频率段的降噪性能，本节将以单分量线性调频信号 $x_2(t)$为例，通过 RMSE、PDR 和 SNR 3 个指标对算法降噪性能精选评估，并与其他降噪方法进行比较。

$$x_2(t)=\sin(4\pi t^2+5t) \tag{3.63}$$

时间区间为[0s,2s]，采样频率 $f_s=256\text{Hz}$。该信号的频率为 $f_2(t)=4t+\frac{5}{2\pi}$，中心频率为$\frac{5}{2\pi}$Hz，调频率为 4Hz/s。通过添加信噪比为−1dB 的噪声后，依次应用不同降噪算法，最终不同方法对添加过噪声的信号 $x_2(t)$降噪结果如图 3.28 所示。

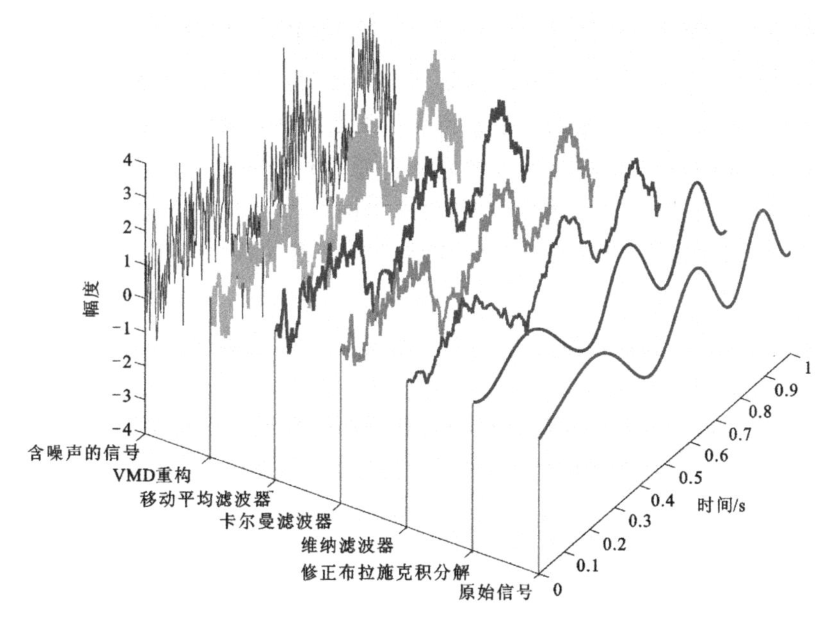

图 3.28　不同降噪方法对信号 $x_2(t)$的降噪结果

图 3.28 反映对于添加了 −1dB 噪声的信号 $x_2(t)$，大部分降噪算法都能起到明显的降噪效果，修正布拉施克积分解能够最大程度上与原始信号保持一致，维纳滤波器结果也能保持与原信号较高的一致性。相较于前面这两种降噪方法，卡尔曼滤波器和移动平均滤波器所得结果，只能保证与原信号较为接近的包络趋势。除此之外，变分模态分解(variational mode decomposition，VMD)重构的方法仅从视觉观察上看，甚至没有起到较好的降噪效果。

虽然从视觉观察上分辨，修正布拉施克积分解相较于其他方法已经起到了很好的降噪效果，但为了量化不同降噪方法所获降噪信号的精确度，我们仍然对不同的结果通过 RMSE、PDR 和 SNR 3 个指标进行评估，如表 3.1 所示。

表 3.1　对于信号 $x_2(t)$ 不同降噪方法的性能

指标	VMD 重构	移动平均滤波器	卡尔曼滤波器	维纳滤波器	修正布拉施克积分解
RMSE	0.63	0.44	0.42	0.26	0.22
PDR	0.32	0.22	0.21	0.13	0.11
SNR	0.89	4.09	4.42	8.79	10.08

表 3.1 列出了不同降噪方法对添加了 −1dB 噪声的信号 $x_2(t)$ 的降噪效果，对比 RMSE、PDR 与 SNR 3 个指标，直观反映了不同方法的降噪性能。在 −1dB信噪比的情况下，所有方法都起到了一定的信噪比提升效果，其中 VMD 重构降噪效果最差，移动平均滤波器与卡尔曼滤波器效果相接近，维纳滤波器实现了对信噪比的较大幅度提升，而修正布拉施克积分解算法对信噪比的提升幅度最大。除此之外，降噪后信号精度方面，也同信噪比方法一致，修正布拉施克积分解算法误差最小，其次是维纳滤波器、保持一致的移动平均滤波器与卡尔曼滤波器，VMD 重构精度最差。由此可以说明，相较其他几种降噪方法，修正布拉施克积分解的降噪效果最好，对较低信噪比情况下的信号有较大的降噪效果。

3)多分量线性调频信号

为了更好说明修正布拉施克积分解在不同线性调频信号下的降噪效果，接下来将以多分量线性调频信号 $x_3(t)$ 为例重复上述试验。

$$x_3(t)=\sin(4\pi t^2+5t)+\sin(7\pi t^2+5\pi t) \tag{3.64}$$

时间区间为[0s,2s]，采样频率 $f_s=256\text{Hz}$。该信号的频率分别是 $f_2(t)=4t+\frac{5}{2\pi}$ 和 $f_3(t)=7t+\frac{5}{2}$，中心频率分别为 $\frac{5}{2\pi}$Hz 和 $\frac{5}{2}$Hz，调频率依次是 4Hz/s 与

7Hz/s。通过添加信噪比为−1dB 的噪声后，依次应用不同降噪算法，最终不同方法对添加过噪声的信号 $x_3(t)$的降噪结果如图 3.29 所示。

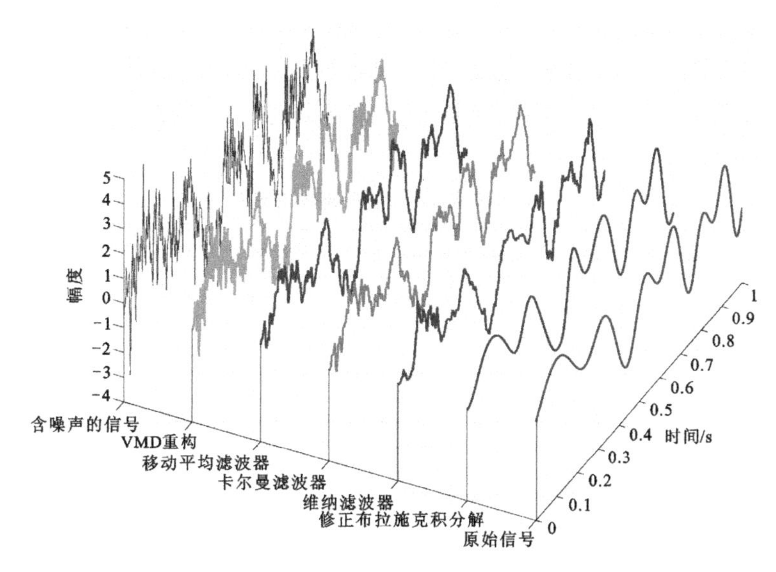

图 3.29　不同降噪方法对信号 $x_3(t)$的降噪结果(一)

由图 3.29 可知，添加了−1dB 噪声调制方式更加复杂的信号 $x_3(t)$，大部分降噪算法也都能起到明显的降噪效果，但相较于单分量线性调频信号，在多分量线性调频信号降噪实验中所有方法降噪效果均有所下降，细节对比如图 3.30 所示。

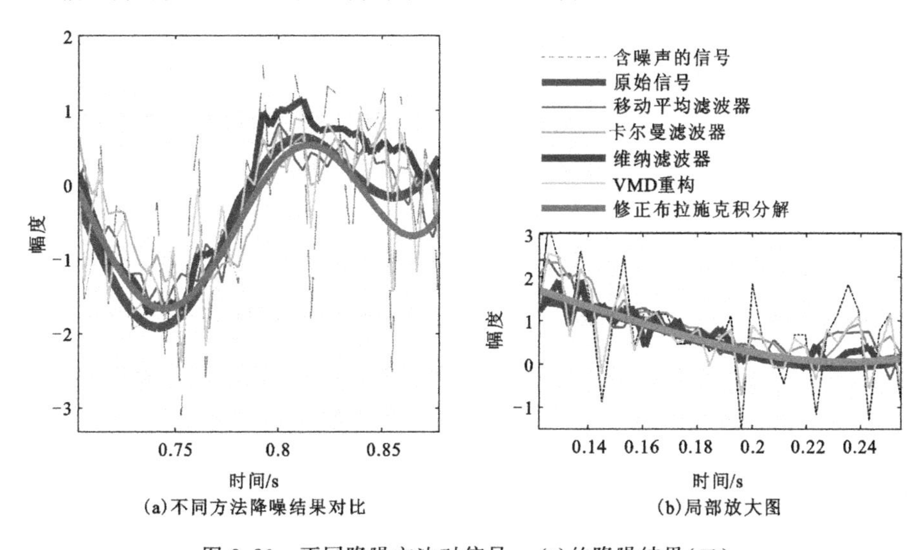

图 3.30　不同降噪方法对信号 $x_3(t)$的降噪结果(二)

从视觉观察方面看，性能下降较为明显的是维纳滤波器，虽然保持着与原始信号较为一致的包络总体趋势，但在小波峰附近的降噪效果仍然出现了明显的失真，使降噪后的信号与原始信号有着较大的偏差。单从视觉观察方面修正布拉施克积分解算法降噪结果与原始信号间存在着较小的偏差，但为了准确地作出判别量化结果，采用了相同指标参数，其结果如表 3.2 所示。

表 3.2　对于信号 $x_3(t)$不同降噪方法的性能

指标	VMD 重构	移动平均滤波器	卡尔曼滤波器	维纳滤波器	修正布拉施克积分解
RMSE	0.70	0.50	0.51	0.49	0.34
PDR	0.26	0.18	0.19	0.18	0.13
SNR	3.26	6.11	6.00	6.53	9.51

表 3.2 列出了不同降噪方法对添加了－1dB 噪声的信号 $x_3(t)$的降噪效果，与视觉观察到的情况稍微有所不同。相较表 3.1 中的数据，VMD 重构、移动平均滤波器和卡尔曼滤波器在 SNR 与 PDR 方面都有一定程度的效果提升，但在 RMSE 方面没有获得提升，说明这 3 种方法降噪后的信号整体效果更好，但对于信号局部的精度方面仍然有所欠缺。通过对比，维纳滤波器与修正布拉施克积分解算法整体都出现了效果下降的情况，除去所添加噪声信号的随机性外，另一可能因素是信号在短时间内的特性参数变化加剧带来的影响，但总的来说修正布拉施克积分解依然起到了较好信号降噪效果。

4)多分量非线性调频信号

为了充分说明修正布拉施克积分解在更多非平稳信号降噪上的表现，接下来将以多分量非线性调频信号 $x_4(t)$为例重复上述试验。

$$x_4(t)=\sin[2\cos(4\pi t)]+\sin[2\cos(\pi t)+5\pi t] \tag{3.65}$$

时间区间为[0s,2s]，采样频率 $f_s=256\text{Hz}$。该信号的频率分别为 $f_4(t)=-4\sin(4\pi t)$和 $f_5(t)=-\sin(\pi t)+\frac{5}{2}$，中心频率分别为 0Hz 和$\frac{5}{2}$Hz，频率变化呈正弦函数变化。添加信噪比为－1dB 的噪声后，依次应用不同降噪算法，最终不同方法对添加过噪声的信号 $x_4(t)$的降噪结果如图 3.31 所示。

图 3.31 中，对于添加了－1dB 噪声调制方式更加复杂的信号 $x_4(t)$，大部分降噪算法也都能起到明显的降噪效果，但相较于线性调频信号实验，在多分量非线性调频信号降噪实验中所有方法在信号端点处与峰值处的降噪效果均有所

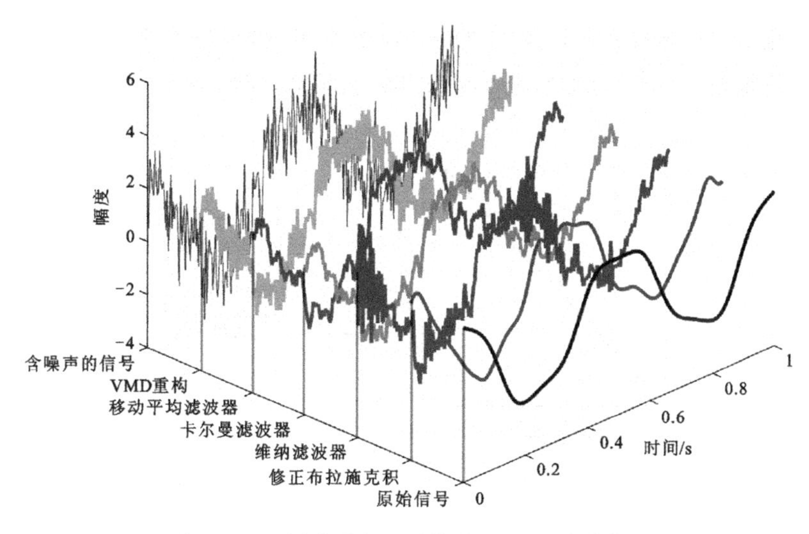

图 3.31 不同降噪方法对信号 $x_4(t)$的降噪结果

下降。为了评估量化这一降噪效果的下降程度,仍采用相同指标参数,其结果如表 3.3 所示。

表 3.3 列出了不同降噪方法对添加了−1dB 噪声的信号 $x_4(t)$的降噪效果,与视觉观察到的情况保持一致,VMD 重构与维纳滤波器表现出来最差的降噪效果,移动平均滤波器和卡尔曼滤波器保持在相同的水平,但这 4 种方法降噪效果均不如修正布拉施克积分解。多分量非线性调频信号降噪的实验说明,修正布拉施克积分解能够实现较高质量的降噪。结合前两次实验结果,修正布拉施克积分解能够应用于不同类型的非平稳信号降噪。

表 3.3 对于信号 $x_4(t)$不同降噪方法的性能

指标	VMD 重构	移动平均滤波器	卡尔曼滤波器	维纳滤波器	修正布拉施克积分解
RMSE	0.66	0.45	0.45	0.65	0.29
PDR	1.03	0.72	0.71	1.03	0.47
SNR	7.06	10.13	10.13	7.00	13.89

5)不同噪声强度对比

由于在实际工程中所处环境噪声强度不一,因此为了更加全面地说明修正布拉施克积分解在不同噪声强度环境下的性能。我们将采用 $x_2(t)$添加范围在10dB 到−15dB 的噪声,并依次使用相同降噪方法进行降噪。而后计算在不同噪声强度下各个降噪算法降噪结果的 RMSE、PDR 和 SNR。用这 3 个指标来评估不同方法在不同强度噪声环境下的性能，其结果如图 3.32 所示。

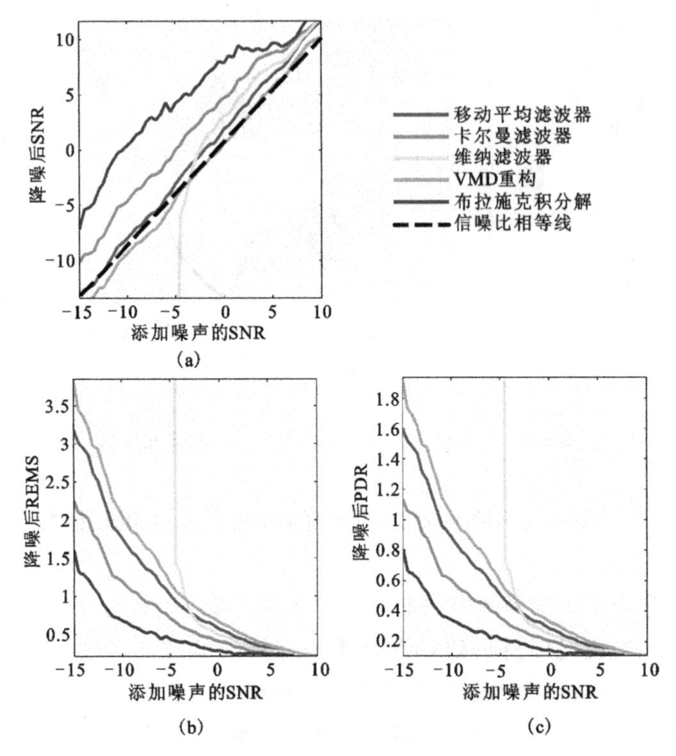

图 3.32　不同噪声强度下各方法对信号 $x_2(t)$ 的降噪结果

(a)降噪前后 SNR 对比；(b)降噪后 REMS 结果；(c)降噪后 PDR 结果

图 3.32(a)中 5 种降噪方法在高信噪比情况下，降噪后的信噪比均大于所添加噪声的信噪比，说明都能起到很好的降噪效果。同时，还能发现 VMD 重构与移动平均滤波器在整体沿着由黑色线条标记的信噪比相等线下降，说明二者降噪能力随着噪声强度的增加而等程度下降；对于维纳滤波器，当输入信号信噪比低于－1dB 时性能会急剧下降，不仅反映在图 3.32(a)上，还反映在图 3.32(b)、(c)上，说明该方法降噪性能急剧下降，很大程度上所获得的信号精度较差与原信号相差过多导致的。在不同噪声强度下，卡尔曼滤波器虽然表现出较好的降噪性能，但整体仍然赶不上修正布拉施克积分解所得结果。随着输入信噪比的降低，卡尔曼滤波器性能下降速度明显大于修正布拉施克积分解，当输入信噪比达到－15dB 时，修正布拉施克积分解仍然能保持输出信噪比－7dB 附近。与此同时，图 3.32(b)、(c)反映在降噪后信号与原始信号精度方面，修正布拉施

克积分解算法所得结果最解决无噪声信号，之间的误差小于其他方法。因此，可以认为本节所提修正布拉施克积分解算法在非平稳信号降噪方面，尤其是在低信噪比情况下能够保持较好性能。

2. 非平稳信号深层特征提取

非平稳信号 $x_1(t)$ 加窗分帧后每个时间段都会固定获得不同的特征根，使得相位-根时变分布特征出现较为明显的固有模态分布。基于此，本节将会针对无明显变化规律的信号，设计不确定信号进行试验。将所设计的信号 $x_5(t)$ 定义为

$$x_5(t)=\frac{\overline{a_1}}{|a_1|}\frac{a_1-z}{1-\overline{a_1}z}\cdot\frac{\overline{a_2}}{|a_2|}\frac{a_2-z}{1-\overline{a_2}z}\cdot\frac{\overline{a_3}}{|a_3|}\frac{a_3-z}{1-\overline{a_3}z},z\in e^{it},t\in[0,2\pi) \quad (3.66)$$

将与 $x_5(t)$ 所对应的异常突变信号 $x_5^{\circ}(t)$ 定义为

$$x_5{}^{\circ}(t)=\begin{cases}x_5(t), & \text{else}\\ 4\sin(5\pi t^2)\cdot x_5(t), & t\in[1.30s,1.37s]\end{cases} \quad (3.67)$$

其中，$a_1=-0.1+0.18i$，$a_2=0.16-0.38i$，$a_3=-0.50-0.50i$，采样频率 $f_s=95.33\text{Hz}$。$x_5(t)$ 原始信号与异常突变信号 $x_5^{\circ}(t)$ 的波形如图 3.33 所示。图 3.33(c) 反映常见的时频分析算法对于此类不确定信号不再适用，矩形框中无法反映正确的信号时频特征，椭圆内标注的异常变化也不容易辨识。因此，对不确定信号需要使用不同于时频分析算法的新方法进行特征提取与表示。

将这两个信号加窗分帧后，分别进行修正布拉施克积分解，从中根据每一帧所提取到的特征根进行相位-根分布特征变换，从而得到最终的相位-根时变分布特征，其结果如图 3.34 所示。图 3.34 中，原始信号 $x_5(t)$ 的相位-根时变分布特征在高相位区域存在着类似的模态分布，说明 $x_1(t)$ 与 $x_5(t)$ 在规范化重现核函数的高相位区域表现接近。区别较大的地方集中于低相位区域，$x_5(t)$ 在低相位区域表现出比较明显的波动范围。用曲线对波动范围的包络趋势进行了勾勒，而这个包络趋势是有别于 $x_1(t)$ 在低相位区域所表现出的行为。对比二者也能说明，不同特征根对应的信号固有模态分布也在低相位区域有所反映。辨识图 3.34(a)、(b) 中的分布表现，其中低相位区域内虽然出现了向中相位区域延伸的分布，但所对应的高相位区域并未出现模态丢失与向上突变的趋势，同时对比图 3.34(c)、(d)，此时原信号本身出现了较大的相位变化，因此可以认为该处反映的是信号本应具有的相位-根时变深层特征。

根据图 3.34(b) 异常突变信号 $x_5^{\circ}(t)$ 的相位-根时变分布特征，异常信号的深层特征分布整体与 $x_5(t)$ 的分布接近，尤其是低相位区间的整体包络趋势。对比图 3.34(a) 与图 3.34(b) 还能发现，低相位区间的分布有向上弥散的趋势，但

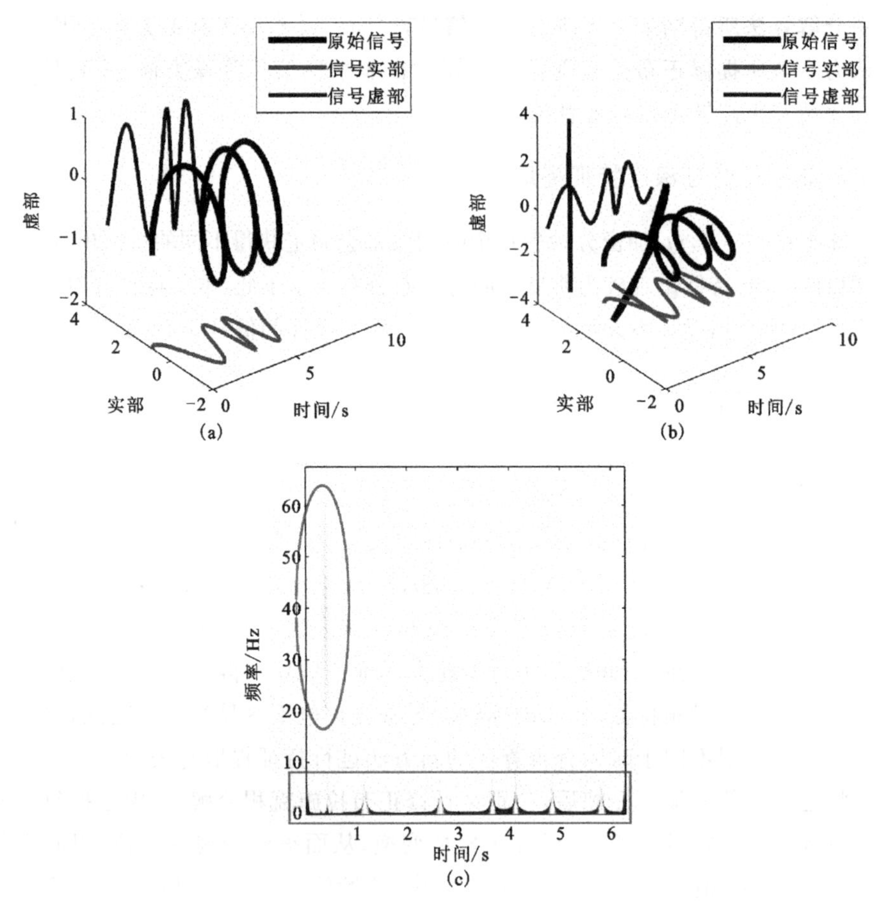

图 3.33　原始信号及其异常突变信号的哈代空间投影及时频分布

(a)原始信号 $x_5(t)$哈代空间投影;(b) 异常突变信号 $x_5^{\circ}(t)$哈代空间投影;

(c) 异常突变信号 $x_5^{\circ}(t)$同步压缩短时傅里叶变换时频分布

整体下包络趋势也接近,说明在低相位区间也能表现各类信号所共同的特征。在异常突变发生的时间段,高相位区间会出现特征丢失的情况,取而代之的是,异常发生前存在一个向中相位区间移动的分布。除此之外,高相位区间出现了一个较浅且向上延伸的特征分布。

对比图 3.34(a)和图 3.34(b)初步得出结论,当发生异常突变时,高、中和低相位 3 个区间都会出现不同程度的变化:高相位区间的表现集中在大片特征丢失且会有分布时间较短向上延伸的特征分布;中相位区间会出现超前的向下延伸的特征分布;低相位区间会保持整体包络趋势不变,但整体分布会出现一定程度的弥散。总的来说,通过辨别相位-根时变深层特征分布的变化,可以明显区

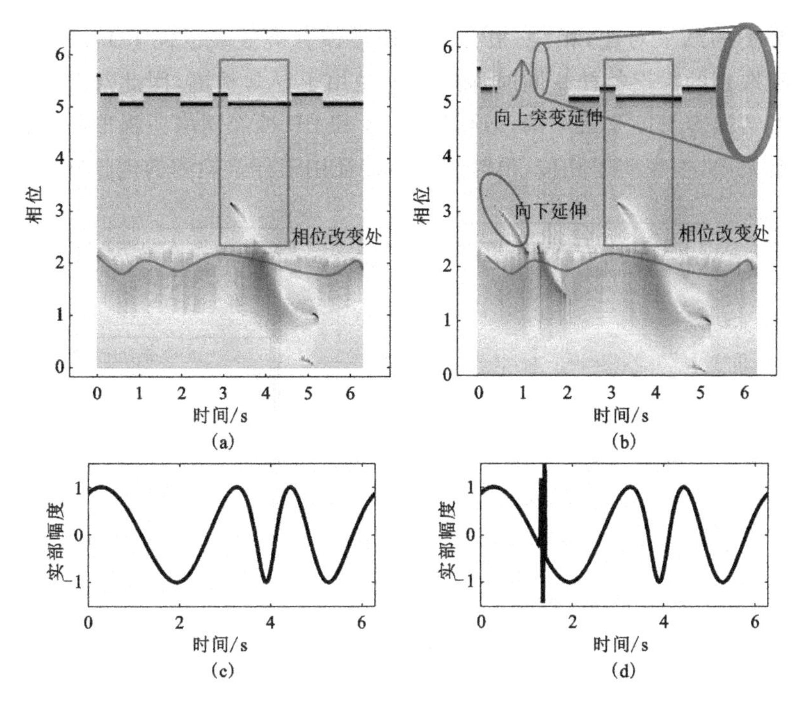

图 3.34　信号 $x_5(t)$、$x_5{}^{\circ}(t)$相位-根时变分布特征及其信号实号

(a)$x_5(t)$的相位-根时变分布特征；(b)$x_5^{\circ}(t)$的相位-根时变分布特征；

(c)$x_5(t)$信号实部；(d) $x_5^{\circ}(t)$信号实部

分出非平稳信号发生异常的时间段。

在此基础上，为充分说明基于修正布拉施克积分解的深层特征提取方法性能，将采用 PCA、多层 BP 神经网络与相位-根时变分布特征依次对加窗信号深层特征提取作为对比试验。其中 BP 神经网络结构为输入层神经元数与分帧后信号长度一致，隐藏层有 52 个神经元，输出层有两个神经元对应每一帧信号异常与否，取隐藏层最后输出作为 BP 神经网络所提取的深层特征。

信号通过以上 3 种方法所得特征分别使用 SVM 对 1.33s 前的特征进行训练，而后对剩余特征进行分类计算识别正确率，来判断 3 种深层特征对分类结果的影响，其结果如图 3.35 所示。图 3.35(a)反映 3 种方法提取的深层特征都可以用于 SVM 分类，分类正确率随着特征维度的增加而有所提升，使用相位-根分布特征进行 SVM 分类对异常分类正确率在特征维度为 2 的情况下与 BP 神经网络正确率相当，但随着特征维度的增加整体明显高于使用 PCA 与 BP 神经网络提取的深层特征。图 3.35(b)是在特征维度为 7 的情况下对每一个加窗信号进行分类的结果对比，相位-根分布特征整体分类效果也优于PCA与BP神经网络提取到的深层特征。同时深层特征是用于异常检测，因此对于异常时间段的分类错误容忍度是最小的，但使用PCA和BP神经网络所提取特征出现了重大分类错误，也说明了相位-根时变分布特征用于异常检测的优越性。

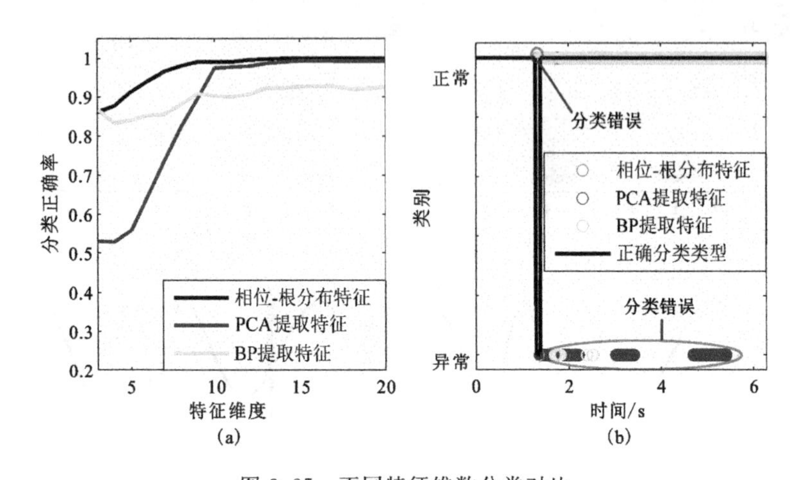

图 3.35 不同特征维数分类对比

(a)不同特征维度整体分类对比；(b)特征维度为7时分类对比

为相对全面地验证相位-根时变分布特征在异常信号检测方面的有效性，再次进行了异常信号 $x_5^{\circ\circ}(t)$ 的设置，用以模拟非平稳信号发生多次微弱突变异常波动的情况，具体形式为

$$x_5^{\circ\circ}(t)=\begin{cases}x_5(t),\text{else}\\0.02\sin(10000\pi t)\cdot x_5(t),t\in[1.30\text{s},1.77\text{s}]\\0.02\sin(10000\pi t)\cdot x_5(t),t\in[2.35\text{s},2.45\text{s}]\\0.02\sin(10000\pi t)\cdot x_5(t),t\in[3.40\text{s},3.50\text{s}]\\0.02\sin(10000\pi t)\cdot x_5(t),t\in[5.50\text{s},5.60\text{s}]\end{cases}\tag{3.68}$$

在这种情况下，异常信号 $x_5^{\circ\circ}(t)$ 及其相位-根时变分布特征，如图3.36所示。

图3.36 (a)所设置的信号 $x_5^{\circ\circ}(t)$ 所发生的异常要更加微弱，接近原始信号幅度的2%。对比图3.36(b)与图3.36(a)，在微弱突变异常波动发生时，其相位-根时变分布特征仍然能够在高相位与低相位区域保持固有模态分布。在高相位区间，信号异常波动的时间段出现了部分特征丢失的情况。且不同于异常突变信号 $x_5^{\circ}(t)$ 的相位-根时变深层特征分布，异常信号 $x_5^{\circ\circ}(t)$ 出现特征丢失的时间要更短，这也与我们设置的异常是微弱突变相对应。

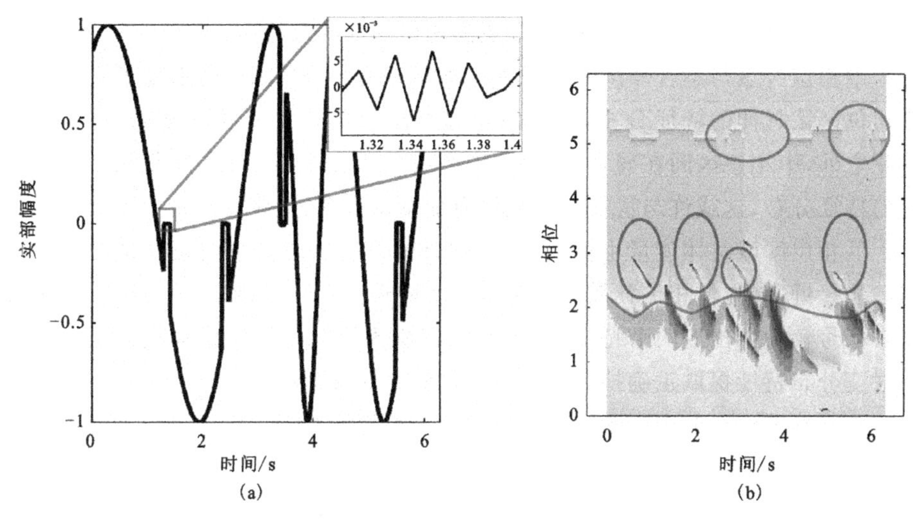

图 3.36 异常突变信号 $x_5^{\circ\circ}(t)$及其相位-根时变分布特征

(a)异常突变信号 $x_5^{\circ\circ}(t)$;(b)$x_5^{\circ\circ}(t)$相位-根时变分布特征

除此之外,在中相位区间也出现了向低相位区域延伸的特征分布,在信号设置的 4 次微弱异常出现时也都呈现一个向高相位区间延伸的特征分布,中相位区间发生的变化与异常突变信号 $x_5^{\circ}(t)$相位-根时变分布特征中相位区间发生的变化接近。

总的来说,通过辨别相位-根时变分布特征的变化,可以明显区分出非平稳信号发生异常微弱波动的时间段,且发生异常时各个相位区域的特征分布变化接近,具有一定的用于实际工程信号分析判断的参考价值。

在这基础上,为了验证其特征提取性能在噪声环境下的有效性,我们为异常信号 $x_5^{\circ}(t)$设置了 10dB 的噪声。在不经过任何降噪算法的处理下直接进行特征根求解,并基于此展开相位-根时变分布特征表示,其结果如图 3.37 所示。

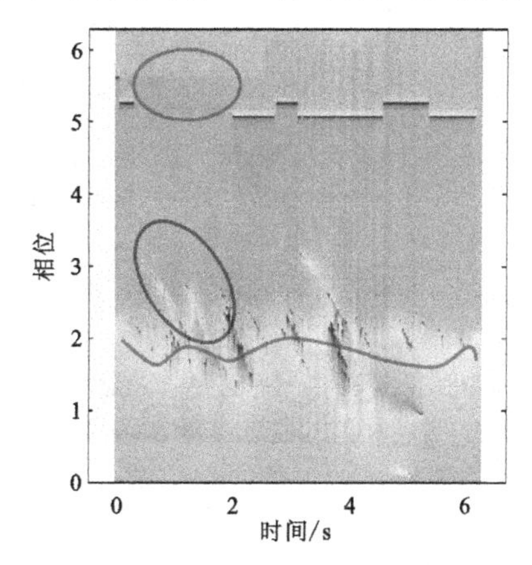

图 3.37 含有噪声的异常突变信号 $x_5^{\circ}(t)$相位-根时变分布特征

含有一定噪声的异常信号其相位-根时变分布特征与不含噪声的情况极为接近。在用高相位区域均出现特征消失的情况,虽然较小向更高相位区域延伸的突变点被噪声淹没，但整体幅度变化有向更高相位移动的趋势。

中相位区域与不含噪声的情况其分布的能量更加集中，也出现了一样的向低相位区域延伸的特征分布，且同时也存在着一定提前反映突变来临的情况。除此之外，中相位区间在异常出现前、中和后3个阶段都出现了向低相位区域延伸的特征分布，这或许与特征分布能量更加集中有关，致使细微变化更加明显。

低相位区域整体能量也更加集中，同时整体包络趋势也与正常情况下的包络趋势接近，向更低相位弥散的情况也有所体现。在这基础上，在4s与5s附近正常信号较为突出的两个特征分布延伸，在噪声情况下也正常体现，说明相位-根时变分布特征提取正确捕获到了位于这两处的特征根。

在不确定信号的应用中，相位-根时变分布特征对于异常波动出现时的捕捉表现出了一定的有效性，能够在分布中以较为明显的变化正确反映异常时间段。为了更加充分地说明相位-根时变深层特征分布的有效性，接下来设置带有异常的线性调频信号 $x_6(t)$，验证其在不同频段下对信号特征表现的性能，具体形式为

$$x_6(t)=\begin{cases}\sin(6\pi t^2),\text{else}\\ \sin(100\pi t^2)+\sin(6\pi t^2),t\in[0.38\text{s},0.41\text{s}]\end{cases} \tag{3.69}$$

时间区间为[0s,2πs]，采样频率 $f_s=325.8\text{Hz}$。该信号的频率是 $f_6(t)=12t$，调频率是6Hz/s，其时域波形与拥有更好性能的自适应啁啾模式分解(adaptive chirp mode decomposition，ACMD)时频分布(Chen，et al.，2019)如图3.38所示。

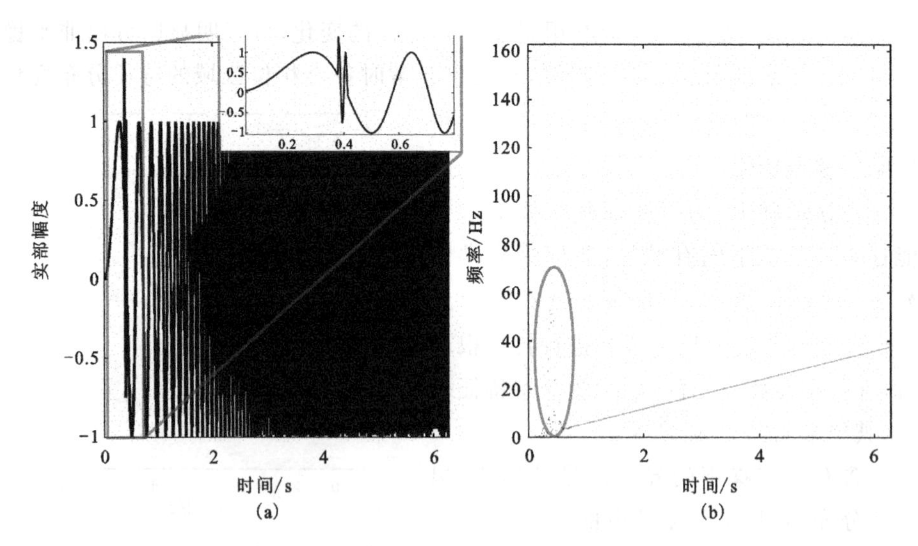

图3.38　信号 $x_6(t)$ 时域波形与ACMD时频分布

(a) $x_6(t)$ 时域波形；(b) $x_6(t)$ ACMD时频分布

对比图3.38(a)、(b)，信号$x_6(t)$异常发生的时间段时频分布，椭圆标记的区域出现了比较不明显的突变，但并不影响信号$x_6(t)$的整个时频分布，使得辨别信号发生异常变得困难，容易漏检该异常。在此基础上，信号$x_6(t)$所对应的相位-根时变分布特征如图3.39所示。频率随时间增加的信号$x_6(t)$更多相位-根时变分布特征特点，并将其划分的3个相位区域中。低相位区域各相位所对应能量趋于一致；中相位区域各相位所对应能量随着时间推移逐渐增加，也最终趋于一致；高相位区域每个时刻各相位所对应能量的最大值，随着时间的推移逐渐向更高频率移动，这也与我们所设置的信号频率不断增加相吻合。3个相位区域的能量分布，能够从某种程度上反映信号$x_6(t)$的成分变化，并能够捕获线性调频信号中的异常变化。在出现异常突变的时间段中，高、中、低3个相位区域的包络趋势都出现了不同程度的向上延伸的趋势。随着信号频率的增加，3个相位区域的特征分布均呈现增加的趋势，从发生异常的时间段能够明显看见特征分布出现向上跳变的情况，而后恢复至原先增长模式。低相位与中相位区域维持稳定，高相位区域呈现继续增加的态势，这与不确定信号的数值仿真实验基本保持吻合。同时，该实验也反映出相较于时频分析，相位-根时变分布特征更能捕获极短异常信号。

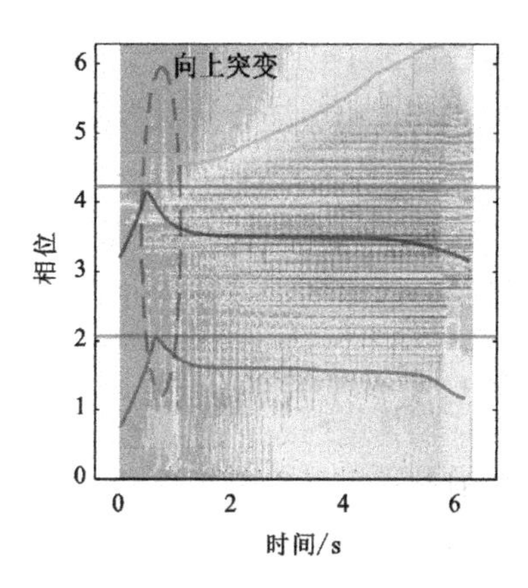

图3.39　信号$x_6(t)$相位-根时变深层特征分布

结合上述4个例子，我们可以得出结论，相位-根时变分布特征相较于其他深层特征具有更高的应用价值，能够在一定程度上反映信号的固有特征，并对异常信号的发生即时做出反映，是一种有效的特征表示手段，并且在含有噪声的情况下，仍能相对正确地展现信号的固有特征与在异常发生时反映特征分布变化。因此，可以认为相位-根时变分布特征在一定程度上可以被用于非平稳信号的异常检测问题之中。

3.3　混沌分析

由于震前ENPEMF信号的产生机理复杂、孕育过程非线性，其信号强度数据具有非平稳特点和混沌特性。因此，本节引入混沌理论对其数据内部特征进行挖掘，找到隐藏的混沌特点。假设一段时间内采集的震前ENPEMF信号数据为$\{x(t_j),j=1,2,\cdots,n\}$，其中$n$表示采集的数据点数，通过混沌理论中的假邻近法及自相关函数法对数据进行处理，得到数据变化形式为

$$X(t)=[x(t),x(t+\tau),\cdots,x(t+(m-1)\tau)] \tag{3.70}$$

式中：τ和m分别表示震前ENPEMF信号数据的延迟时间和嵌入维数，用于描述该信号隐藏的混沌特征并为RBF神经网络输入节点提供判断依据。

3.3.1 假邻近法

时间序列的本质是将系统高维空间坐标的运动轨迹投影到低维空间。当嵌入维数较小时，系统空间轨道中本来相距很远的相点相互挤压折叠，未能充分展开，这些点为假邻近点(Kugiumtzis,1996)。随着嵌入空间维数的增加，轨道逐渐展开，投影到低维空间的假邻近点随之分离。当所有的假邻近点消失时所对应的最小嵌入空间维数即为最佳嵌入维数。给定正整数m，构造m维重构向量为

$$\boldsymbol{y}_m(n)=[x(n),x(n+\tau),\cdots,x(n+(m-1)\tau)]^{\mathrm{T}} \tag{3.71}$$

在m维重构空间中，采用欧式度量来决定$\boldsymbol{y}_m(n)$的紧邻点$\boldsymbol{y}'_m(n)$，即

$$\boldsymbol{y}'_m(n)=[x'(n),x'(n+\tau),\cdots,x'(n+(m-1)\tau)]^{\mathrm{T}} \tag{3.72}$$

将维数从1维增加到$m+1$维。$m+1$维空间重构向量为

$$\boldsymbol{y}_{m+1}(n)=[x(n),x(n+\tau),\cdots,x(n+(m-1)\tau),x(n+m\tau)]^{\mathrm{T}} \tag{3.73}$$

紧邻点$\boldsymbol{y}'_{m+1}(n)$为

$$\boldsymbol{y}'_{m+1}(n)=[x'(n),x'(n+\tau),\cdots,x'(n+(m-1)\tau),x'(n+m\tau)]^{\mathrm{T}} \tag{3.74}$$

在$m+1$维空间中，考察紧邻点$\boldsymbol{y}'_{m+1}(n)$是否与m维空间的紧邻点$\boldsymbol{y}'_m(n)$一致。如果相同，则m为嵌入维数。在实际计算中，欧式距离为

$$R_m^2(n)=\sum^{m-1}[x(n+k\tau)-x'(n+k\tau)]^2 \tag{3.75}$$

给定参数R_τ，如果满足以下条件$\dfrac{|x(n+m\tau)-x'(n+m\tau)|}{R_m(n)}>R_\tau$，则在$n$处的紧邻点为假邻近点。由于时间序列中点的个数有限且存在噪声影响，重构向量$\boldsymbol{y}_m(n)$与它的紧邻点$\boldsymbol{y}'_m(n)$相距不近，因此$R_m(n)$与时间序列的线度R_A(序列的方差)相比较，$R_m(n)>R_A$。如果在m维嵌入空间中，重构向量$\boldsymbol{y}_m(n)$与其紧邻点$\boldsymbol{y}'_m(n)$的距离$R_m(n)\geqslant 2R_A$，其中R_A为时间序列的方差，则$\boldsymbol{y}'_m(n)$为重构向量$\boldsymbol{y}_m(n)$的假邻近点，即判据1为

$$\frac{R_m(n)}{R_A}\geqslant 2 \tag{3.76}$$

在 $m+1$ 维空间中，计算重构向量 $\boldsymbol{y}_{m+1}(n)$ 与其紧邻点 $\boldsymbol{y}'_{m+1}(n)$ 的距离，若满足 $R_{m+1}(n)/R_m(n)\geqslant R_T$，其中 $10\leqslant R_T\leqslant 50$ 时结果稳定，则 $\boldsymbol{y}'_{m+1}(n)$ 为重构向量 $\boldsymbol{y}_{m+1}(n)$ 的假邻近点，即判据 2 为

$$\frac{R_{m+1}(n)}{R_m(n)}\geqslant R_T \tag{3.77}$$

对所有的重构向量，利用判据找出邻近点中的假邻近点，并记录下所有假邻近点的数目 $FN(n)$。继续增加维数，当找到一个整数 m_ε 使得 $FN(m_\varepsilon)=0$，则 m_ε 即为所求嵌入维数。当假邻近点所占比率即假邻近率随着嵌入维数的增加趋于平稳不再降低时，所对应的嵌入维数 m 为最佳嵌入维数。本节通过统计假邻近点数的比率随嵌入维数升高逐渐减小，最后维持不变的情况，确定最优嵌入维数。

用经典的 Rossler 混沌时间序列验证假邻近法及自相关函数法获得嵌入维数和时间延迟等参数的可行性。

Rossler 系统可用微分方程组进行描述。

$$\begin{aligned} dx/dt&=-(y+z)\\ dy/dt&=x+ay\\ dz/dt&=z(x-c)+b \end{aligned} \tag{3.78}$$

选取参数 $a=b=0.2$，$c=5$，初值 $x(0)=-1$，$y(0)=0$，$z(0)=1$，积分时间步长 $h=0.05$，生成长度为 3000 的连续混沌时间序列如图 3.40 所示。

Rossler 混沌时间序列在有限区域内运动时趋向于一个稳定的点，完全展开系统内部的混沌特性。嵌入维数的取值范围为[1,8]，阈值的判别门限范围为[2,15]，Rossler 时间序列长度为 3000，采用假邻近法计算时间序列 x 分量的嵌入维数 m，结果如图 3.41 所示。

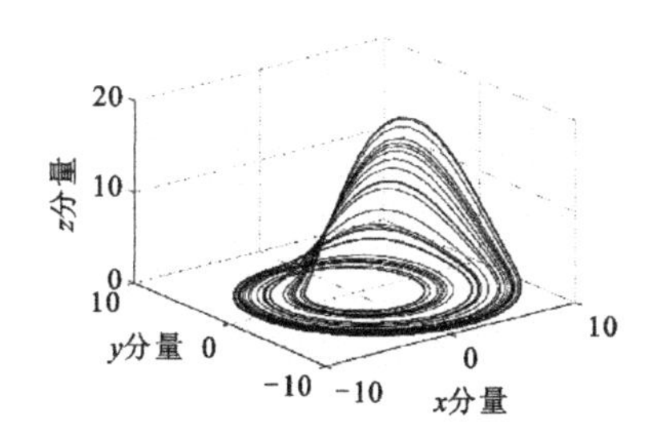

图 3.40　Rossler 混沌时间序列

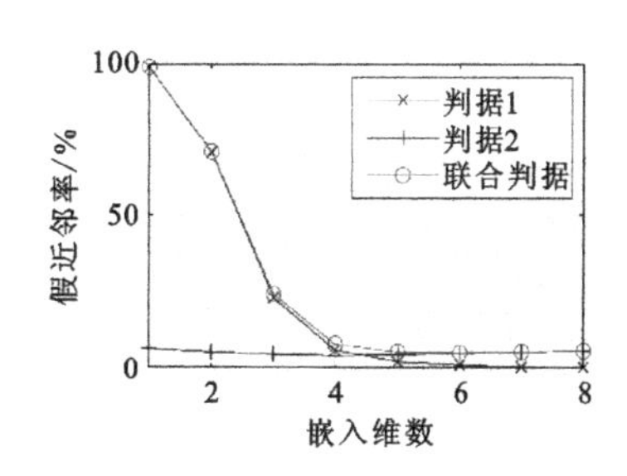

图 3.41　假邻近法求嵌入维数

当嵌入维数从 1 增加到 4 时假邻近率急速下降；当嵌入维数达到 5 时，假邻

近率趋于平缓，此时的嵌入维数达到理想值，为所求最佳嵌入维数，即 Rossler 混沌时间序列的嵌入维数为 5。

3.3.2 自相关函数法

由于实际时间序列长度有限且存在噪声，选取合适的延迟时间至关重要。延迟时间 τ 过小，将使重构的系统由于相关性较强造成相空间的挤压，不能充分展示系统的动力特征；延迟时间 τ 太大，会造成相邻两时刻的动力学形态剧烈变化，使构造的相空间比实际空间复杂。

自相关函数法可在降低相关性的同时保证原动力学的系统信息不丢失，使重构相空间能充分展现系统拓扑性质和几何性质。首先写出时间序列的自相关函数，然后作出自相关函数随时间变化的函数图，找到自相关函数首次达到零点时对应的时间，即为时间延迟 τ。自相关函数为

$$c(\tau) = \lim_{\tau \to \infty} \frac{1}{T} \int_{-\frac{T}{2}}^{\frac{T}{2}} x(t)x(t+\tau)\mathrm{d}t \tag{3.79}$$

自相关函数值随时间变化逐步下降，当其下降到初始值的(1－1/e)时对应的时间为所求时间延迟。

采用自相关函数法求时间延迟 τ，选择 x 分量序列计算延迟时间 τ，仿真结果如图 3.42 所示。

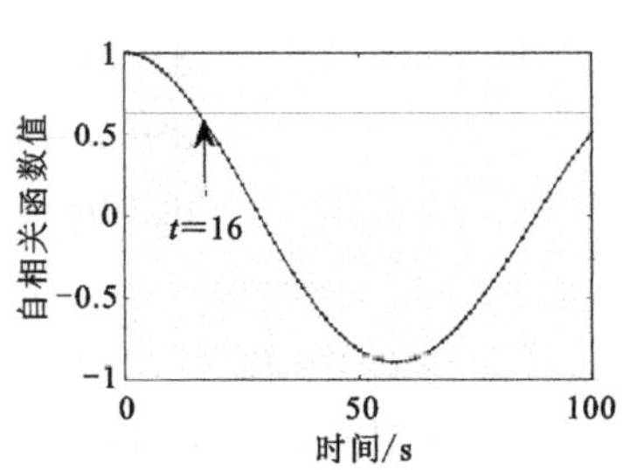

图 3.42 自相关函数法求时间延迟

图 3.42 中，直线为初始值的(1－1/e)，曲线为自相关函数曲线，选取 τ 值为自相关函数下降到初始值的(1－1/e)时所对应的时间，即 Rossler 混沌时间序列的延迟时间 τ 为 16。

第 4 章　ENPEMF 方法在军事领域的应用

金属军事装备对磁场具有较大的影响，可考虑采用 ENPEMF 方法来远程监测区域内的磁场变化情况。复杂恶劣环境下的电磁目标监测工作需要耗费大量的人力物力，监测不及时会造成巨大的危害。基于电磁目标地表脉冲磁异常大数据，实现远程恶劣环境监测系统，将大数据、物联网、云储存等先进技术运用于电磁目标监测及预警领域。以地球天然脉冲电磁场信号(ENPEMF)的发育强度和超过阈值的脉冲量值，作为反演电磁目标的监测指标，采用大数据间隔监测和实时刷新的形式，将电磁目标的脉冲磁异常通过远程网络二维图的形式呈现，为监测人员提供有效的判决参考。

4.1　基于 ENPEMF 方法的金属军事装备的远程监测方案

ENPEMF 定义为地表可接收含各种天然噪声的非平稳信号的叠加，是由天然场源所产生的一次和二次综合电磁场总场。尤其在地表，可监测到大型或者大面积金属物体产生的电磁脉冲波，可用于军事金属装备目标的电磁分布探测。在恶劣无人环境中，一般型或较大体量的金属装备，会产生局部的异常电磁辐射，利用全向的甚低频(VLF)电磁接收传感器，实现对移动或静止的远程金属设备和装置目标实时监测，并通过 GPRS 等网络传输技术，对数据进行云存储和访问，为指挥决策提供建议。面向金属军事装备的远程监测应用的方案如图 4.1 所示。

目前制约电磁目标监测预警的瓶颈，主要是如何进行凹坡、森林密布等地形复杂隐患点的排查和识别，及时将电磁目标信息有效地无线上传、远程共享至分析和决策机构。基于此电磁目标信息的接收、信号的无线即时传输、信号的处理和信息的获取，变得尤为重要。利用 ENPEMF 信号来监测电磁目标对象引起的磁异常可分为磁总量和磁梯度监测，同时采用非平稳信号的分析方法研究其分布特征，其中时频分析方法是不错的选择，可以利用多种时频分析方法来处理 ENPEMF 信号，同时研究相应的目标分析模型。ENPEMF 信号在采集过程中不可避免会掺杂环

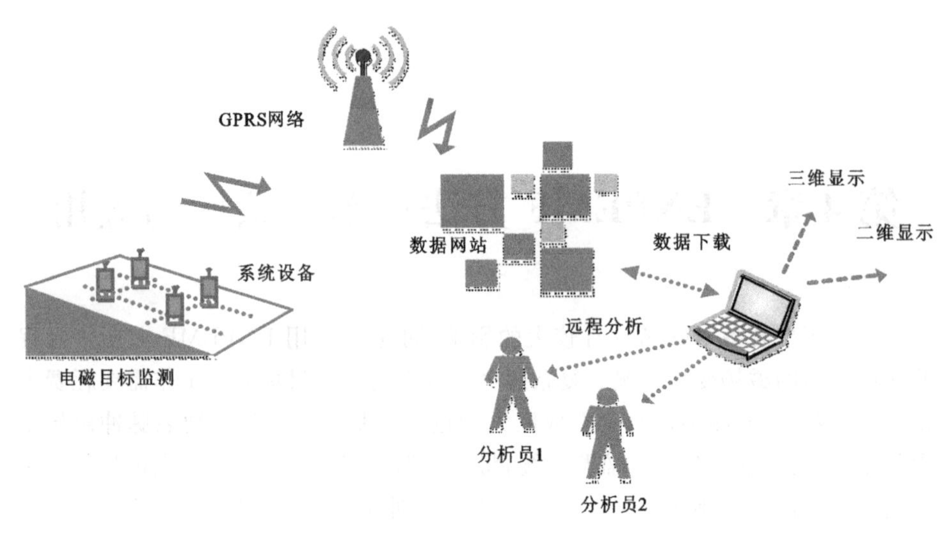

图 4.1　面向金属军事装备的远程监测应用的方案

境噪声，应提高时频分析算法的降噪功能，实现监测 ENPEMF 数据的强鲁棒性和高锐化的时间-频率-能量谱联合分析。

在军事装备监测过程中，ENPEMF 信号的采集设备和传感器可以重新设计，以便适应金属军事目标的体量和规模，能够更好地接收信号。如传感器可以优化接收带宽，拓展上下截止频率，还可以采用组合形式，结合后端电路输出信号幅值的梯度值，配备远程数据无线上传功能，实现基于互联网云服务即时绘制监测目标区域的磁场强度二维、三维图，判断目标区域的磁场是否发生持续性同趋势变化。如果连续出现大规模突发异常，ENPEMF 信号的脉冲数目或幅度突然增多或下降，则电磁目标趋于临界点的风险加大。

4.2　基于 ENPEMF 与精密微震模型的地下军事工程定位

4.2.1　研究背景

地下军事工程是指地道、坑道、地下指挥所、地下仓库、地下隐蔽所、防空洞，以及地下发射的远程核打击系统工程等(李敏，钟蔚，2017)。若难以追踪和定位目标，将会影响我方军事指挥的决策和部署。本节以地下工程动力学为基础，基于 ENPEMF 与精密微震耦合模型技术方法，探讨地下工程的研究背景。以监测预报为研究目标，分析地下工程灾变的监测方法，重点分析孕灾机制判别和靶向精细监测等方面，研究关键点体现在高精度监测信号获取、灾变过程模型构建、深层特征提取、监测策略设计、装备智能化等方面，可为地下工程监测技术领域提供参考(李利平等，2021)。

地下工程监测，尤其是地下军事工程监测，面临的地质环境复杂，除了地质问题本身带来的影响，如高地应力、高地温、高渗透压等突出问题，随着地下军事工程的不同特点，军事工程本身还有结构强度、工程类型、地下深度、岩层结构、赋水程度等特点(何唐甫等，2007)。因此，地下军事工程监测所面临的问题更复杂，需要对信号采集、定位策略、预测模型等方面开展研究，需要考虑的因素包括复杂的地质赋存环境、动力灾变过程和治理控制机制等程监测等方面，如图 4.2 所示，可记录地下爆破后采场岩石破裂微震事件空间分布。

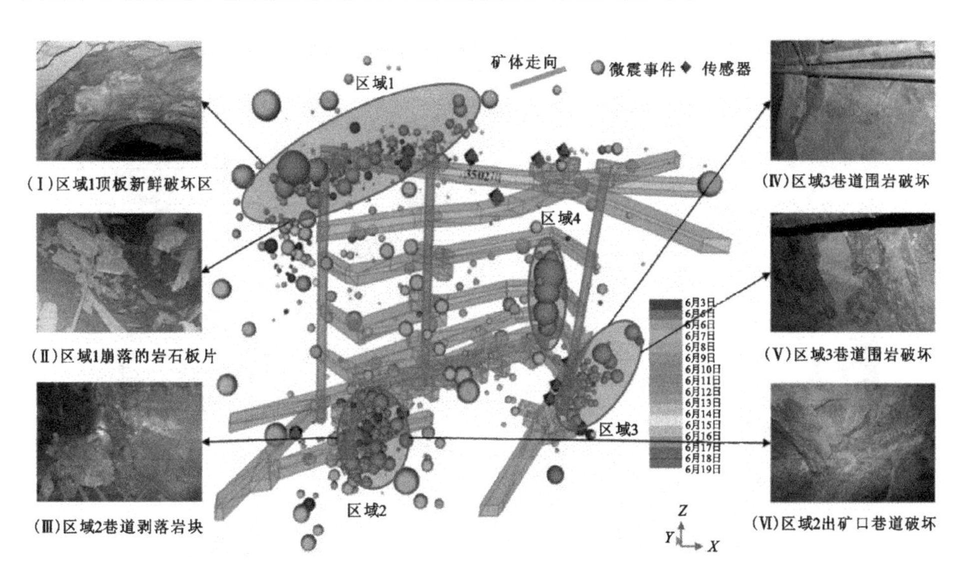

图 4.2　地下爆破后采场岩石破裂微震事件空间分布

该方案利用微震及 ENPEMF 信号耦合模型来研究其深层特征及与孕灾信息之间的关联机制，拓展军事地下工程建设或灾害的监测。作者团队研制了微震及 ENPEMF 相应的接收传感器和硬件设备，利用先进有效的时频分析方法，研究两种信号在深部灾害发生前的时频异常特征，进行灾害预警判断分析。该方法拓展了微震及 ENPEMF 信号在灾害监测、地球物理勘探等领域的应用，在其他诸如孕震信息、油气勘探等领域也有可期待的应用前景。

4.2.2 地下区域的微震监测

精密微震监测是地下军事工程监测的有效手段之一。地下岩体在高应力作用下，如机械操作的开挖卸荷或壳体板块天然运动时，岩石裂缝的产生、扩展或挤压等宏观和微观行为，会导致弹性应变能在岩体内集聚，并以应力波的形式释放并传播(刘跃成等，2022)。微震活动的应力波可通过地表布置的传感器网络接收，还可通过微震识别和定位模型，获取监测目标区域地下工程结构信息，如地下工程的深度、横向范围、工程规模和工程的体量估计等。地下区域的监测场景如图 4.3(汤志立，2019)所示。基于微震方法的地下工程监测目前已被广为认可，是一项较为有效的监测手段，尤其在区域防震安全、工程灾害预警、坑道和矿山安防等领域不可或缺。它的优势在于可远程实时监控，可实现目标区域的震源定位，具有良好的恶劣环境的适应性，设备较易安装布置，成本可控，效果突出(张雪楣等，2021)。

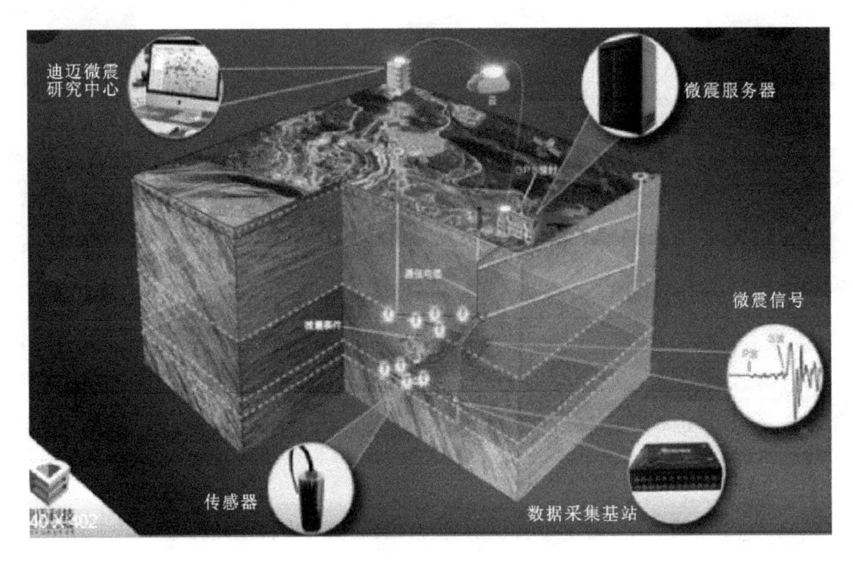

图 4.3　地下区域监测场景图

4.2.3 ENPEMF 与地下工程的关联机制

浅地表地球动力学过程中的震磁效应，如地下工程施工或结构异常变化时，产生的脉冲波会相应发生异常变化，可用于地下工程的电磁监测，如图 4.4 所示。

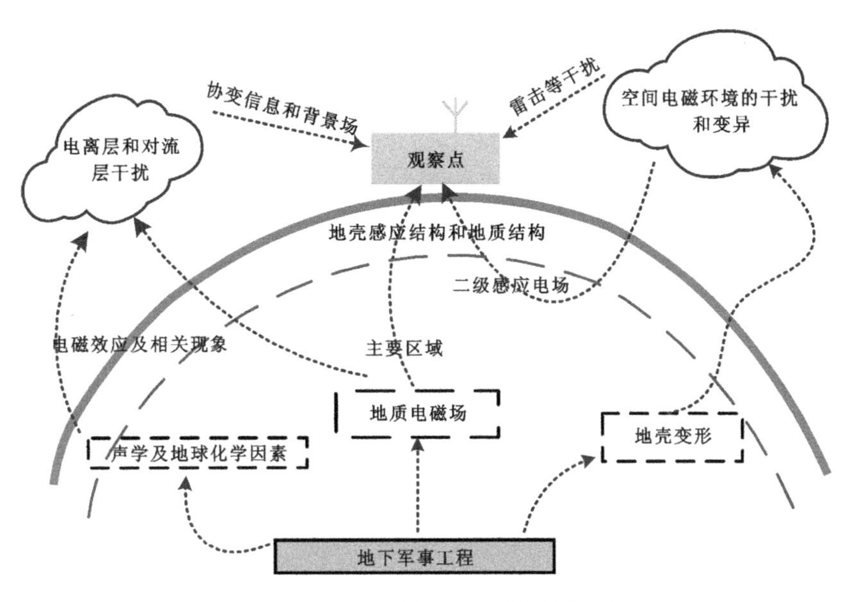

图 4.4　地球天然脉冲电磁场监测方法

4.2.4　精密微震与 ENPEMF 信号的深层特征提取

本节从实际复杂环境出发，利用修正布拉施克积分析方法，提取精密微震信号及 ENPEMF 信号的相位-根时变分布深层特征。采用时频分析对信号各类特征分布进行基于时间-频率变化的分析，然后将预处理后的信号进行自适应修正布拉施克分解，以便更精确地挖掘采集信号中的异常部分，有效降低了计算复杂度，显著提升特征提取效能，进而提高异常特征识别效率，验证其与地下工程灾害孕育的关联机制。

先对采集信号 $x(t)$ 通过进行加窗处理，获得较短时间内的时域信号，即

$$\mathrm{F}(t)=\int_{-\infty}^{+\infty} x(\tau) h^{*}(\tau-t) \mathrm{d} \tau \tag{4.1}$$

式中：h^{*} 为复共轭；h 为人为选取的实窗函数，且 $h^{*}=h$。

得到一系列加窗非平稳信号 $\mathrm{F}_n(t)$ 后，经自适应修正布拉施克积分解依次得其对应特征根序列 $\{\{a\}_1,\{a\}_2,\cdots,\{a\}_n\}$，每组相位-特征根分布特征为

$$\operatorname{PRDF}(p)=\sum_{j=1}^{\infty}\left|\frac{\sqrt{1-|a_j|^2}}{1-\overline{a_j} p} \cdot \frac{e^{ip}-a_j}{1-\overline{a_j} e^{ip}}\right|, p \in[0,2\pi] \tag{4.2}$$

式中：a_j 是每个加窗非平稳信号根据最大选择原则获得的修正布拉施克积的根；p 代表相位。

利用提取到的特征根进行以小时为单位尺度上的相位-根分布特征提取，其流程如图 4.5 所示。

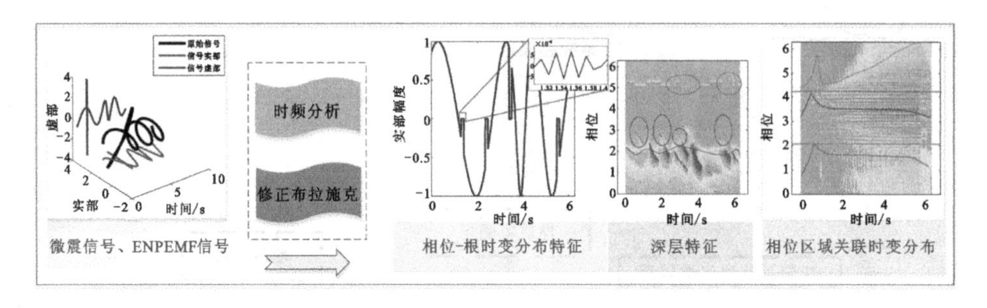

图 4.5　采集信号深层特征提取方案

本节采用修正布拉施克分析方法提取信号相位-根时变分布深层特征，能较为完整地反映两种信号的内部结构信息，于正常场模型中剥离出异常场，建立灾害发生前后两个时间断面的信号异常场模型。通过分析灾害前后异常场信号的时-频、时-空变化、功率谱、相位、模态分量、空间分量等异常特征深层融合表征，根据异常场各分量变化与灾害的分布规律，揭示其与灾害的关联性。基于上述算法得到关于精密微震信号和 ENPEMF 信号相位-根时变分布特征，从新的角度层面提取更快捷、有效的特征参数，为解决当前信号异常场识别具有的复杂度高、效率低、识别精度差等问题提供新思路，进而为验证精密微震信号及 ENPEMF 信号异常场与军事工程的关联机制提供理论支撑和应用参考。

采用修正布拉施克分析方法提取精密微震信号及 ENPEMF 信号的相位-根时变分布深层特征，剥离出正常场模型中的异常场，分析信号的内部结构信息，挖掘 ENPEMF 信号的有效特征，我们将其定义为深层特征。分析深部重大工程灾害发生前后异常场信号的时-频、时-空变化、功率谱、相位、模态分量、空间分量等异常特征的深层融合表征，根据信号各分量变化与灾害孕育的强度映射规律，研究其与灾害的关联性，分析关键因素影响。

4.2.5　构建多参量耦合的灾害时间监测模型

本节探究多参量与多尺度表征的耦合策略，建立表征方法，构建深层特征及信号其他特征的灾害监测模型，分析其原理与特征优势，研究关键参量指标与监测性能之间的物理关联性及影响机制。首先提取精密微震信号及ENPEMF信号的特征参数；然后自适应动态更新各参数阈值，并通过对模型参数阈值调整模型局部参数的权值分配，利用相关特性自适应的快速调整局部参数，提高模型的自适应性能和模型的快速反应能力，避免依赖全局参数调整而影响模型速度；最后通过监测信号能熵比值来确定投票判决机制进行监测模型输出。

项目监测分析数据由精密微震信号及ENPEMF信号接收设备阵列产生，通过数据处理过程实现两种信号的深层特征融合表征，根据信号阵列的多重特征变化趋势及时频、时空变化等参数特点，设计矩阵数据参数自适应调整策略，多参量与多尺度表征的耦合监测模型，如图4.6所示。输出监测面的单点ENPEMF信号强度趋势图，风险二维、三维立体图等灾害发育信息及监测预警结果。

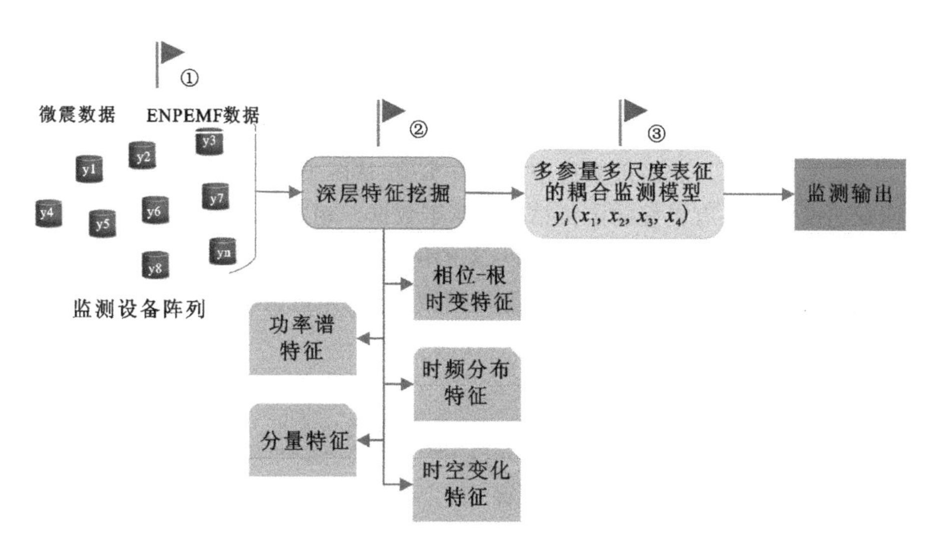

图4.6 多参量多尺度表征的耦合监测模型表征方法

在现有的路径传递算法上，研究适合精密微震信号及ENPEMF信号多特征参量模型的最优路径搜索算法，根据强灾害前两种信号各特征参量的异常表现数值分布规律，有针对性地偏好融合下一步预测策略及判定依据，完善深度优先搜索算法，确定局部最优思想的快速更新参数，以利于生成与灾害强耦合关联的监测模型。

4.2.6 基于数据库动态速配模型的地下工程源定位算法

地下工程微震源的准确定位是该方法的关键，影响因素纷繁复杂，如地质结构、岩层分布、采集能力、数据传播模型、到时、速度模型、定位策略、程序算法、分类识别等多个方面。除此以外，还需要注意仪器方面的影响，如传感器的精度选型、采集设备的精度、信号的同步精度等，否则可能会造成定位不准确。P 波在硬岩中传播的波速是 5000m/s 左右，时间同步精度对微震源定位有较大的影响（陈炳瑞等，2020）。

如何提高微震源定位的准确性，需要每个环节都尽量消除干扰，提高其精度。如弹性波在地质介质中传播的速度模型，目前主流的就有均匀速度模型、层状速度模型、区域速度模型、各向异性速度模型等，但这些模型都受当地工程条件的限制，并且单一的匹配模型不足以对应复杂的地质和工程条件，造成效果不佳或在实际工程中难以使用。

陈炳瑞等（2020）采用基于数据库模板匹配的方法来进行定位，该模型的基本思想是使速度模型尽可能地反映波在地质材料中传播速度的差异性。

图 4.7 是某工程爆破事件中的定位实验，从图中可以看出，采用数据库动态速配速度模型具有更好的定位精度。基于数据库动态速配模型的深部工程灾害源定位算法实现流程如下：①监测对象的网格划分；②将传感器进行对应分组和标记；③已知震源点，构建最佳速度模型数据库，并进行动态更新；④根据传感器组合与数据库速度模型动态匹配，实现定位。

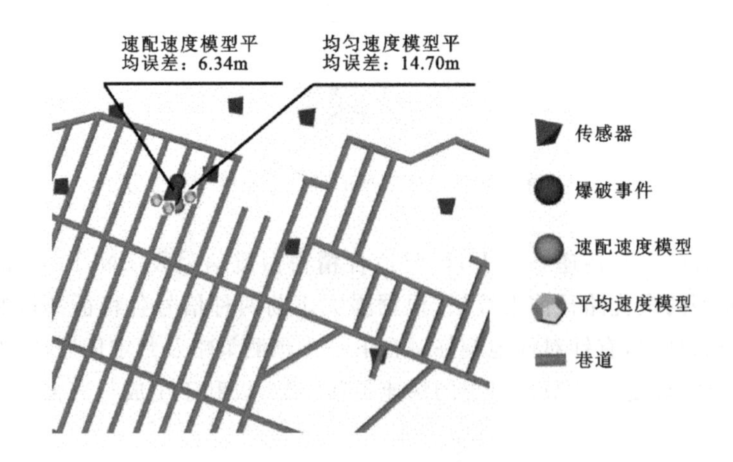

图 4.7 基于动态速配速度模型和均匀速度模型的误差对比图（陈炳瑞等，2020）

基于精密微震的地下工程源定位可以显示监测区域的应力变化事件，如岩爆和应力型塌方(图 4.8)，能够较好地反映出岩爆孕育过程中岩石破裂源的空间位置。

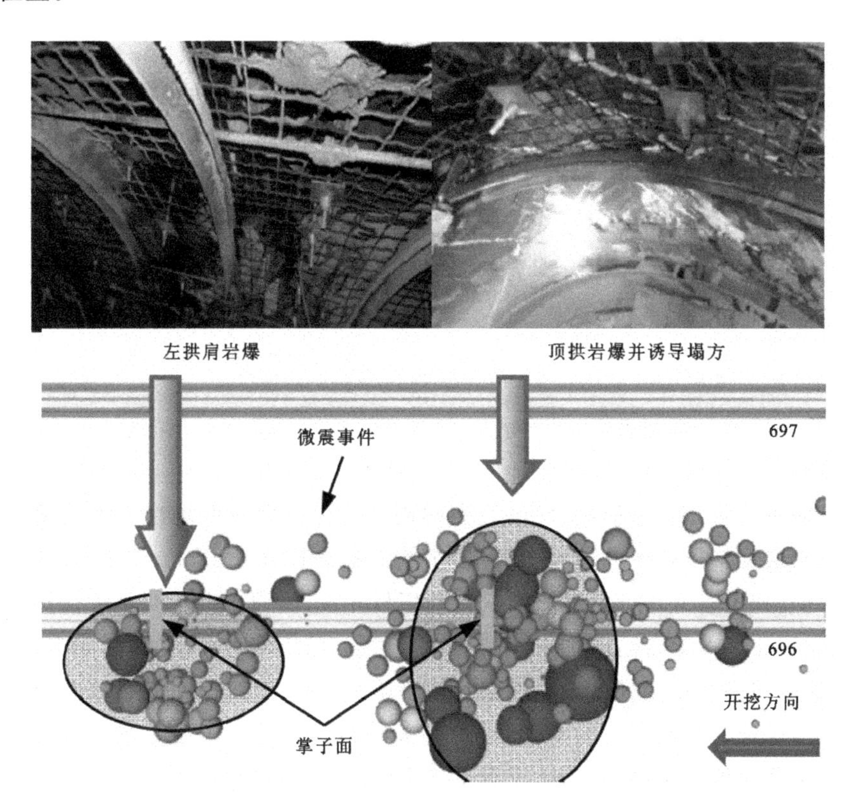

图 4.8　微震源定位监测效果图

4.2.7　监测性能评估单元

在完成灾害监测阶段的内容后，对前期建立的模型方案要进行性能评估研究，并根据评估结果来优化预测模型的系统结构。根据实际方案的特殊需求，通过引入评估手段，对传感器监测性能、模型匹配能力、速度数据库的准确度等进行验证，评估系统的定位能力和效果，并实现对微震信息深度挖掘后的模型自适应权重参数的优化。研究构建模型过程中，与参数自适应策略相关的几个关键参量指标(如时频分布、瑞利熵、先验概率、后验概率、噪声、权重等)之间的物理关联性及影响机制，如图 4.9 所示。本节旨在揭示由关键指标偏差引起的耦合策略性能降低的原因与机理，研究因参量变化而引起的灾害监测性能指标调节的规律，为评估、优化地下微震工程监测模型性能提供依据与方法。

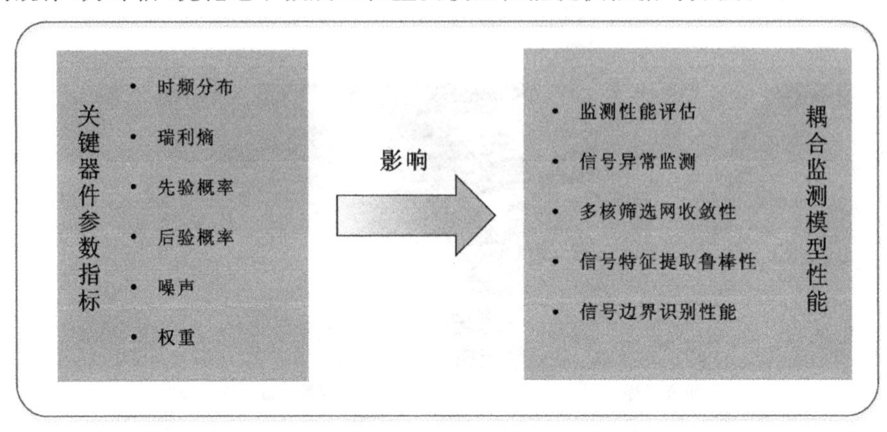

图 4.9　关键参量指标与在灾害监测模型评估之间的关联影响机制

目前主要研究多参量、多尺度表征的耦合监测模型及系统性能评估优化模型的理论实现。设备感知并精确接收精密微震及 ENPEMF 信号，挖掘其深层特征数据，利用融合特征及参数因素判断信号异常，进而根据不同参数指标构建模型，利用评估系统自适应优化模型的权重参数，最终实现高精度、低成本、自适应、高效能的多参量多尺度表征的耦合策略研究。除此之外，对方案核心原理的验证也是保证其顺利实施的基础，进行相关的实验验证工作对方案的可行性无疑是一个重要的肯定，作者团队正着手这方面的工作，已取得了一定的进展。

本节设计的基于并行熵评估的多核渗透融合模型评估系统单元如图 4.10 所示。本单元将接收到的信号分类筛选后，进行并行熵评估，在获得信号异常特征信息的同时，进行多核渗透融合，从中提取本次接收信息的最终熵值，实现对灾害孕育监测能力的评估。

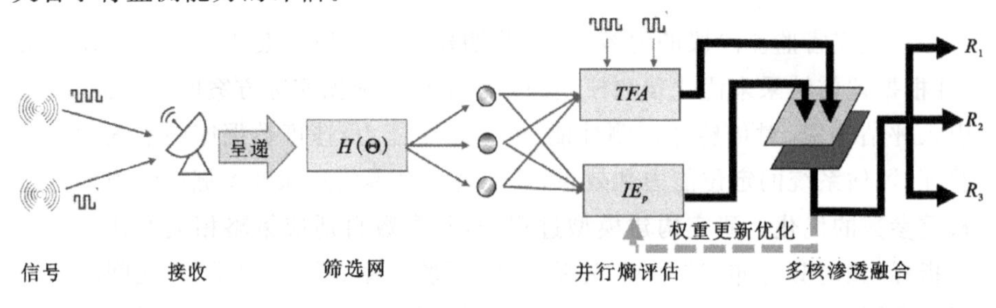

图 4.10　性能评估系统单元

在上述评估系统搭建方案基础上，就其中参数指标及其各自偏差对异常监测性能的影响进行分析研究，完善评估系统。首先对评估系统中各关键因素进行理论建模，其次分析评估系统影响性能的关键物理参量，为评估系统单元研制及实验系统搭建做好准备。由原理分析可知，评估系统模型中引入时频瑞利熵作为补充，设计并行熵评估体系，并结合智能算法实现更多维度信息特征的提取，保证每一个样本均能对模型的建立贡献有效因子。

在以上系统方案的基础上，利用大数据搭建多核筛选网络，实现对信息深度挖掘后的算法自适应权重参数的优化，利用梯度下降算法找寻智能算法的最优参数，形成多维张量网，反馈评估优化自适应策略，提供更为准确的评估单元。

4.2.8　监测对象数据库

在地下军事工程定位应用过程中，建立一定数量的监测对象数据库是重要的一个环节，需要根据不同地质条件、地下军事工程结构和监测类型，构建微震及 ENPEMF 信号数据库。要完成此项工作，则需要确立实验场地，布置充足的传感器，设计划分不同的监测对象网格，储存微震和 ENPEMF 信号的多种参数特征，如信号振幅、P－S 波的时差、频谱、功率谱、时频特征分布、深层特征等特征参数，为后续的微震源识别分类提供基础数据(胡静云等，2022)。同时，如图 4.11 所示，在信号的进一步处理过程中，也须设计针对信号本身的一些拾取处理算法，如通过设置合适的阈值，对信号进行截取和分类。构建较为完备的监测对象数据库可以有效地提高微震源的定位精度。

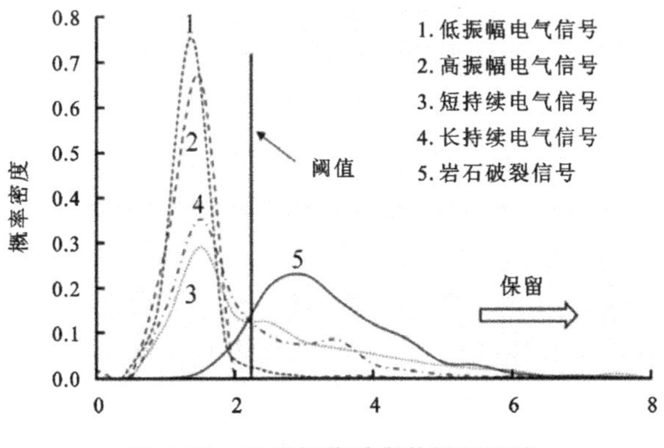

图 4.11　设置阈值采集数据原理图

4.2.9 多参量的耦合监测模型

构建多参量多尺度表征的耦合监测模型如图 4.12 所示。首先从信号的参数中选取对灾害影响较大、与灾害发生有较大关联的可控变量作为耦合监测模型的输入。其次在环境稳定情况下,对模型中自适应自回归参数模型对信号的时-频、时-空变化、功率谱、相位、模态分量、空间分量等深层特征变量进行分析,对输入参数进行监测,由准确度判别器择优确定系统输出值。在环境发生显著变化时,由辅助模型利用以往灾害发生数据的专家经验对主模型输出值进行修正。由于监测微震源的多样性,需要使模型具备良好的仿生式自生长自组织特点,能够随着外部输入条件的变化,自适应地完成自生长的步骤,如增加信号的数量或复杂度,则模型能够依次实现生成、验证筛选、再生成、再验证筛选的过程,以实现多特征、多参数、多尺度的耦合策略(马海林等,2017)。本节监测模型对复杂精密微震信号及 ENPEMF 信号进行处理分析,监测异常数据情况,判断其与灾害发生的关联程度并预警,达到监测深部重大工程灾害的目的。

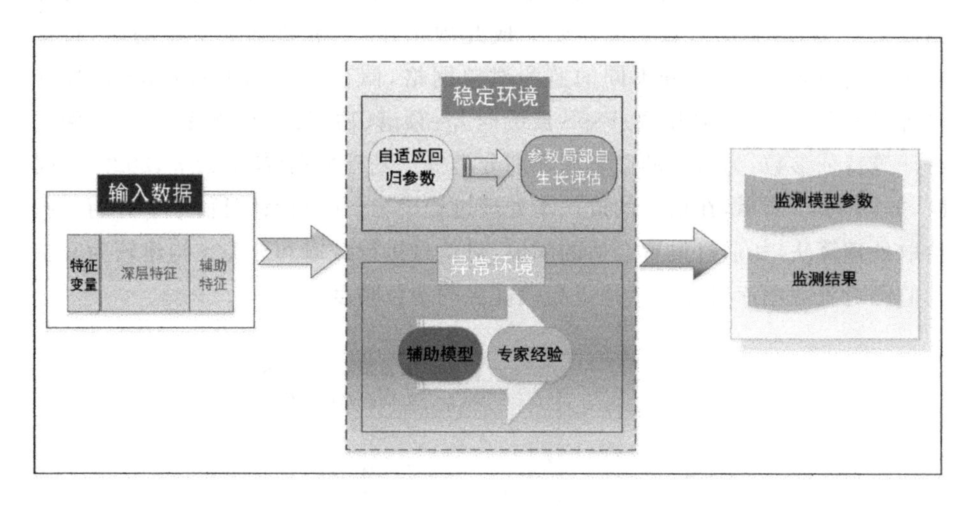

图 4.12　多参量多尺度表征的耦合监测模型方案

传统模型面对输入信号宽幅变化的时候,系统模型参数不能自适应地根据发育偏好改变,造成输出功能弱化,甚至模型功能失效。基于现有预测模型基础,采用深度优先搜索算法找到满足评价模型的信号传递路径,结合生物神经元生长连接特性,建立预估修正自适应模型,指导不同偏好速度下输出的自适应神经网络形成,最终尝试构建具有良好宽幅输入数据自适应性和偏好继承性的监测模型，信号特征参量自适应监测模型的参数偏好调整机制流程如图 4.13 所示。

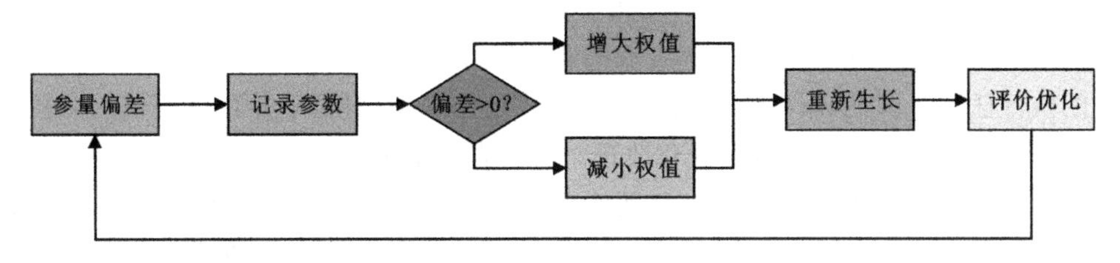

图 4.13　信号特征局部参数偏好自适应调整机制流程图

对精密微震信号及 ENPEMF 信号各参数的时频特征和深层特征提取后，借鉴神经元轴突自生长算法的思想机制，结合生物网络的一些结构特征，采用自适应网络拓扑结构，最终获得网络中各条轴突的生长参数，用于构建信号各参数特征的映射模型，以便具体研究典型灾害孕育和发生期间两种信号的各参量偏差关系，尝试确定灾害与信号的场源发育机理。

4.2.10　实验硬件平台

本节的研究主要集中于实验方案硬件平台的搭建及测试。在完成信号精确接收、深层特征提取、多参量多尺度耦合监测模型构建及评估体系反馈优化等一系列理论建模后，将所建立的模型与评估优化体系移植进 DSP 硬件平台中，实现在硬件平台上的仿真实现及测试研究，如图 4.14 所示。

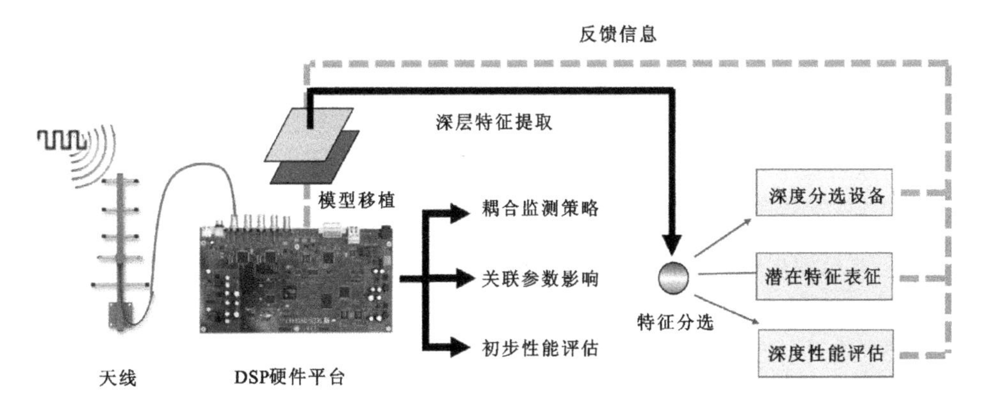

图 4.14　硬件平台设计方案

在DSP平台收集到信号时，可对信号进行高速高效预处理，实现信号的降噪、分选、特征提取与深度数据传递，在DSP上实现多参量多尺度表征的耦合监测模型与性能评估的同时进行，还可为其他周边分析平台提供优化预处理后的大量有效信息。DSP硬件平台实现的难点在于如何使用有限的资源高速高效的执行任务。因此，采取更加高效的分布式运作规则，对基于并行熵评估的多核渗透融合模型评估系统进行优化改进。将仿真系统中已训练好的系统模型移植进DSP硬件平台中，通过在DSP硬件平台中设置并行熵评估单元、多核渗透融合张量网等实现对采集信号的即时分选、评估与深度特征提取，在给出监测方案及性能评估结果的同时，呈递信号深度特征给外围设备以便进行方案验证及纠错反馈。由于实际使用中的环境、参量等均存在较多的不确定性，本节DSP硬件平台也包含梯度下降与智能学习算法的后端内容，使外围设备呈递的反馈信息也能对硬件平台进行更新与权重调整，保证算法鲁棒性的同时也强化了硬件平台的完备性。

第5章　时频分析方法在军事领域的应用

军事目标信息数据接收后，需要对其进行针对性的处理，由于信号中都会混有大量的随机噪声干扰，需要对其进行滤波和降噪，用来更好地识别目标或传递给下一步处理过程。除了采用传统方法以外，非平稳信号的时频分析是研究此类含有随机噪声比较有效的方法，可以有效地获取信号的时频联合分布特征，如利用多种时频分析方法来处理多种类型的目标信号。

5.1　基于时频分析方法的IPIX雷达目标识别

在国防军事通信领域，干扰与反干扰技术、跟踪与反跟踪技术相伴而生，发展迅速。例如跳频通信具有良好的抗干扰和低截获优点，将成为制导技术中信息传送的重要方式。跳频信号是一类随时间非线性变化的非平稳信号，因此需要利用时频分析方法在不知道信号任何先验知识的前提下来估计未知跳频信号的参数，利用盲自适应快速稀疏分解，通过高锐化聚集度的时频分析可为校正这类频率参数提供参考。国防大数据分析研究中，非平稳信号无处不在，如行军环境监测快速分析，包括非线性水波分析、潮汐和海啸分析、海洋环流分析、运输桥梁监测、目标结构辨识、周围模态响应分析、结构破坏检测等。在国防军工设备故障诊断应用领域，如旋转机械故障诊断等，都需要运用快速稀疏分解。本节时频分析算法部分，可以实现对大数据非平稳信号的盲分离降噪，并采用先进的时频分析方法进行高锐化聚集度的时间-频率-能量谱的准确分析，为国防设备响应和判决提供可靠依据。本节的方法可为国防类科研项目的信号处理和时频分析层面提供有效的解决方案。

5.1.1　IPIX雷达数据

雷达回波信号属于典型的非平稳信号，具有非高斯、非线性、非平稳的特点，其频率和幅度都不是恒定的，采用合适的时频分析方法来分析雷达信号，可以给出各个时刻的瞬时频率及幅值/能量。在雷达目标识别系统中，基于时频分析方法的目标检测方法可以将复杂的时域雷达回波信号转换到易于区分背景噪声和目标的时频域，便于目标的检测和识别。

IPIX雷达由加拿大McMaster大学ASL实验室设计，Haykin教授带领团队分别于1993年和1998年利用IPIX雷达采集并公开了大量高分辨海杂波数据，该数据已经成为测试雷达检测算法的重要基准参数，也被广泛应用于海杂波的特性研究（Haykin，Bhattacharya，1997；车转转，2014；王鹏，2016；魏辰，2013）。IPIX雷达是一个全相参的X波段雷达，具有I通道和Q通道两路收发信号。

实验中，雷达架设在加拿大东海岸一个高出海平面25～30m的固定位置，待检测目标是被铝丝包裹的直径1m的漂浮圆球。雷达工作频率为9.3GHz，波束宽度为0.9°，距离分辨率为30m。雷达工作在驻留模式，连续接收来自某一确定方向的海面回波，驻留时间约为131s，脉冲重复频率为1000Hz。每个接收数据包含来自14个距离单元的回波信号，目标所在的单元称为目标单元，其临近的单元会受到目标随海面起伏所产生的能量扩散的影响，所以称为受影响单元。每个数据文件都由纯海杂波、目标所在单元回波和受影响目标单元回波组成。

5.1.2 海杂波背景下IPIX雷达处理

1.基于同步提取STFrFT方法处理54#数据

本节选择1993年实测的54#数据（文件名：19931111_163625_starea.cdf）为处理对象，对各距离单元的回波信号进行时频分析，比较和分析纯海杂波回波与含目标回波的时频特征。测得该数据时的雷达环境参数及数据组成如表5.1所示，回波信号幅度随距离和时间变化的关系如图5.1所示。每个距离单元由131 072个时域数据组成，目标位于第8个单元，距离为2660m，由于目标的起伏和漂移，第7、第9和第10 3个单元形成受影响单元，图5.2给出了第1、第8和第10个距离单元HH极化数据的时域图。

表5.1 IPIX雷达54#文件环境参数及数据组成

风向/(°)	风速/(km·h^{-1})	浪高/m	距离分辨率/m	采样间隔/m	目标单元	受影响单元
300	19	0.7	30	15	8	7、9、10

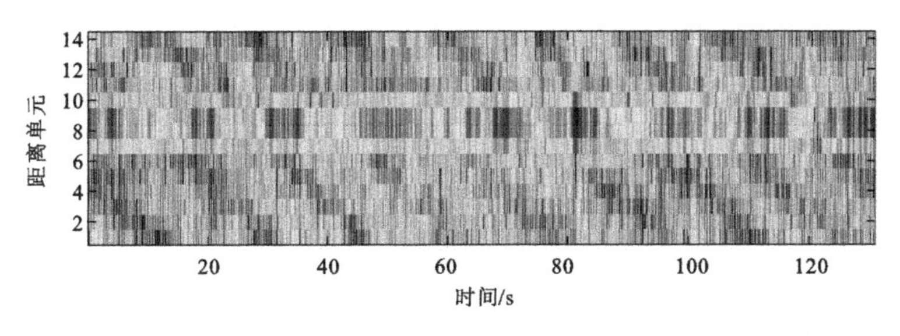

图 5.1　IPIX 雷达 54＃数据时间-距离-幅度图

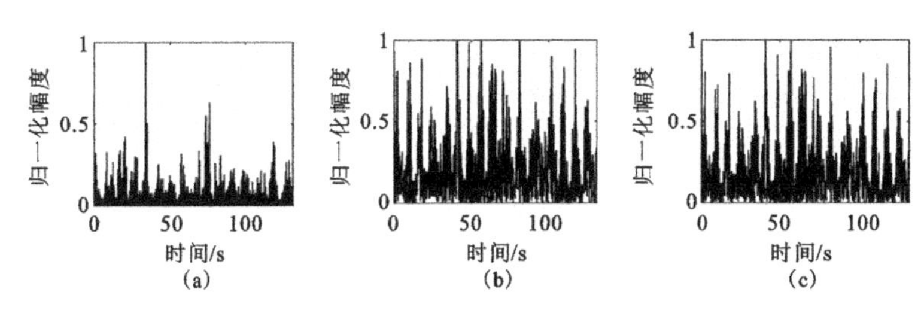

图 5.2　IPIX 雷达 54＃数据时域波形

(a)纯海杂波;(b)目标单元;(c)受影响单元

从时域波形可以看出,相较于纯海杂波背景下的雷达回波数据[图 5.2(a)],图 5.2(b)中目标单元的雷达回波的尖峰明显增多。但是由于目标能量的泄露,与目标相邻近的单元仍会受到影响,如图 5.2(c)所示,它所呈现的时域图与目标单元十分相似,会影响海面漂浮目标的检测精度和分辨率。对一段截取的数据进行分数阶傅里叶变换(FrFT)后得到的不同旋转阶数下的 FrFT 三维分布如图 5.3 所示,纯海杂波回波在不同阶数下没有明显的峰值变化;而含目标的回波信号经过 FrFT 后具有明显的峰值,目标的能量可以得到最大程度的积累;受影响的距离单元中有目标区别于海杂波背景的聚集现象,但海杂波的背景扰动较为明显。

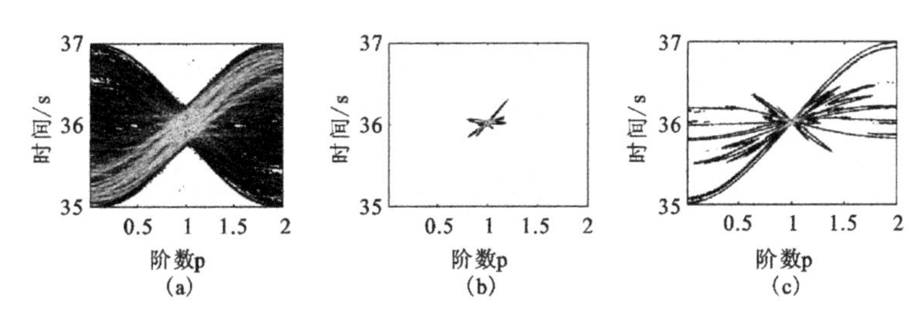

图 5.3　不同阶数下雷达回波的分数域谱

(a)纯海杂波;(b)目标单元;(c)受影响单元

IPIX雷达实测数据属于典型的非平稳信号，为了获取更多的信息，对54#数据第1、第8和第9个距离单元雷达实测I通道HH极化数据进行时频分析，得到如图5.4～图5.6所示的时频图，从时频联合域分析海杂波及目标的时频特征。

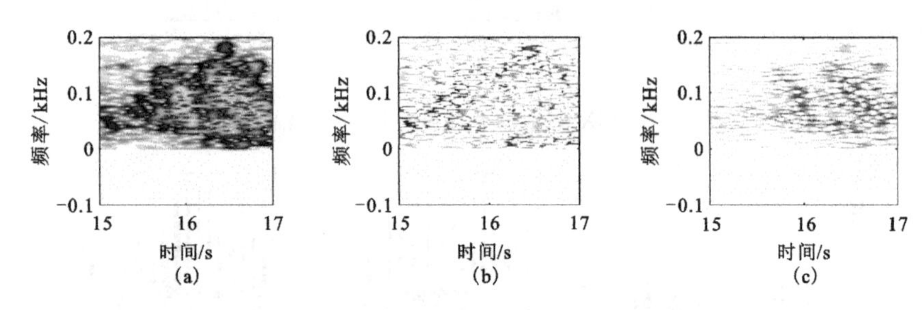

图5.4　第1个距离单元纯海杂波回波的时频分布

(a)STFT；(b)同步提取STFrFT[①]；(c)SST[②]

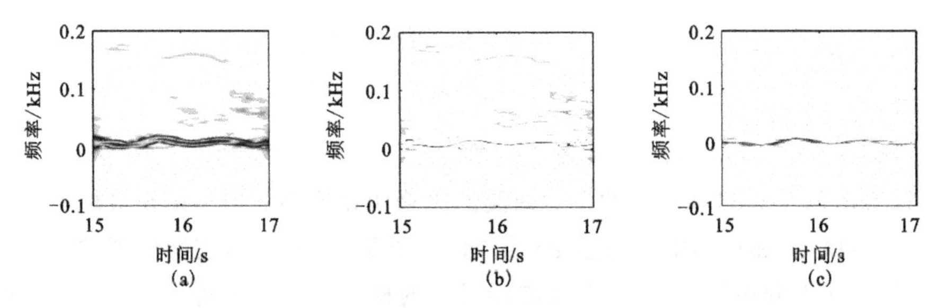

图5.5　第8个距离单元含目标回波的时频分布

(a)STFT；(b)同步提取STFrFT；(c)SST

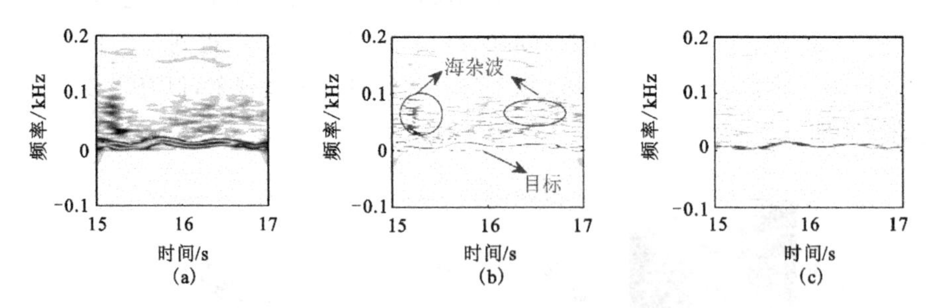

图5.6　第9个距离单元受影响回波的时频分布

(a)STFT；(b)同步提取STFrFT；(c)SST

① STFrFT，Short time fractional Fourier transform，短时分数阶傅里叶变换。

② SST，synchrosqueezing wavelet transform，同步挤压小波变换。

图 5.4 为第 1 个距离单元的回波数据，只有海杂波存在，其能量分布较为分散，频率范围大致为 0～200Hz，频率变化没有明显的规律。在图 5.5 目标所在单元回波的时频分布中，明显聚集的频率曲线为目标运动所产生的，但是其频率大小相较于海杂波背景的频率范围相对变化不大，说明漂浮目标处于慢速变化的运动中。由于目标的运动，在第 9 个距离单元的回波数据中(图 5.6)仍可以分辨出较为清晰的目标运动频率曲线，但相对于第 8 个距离单元，在目标附近存在较低能量的海杂波分布，可判断为受影响的距离单元。图 5.7 为 14 个距离单元的数据基于同步提取 STFrFT 所得到的时频分布的瑞利熵变化曲线图，可以看出，纯海杂波时频分布的瑞利熵都高于 15，目标单元(第 8 个距离单元)和受影响单元(第 7、第 9、第 10 个距离单元)的瑞利熵明显减小，且目标单元的瑞利熵达到最小值，因此可通过回波数据时频分布的瑞利熵判断目标所在位置。

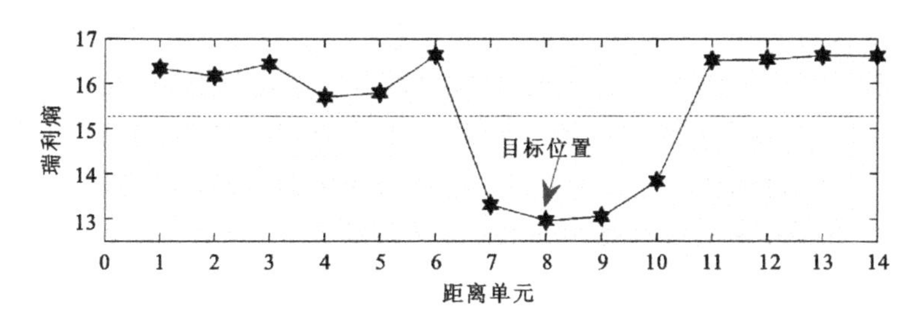

图 5.7　每个距离单元数据基于同步提取 STFrFT 的时频分布的瑞利熵

从不同时频分析方法的处理结果来看，传统的 STFT 方法[图 5.4(a)、图 5.5(a)、图 5.6(a)]可以区分海杂波和漂浮目标，但其时频分布的聚集度较差，尤其是目标运动所产生的频率变化呈带状分布，细节刻画较为粗糙。SST 算法[图 5.4(c)、图 5.5(c)、图 5.6(c)]虽然可以提高时频聚集度，但由于 SST 对包括海杂波在内的整个时频面进行了压缩，造成目标信号的能量表示产生失真，此问题已在本节的仿真实验部分得到验证。所提出的同步提取 STFrFT 方法可以很大程度上提高雷达回波数据时频分布的聚集度，如图 5.4(b)、图 5.5(b)、图 5.6(b)所示，准确反应目标信号的能量分布，更容易区别于海杂波背景，且可以根据时频面的旋转角度进一步计算目标运动的加速度等信息，分析目标更为详细的运动特性。

2. 基于 FrFT-MSST 方法处理 17＃数据

本节采用 FrFT-MSST 对 IPIX 雷达数据进行分析时首先通过 FrFT 将时域回波信号变换到时频联合域，在 FrFT 的最佳变换域，信号的能量得以聚集，信杂比(signal-to-clutter ratio,SCR)得以提高;然后再针对目标的运动状态采用MSST分析目标微动特征,将相干时间内的一维时序信号转换到二维平面;最后根据目标与海杂波能量聚集区域持续时间的不同特征,达到海面目标检测的目的。

雷达以低掠射角照射目标,目标物体随海浪波动造成目标能量发生扩散,并且由于在进行数据采集时采取了距离过采样,因此目标所在单元周围的临近单元会受到目标能量的影响,记为受影响单元。这些单元也可以称为空间门,采集数据每组都包含14个空间门,这些空间门可以划分为纯净海杂波空间门(单元)、目标所在空间门(单元)和受影响空间门(单元)3种类型。本节采用1993年11月7日13:56:03在Dartmouth采集的17# IPIX雷达数据(文件名:19931107_135603_starea.cdf)进行分析,通过与其他时频分析方法在处理含杂波雷达信号时的时频图进行对比,研究FrFT-MSST方法在处理雷达信号时的优势,并且根据FrFT-MSST得到的高分辨率时频图提取分析回波雷达信号,检测和识别目标的时频域特征。其包含两组数据,分别为I通道和Q通道,每组包含14个空间门,每个空间门包含131 072个数据点,目标位于第9个空间门,目标方位为129°,目标径向距离为2660m左右,受影响空间门为第8、第10和第11空间门,其余环境参数与数据组如表5.2所示。

表5.2 IPIX雷达17#文件环境参数及数据组

风向/(°)	风速/km·h^{-1}	浪高/m	距离分辨率/m	采样间隔/m	目标单元	受影响单元
301	10	2.1	30	15	9	8、10、11

数据组显示,9号空间门为目标单元,所以图5.8分别给出了1号空间门[纯海杂波,图5.8(a)]、9号空间门[目标单元,图5.8(b)]和10号空间门[受影响单元,图5.8(c)]的时域波形归一化幅度图。观察发现,与纯海杂波空间门中得到的雷达数据相比,目标空间门采集的数据有更多的尖峰,受影响空间门因为受目标的影响也具有这个特征。正因为如此,这在一定程度上会影响雷达对海面目标检测的准确性,从时域波形无法提取到有助于区分目标单元的其他有效信息。

为了分析和比较纯净海杂波空间门、目标所在空间门和受影响空间门采集数据的时频特征,本节截取一段17# IPIX雷达数据文件Q通道在时间为15~17s之间的一段数据进行分析。图5.9是1号空间门经过STFT、MSST① 和

① MMST,multisynchrosqueezing transform,多重同步压缩变换。

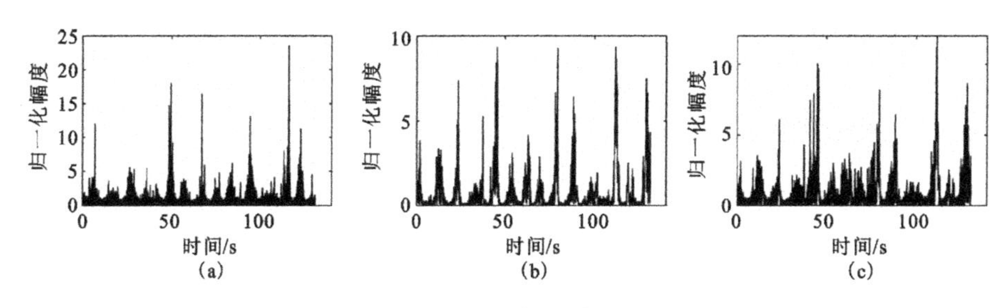

图5.8 17#数据时域波形图

(a)纯海杂波;(b)目标单元;(c)受影响单元

FrFT-MSST 3种方法得到的时频分析结果,1号空间门只包含纯海杂波,可以看出纯净的海杂波信号能量分布散乱,分布于0~200Hz的范围内,没有明显的频率分布特征。

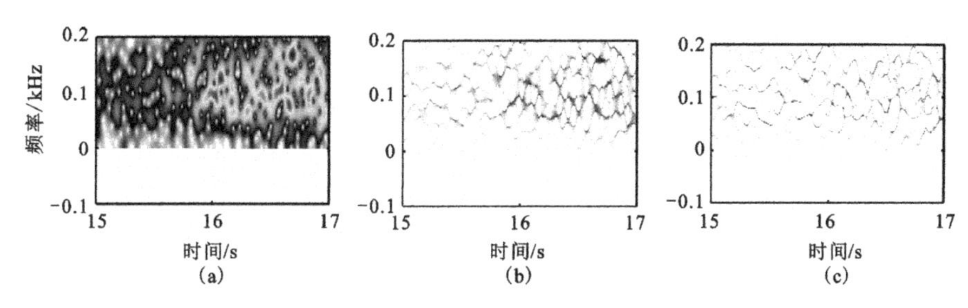

图5.9 Q通道纯海杂波的时频分析结果

(a)STFT;(b)MSST;(c)FrFT-MSST

图5.10是9号空间门经过STFT、MSST和FrFT-MSST 3种方法得到的时频分析结果,也是目标所在空间门,图中明显聚集的曲线是漂浮目标在运动过程中产生的时频变化特征,可以看出其频率较低,这是由于其运动速度较慢所致。图中3种算法均能区分目标与海杂波频率分量,但STFT的频率分量能量发散严重,不利于精确确认频率特征;MSST算法将噪声与目标运动产生的回波压缩在了一起,造成目标能量失真;而FrFT-MSST能够抑制大部分海杂波,精确获取目标频率分量,且具有高时频聚集度,整体效果最佳。这证明了FrFT-MSST能够将目标信号与海杂波信号明显区分,从而在有效抑制背景杂波和噪声的同时实现强海杂波背景下的缓速运动目标检测,并取得良好的检测结果。

图5.11是10号空间门中回波数据的时频分布图,包含清晰的目标轨迹,但是存在大量的低能量的海杂波信号,可以判断出其是受影响的空间门。综合图5.9(c)、5.10(c)和5.11(c)可以得出如下结论。

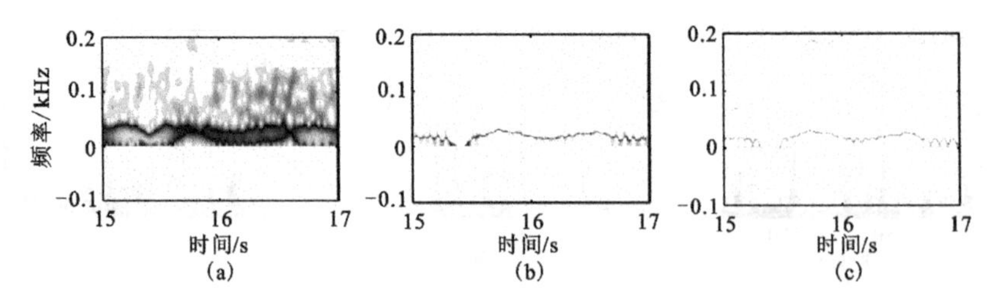

图 5.10　Q 通道目标单元的时频分析结果

(a)STFT;(b)MSST;(c)FrFT-MSST

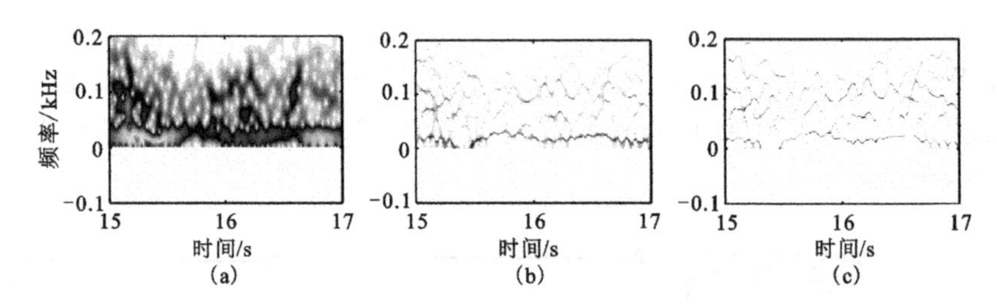

图 5.11　Q 通道受影响单元的时频分析结果

(a)STFT;(b)MSST;(c)FrFT-MSST

(1)受影响单元得到的 FrFT-MSST 时频谱中既包含海杂波能量也包含清晰的目标轨迹,越靠近目标单元目标柜机更容易被识别,目标单元的海杂波能量几乎可以忽略。

(2)FrFT-MSST 方法在进行海上目标识别中具有很强的实用性。

为了进一步分析目标单元与其他单元的时频聚集度差别,图 5.12 给出了 17＃数据各空间门基于 FrFT-MSST 算法的瑞利熵折线图。

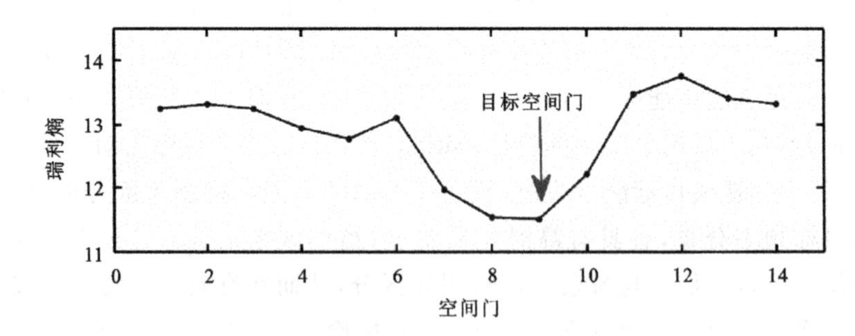

图 5.12　17＃数据各空间门的瑞利熵折线图

其中 9 号空间门是目标所在空间门,其瑞利熵值最小;9 号附近的空间门为受影响空间门,瑞利熵值高于 9 号空间门;1 号空间门是纯海杂波数据,蕴含的杂波能量混乱，其瑞利熵接近最大。这些都与时频分布得到的结论一致，可以得出结论：当采用 FrFT-MSST 分析海杂波数据时，离目标单位越远的空间门，即包含海杂波能量越多的空间门，对应的瑞利熵越高；离目标单元越近的空间门对应的瑞利熵越低。因此可以通过计算各个空间门 FrFT-MSST 时频分布的瑞利熵判断出目标所在空间门，达到目标检测的目的。

5.1.3　小结

本节对实测 IPIX 雷达回波数据进行了时频分析处理，对比了不同方法的处理结果。通过比较时频分布图和局部放大部分，基于 VMD 的同步提取 STFrFT 和 FrFT-MSST 均能够获得良好的时频分布图。针对 IPIX 雷达回波数据，分别对背景海杂波数据、含目标的回波数据以及受目标影响的回波数据进行了 STFT、SST、同步提取 STFrFT 和 FrFT-MSST 运算，分析了海杂波以及漂浮目标的时频特征，结果表明同步提取 STFrFT 可以使目标信号能量聚集，能够更为精准地获取由目标运动所产生的频率曲线，有利于运动目标和海杂波的区分和辨别，取得很好的时频分析效果。

5.2　基于时频分析方法的雷达信号分类识别

该部分针对一些典型的雷达调制信号和干扰信号，对信号进行时频分析，以信号的本质特征即时频域分布特征为基础，运用一些强力的分类网络，对调制信号和干扰信号进行分类识别。

5.2.1　研究背景

现代雷达和通信广泛采用抗干扰性高和隐蔽性好的扩谱信号波形，这些波形具有低峰值功率、大时宽和大带宽的特点，通过信号处理获得高扩谱增益，实现接收信号在低信噪比下的正确检测。这些淹没在强背景噪声中，具有复杂脉内调制特性和低截获概率（MNO）或低检测概率（MNI）特性的信号，难以用常规的侦察接收机进行截获和识别。为了截获和识别经过特意设计的时变非平稳 MNO 或 MNI 波形，必须采用先进的信号处理技术。时频分析是处理非平稳信号的有效工具，它将一维时间信号映射到二维时频平面上，揭示了信号频率分量随时间变化的关系，对电子战侦察信号分析有着重要价值。

时频分析是现代信号处理的重要内容，其对雷达信号侦察的重要意义包括如下几个方面：①提供目标信号频谱随时间变化的时频函数，为获取目标信号的发射机性能积累数据；②提取短信号的瞬时频谱，为被侦察目标信号的调制识别与分类提供频谱信息；③检测无线电数字已调目标信号的调制时间信息，为反演目标信号的原始信息提供定时基准；④用于电子干扰样式的最佳实时跟踪与控制。

现代通信和雷达信号的调制方式主要有频率调制、相位调制、幅度调制和混合调制等，而这些调制信息在信号的瞬时相位都有反映。通过研究瞬时相位，可以对非平稳单一成分正弦信号进行识别，可以估计线性调频信号和多项式信号的调制参数，以及信号的瞬时频率，因此研究信号的瞬时相位具有重要的意义。我们可以根据信号的时频曲线的特性对接收到的雷达信号进行识别，而瞬时频率是瞬时相位的导数，瞬时频率估计在雷达、声呐和通信等许多领域有许多应用。时变信号的频率估计方法有非参数法和参数法。非参数法主要有短时傅里叶变换(STFT)和维格纳分布(WVD)，这两种方法均需要数量较多的样本，且频率分辨率与选择的窗函数有关。本节对比了两种方法的 3 种改进方法，并将时频分析与图片分类网络相结合以达到识别雷达信号的目的。

5.2.2 主要方法及特点

复杂战场环境中所截获的雷达信号往往伴随大量噪声，本节所用的 STFrFT 算法对噪声有较好的抑制效果。它作为信号的预处理算法，在信噪比为 0dB 以下的信号中仍然有较好的处理效果，将预处理后的信号作为 MobileNet 网络输入数据，能显著提升网络的训练速度和识别能力。本节详细讨论了 Resnet 网络和 MobileNet 网络在时域信号中的表现，结果表明 MobileNet 网络的训练速度比 Resnet 网络快很多且模型大小几乎是 Resnet 网络的十分之一。当没有噪声时，两种网络的训练准确率相差不大，都达到了 99.6%以上。当有 −5dB 噪声时，Resnet 网络的准确率比 MobileNet 网络高了 1%。

5.2.3 雷达信号说明

1.调制信号

本节使用的雷达调制信号包含线性调频信号、脉内步进频信号、正弦调频信号、频率捷变信号等 4 种。

1)线性调频信号

线性调频(LFM)是一种不需要伪随机编码序列的扩展频谱调制技术。因为线性调频信号占用的频带宽度远大于信息带宽,所以也可以获得很大的系统处理增益。线性调频信号又称为鸟声(Chirp)信号,因为其频谱带宽落于可听范围,听着像鸟声,所以又称 Chirp 扩展频谱(CSS)技术。LFM 技术在雷达、声呐技术中有广泛应用,线性调频信号的表达式为

$$s(t)=\mathrm{rect}\left(\frac{t}{T}\right)\times\exp(j\pi k t^2) \tag{5.1}$$

2)非线性调频脉冲波形

非线性调频信号的信号频率与时间是非线性关系,主要优点是在脉冲压缩时很容易获得较低的旁瓣,有较好的抗噪能力。常见的调频方式有抛物线调频、正弦调频等。其中抛物线调频的表达式为

$$s(t)=A\exp[j2\pi f(t)] \tag{5.2}$$

$$f(t)=\frac{1}{3}\mu t^3+f_0 t \tag{5.3}$$

3)步进频率(跳频)脉冲信号

步进频率(跳频)脉冲信号是一类宽带雷达信号。步进频率(跳频)脉冲信号包括若干个脉冲,每个脉冲的工作频率是在中心频率基础上均匀步进,且每个子脉冲可以是单载频脉冲,也可以是频率调制脉冲。子脉冲为单载频脉冲步进频率的往往称为步进频率(跳频)脉冲信号,而子脉冲采用线性频率调制的步进频率信号则称为调频步进信号。步进频率脉冲信号也属于相参脉冲串信号。步进频率(跳频)脉冲信号可表示为

$$u(t)=\frac{1}{\sqrt{N}}\sum_{n=0}^{N-1}u_1(t-nT_r)e^{j2\pi(f_0+if)t} \tag{5.4}$$

式中:$u_1(t)=\frac{1}{\sqrt{N}}\mathrm{rect}\left(\frac{t}{T_1}\right)$为子脉冲包络,$T_1$为子脉冲宽度;$T_r$为脉冲重复周期;$N$ 为子脉冲个数。

雷达脉冲间变化方式主要由脉冲重复间隔、载波频率、脉宽和相干脉冲数 4 个参数决定。在一部认知雷达的工作过程中,这些参数会按照一定的规律变化,本节将这些参数的变化规律及范围作为特定工作模式信号仿真构建的主要依据。接下来介绍这 3 种参数的具体含义与变化方式。

4)调制信号参数

本节所用雷达调制信号的参数如表 5.3 所示。

表 5.3 调制信号参数

	信号起始频率/MHz	信号终止频率/MHz	信号幅度	中频信号频率/MHz	脉冲重复间隔/s	脉宽/s	采样率/Hz
线性调频信号	2500	2700	10	500	2×10^{-5}	1×10^{-5}	2.5×10^{9}
正弦调频信号	2500	2800	10	500	1×10^{-5}	0.5×10^{-5}	2.5×10^{9}
脉内步进频信号	2500	2700（步进频：100）	10	900	1×10^{-4}	1×10^{-4}	2.5×10^{9}
频率捷变信号	100、400、700、900、1100		10	600	1×10^{-6}	1×10^{-6}	2.5×10^{9}

2. 脉间参数变化方式

1）脉冲重复间隔

PRI 调制是最重要的脉间调制方式，PRI 指的是相邻两个脉冲到达时间之间的差值。雷达工作时发送多个脉冲，需要通过分析返回的回波数据进行目标检测。回波的到达时间应保证在下一个脉冲发射之前。PRI 的大小设置决定了雷达工作性能，PRI 较大时，可以获得更远的检测距离，PRI 较小时，高密度的脉冲序列可以提高雷达的抗噪性能。因此根据实际应用场景，通过对 PRI 进行调制，可获得更加综合的性能。

2）载波频率

载波频率指的是雷达信号的中心频率，并不包含信号中各种调制信息。频率捷变行为可以增强雷达的抗干扰能力和检测能力。载频有固定、捷变、分集 3 种变化方式。固定载频的雷达信号雷达的载频参数，只含有少量的频率扰动所导致的误差。频率捷变包括载频跳变和载频周期滑变两种，脉冲载频在几个载频值中随意切换或周期滑变。载频分集是指雷达发射多组不同的载频波形，在时间上交错分布。

3）脉宽

脉冲宽度是雷达的一项重要指标，越宽的脉冲代表越宽的脉冲能量，有更远的探测距离，但大脉冲会降低雷达分辨率。可通过调整脉宽调制方式以适应实际任务需要。

5.2.4　干扰信号

本节所用的干扰信号为干扰机产生的信号，包含窄带噪声信号、宽带噪声信号、扫频信号、梳状谱干扰信号 4 种。

1. 窄带噪声信号

对于窄带干扰，其频谱通常集中在较窄的频率范围内，在频域表现出一定的尖峰。通常情况下，可以将其看作一系列单频信号的叠加，因此可以将其表示为

$$I_{NB}(n)=\sum_{l=1}^{L}A_l e^{j(2\pi f_l n+\varphi_l)} \tag{5.5}$$

式中：L 表示假设的单频干扰分量的个数；A_l、f_l、φ_l 分别为窄带干扰的第 l 个单频分量的幅度、频率和初始相位。

对于单个干扰分量而言，A_l 是恒定的，f_l、φ_l 为常数，频率 $f=\frac{1}{2\pi}\frac{d\theta_n}{dn}=f_l$，因此其频谱在 f_l 处表现为一定的尖峰，而且在时频图上为平行于时间轴的直线。

2. 宽带噪声信号

宽带噪声信号可表示为

$$I_{CM}(n)=\sum_{l=1}^{L}A_l e^{j(2\pi f_l n+\pi g_l n^2)} \tag{5.6}$$

式中：L 为调频干扰个数；A_l、f_l、g_l 分别为窄带干扰的第 l 个单频分量的幅度、频率和调频率。

3. 扫频信号

扫频干扰信号是干扰设备在某一频段内对各频道作周期性扫描，对该频段内所有敌方电磁信号逐一进行压制性干扰。

4. 梳状谱干扰信号

在宽带噪声调频干扰中，功率谱在某个频带内连续分布，如果在某个频带内有多个离散的窄带干扰，形成多个窄带谱峰，则为梳状谱干扰。数学模型为

$$J(t)=\sum_{n=1}^{L}J_n(t)=\sum_{n=1}^{L}A_n(t)\cos[\omega_n(t)+\varphi_n(t)] \tag{5.7}$$

式中：$J_n(t)$ 为第 n 个窄带信号；$A_n(t)$ 为第 n 个窄带干扰信号的包络；$\omega_n(t)$ 为第

n 个窄带干扰信号的载频；$\varphi_n(t)$ 为第 n 个窄带干扰信号的相位。

5. 干扰信号参数

干扰信号参数如表 5.4 所示。

表 5.4　干扰信号参数

	周期/μs	频率/G	中心频率/MHz	带宽/MHz	工作频率(高/低)/MHz
窄带噪声信号	300	3	3000	2	
宽带噪声信号	300	3	3000	50	
扫频信号	300	3			3020/2980
梳状谱干扰信号	300	3			3025/2975

5.2.5　时频分析方法

1. WVD 算法

Wigner-Ville 分布定义为信号中心协方差函数的傅里叶变换，它的定义式为

$$W_x(t,v)=\int_{-\infty}^{+\infty}x\left(t+\frac{\tau}{2}\right)x^*\left(t-\frac{\tau}{2}\right)e^{-2\pi jv\tau}\mathrm{d}\tau \tag{5.8}$$

它具有许多优良的性能，如对称性、时移性、组合性、复共轭关系等，不会损失信号的幅值与相位信息，对瞬时频率和群延时有清晰的概念。

它的不足是不能保证非负性，尤其是对多分量信号或具有复杂调制规律的信号会产生严重的交叉项干扰，这是二次型时频分布的固有结果，大量的交叉项会淹没或严重干扰信号的自项，模糊信号的原始特征。后续有人对 Cohen 类中的核函数进行改造，提出了伪 Winger-Ville 分布、平滑伪 Winger-Ville 分布等各种各样的新型时频分布，对交叉项干扰的抑制起了较大的作用，但是不含有交叉项干扰且具有 Winger-Ville 分布聚集性的时频分布是不存在的。

2. 伪 Wigner-Ville 分布(PWVD)

伪 Wigner-Ville 分布是在 WVD 的基础上加了窗函数，其表达式为

$$PW_x(t,v)=\int_{-\infty}^{+\infty}h(\tau)\left(t+\frac{\tau}{2}\right)x^*\left(t-\frac{\tau}{2}\right)e^{-2\pi jv\tau}\mathrm{d}\tau \tag{5.9}$$

对 WVD 的干扰项有一定的消除作用。

3. NGWT-WVD 算法

针对高聚集度 Wigner-Ville distribution (WVD)时频分析方法存在严重的交叉项干扰问题,利用广义 Warblet 变换(GWT)不产生虚假频率分量的特点,提出了 WVD 与 GWT 相结合的归一化广义 Warblet-WVD(NGWT-WVD)算法。该算法将 GWT 与 WVD 进行矩阵运算,实现滤波效应,抑制 WVD 产生的新交叉项及混入自项的交叉项,提高 WVD 的时频分析质量。

1)GWT(广义 Warblet 变换)

GWT 是核函数以傅里叶级数为模型定义的参数化时频分析方法,其定义为

$$\mathrm{GWT}(t_0,\alpha,\beta,f,\omega,\theta)=\int_{-\infty}^{+\infty}\overline{z(t)}\,\omega_\sigma(t-t_0)\,e^{-j\omega t}\,\mathrm{d}t \tag{5.10}$$

式中:$t_0\in R$ 为时间窗滑动时的窗中心所在时间;$w_\sigma\in L^2(R)$ 定义了一个非负对称的标准化实窗,通常是高斯窗;$\overline{z(t)}$ 计算公式为

$$\begin{cases}\overline{z(t)}=z(t)\,\Phi^R(t,a,b,f)\,\Phi^s(t,t_0,a,b,f)\\ \Phi^R(t,a,b,f)=\mathrm{e}^{-j(\sum\limits_{i=1}^{m}\frac{a_i}{f_i}\cos 2\pi f_i t+\sum\limits_{i=1}^{m}\frac{b_i}{f_i}\sin 2\pi f_i t)}\\ \Phi^s(t,t_0,a,b,f)=\mathrm{e}^{(j2\pi(-\sum\limits_{i=1}^{m}a_i\cos 2\pi f_i t+\sum\limits_{i=1}^{m}a_i\cos 2\pi f_i t)t)}\end{cases} \tag{5.11}$$

式中,$z(t)$为解析信号;m 为正弦函数或余弦函数的总数;a_i 和b_i 为傅里叶系数;f_i 为对应谐波分量频率;$\Phi^R(t,a,b,f)$和$\Phi^s(t,t_0,a,b,f)$分别为频率平移算子与频率旋转算子。

频率旋转算子用瞬时频率减去 $\rho=-\sum\limits_{i=1}^{m}a_i\cos 2\pi f_i t+\sum\limits_{i=1}^{m}a_i\cos 2\pi f_i t(\mathrm{Hz})$ 来旋转分析信号频率分量;频率平移算子在频率分量添加频率增量 $\lambda=-\sum\limits_{i=1}^{m}a_i\cos 2\pi f_i t_0+\sum\limits_{i=1}^{m}a_i\cos 2\pi f_i t_0(\mathrm{Hz})$ 使频率分量平移时间t_0,最后对频率分量进行短时傅里叶变换。参数化时频分析方法选取合适的核函数对其分析效果有很大影响,采用傅里叶级数变换核的 GWT 能够分析具有周期性或非周期性时频特征的非平稳信号,以及具有强震荡时频特征的信号,使其适用范围更加广阔。

GWT 算法采用傅里叶级数模型作为核函数,较好地还原了信号的真实频率分布,虽然时频聚集度较差,但能够保留真实频率分量,不会产生交叉项。由此,基于 WVD 的高锐化特性和 GWT 真实还原信号时频分布的特性,将二者相结合,得到 GWT-WVD 算法,既能抑制交叉项,又能保留高锐化时频聚集度的性能。

2)GWT-WVD 算法:抑制新产生的交叉项分量

本节提出的 GWT-WVD 算法,可有效抑制 WVD 的交叉项分量。该算法通过对 GWT 算法与 WVD 算法得到的矩阵进行运算,在保留较好的时频聚集度的同时,能较好地消除或抑制交叉项,其表达式为

$$GW_x(t,f)=p(GWar_x(t,f),W_x(t,f)) \tag{5.12}$$

式中:$GWar_x(t,f)$和$W_x(t,f)$分别为 GWT 与 WVD;$p(x,y)$为联合处理函数。

本节采用了 3 种不同的函数,得到 GWT-WVD 算法的 3 种定义式。

$$GW_x(t,f)=\min\{(GWar_x(t,f),|W_x(t,f)|)\} \tag{5.13}$$

$$GW_x(t,f)=GWar_x^a(t,f)\cdot W_x^b(t,f) \tag{5.14}$$

$$GW_x(t,f)=W_x(t,f)\cdot\{War_x(t,f)|>c\} \tag{5.15}$$

分别采用最小值法、幂指数、二值化法调节法对两矩阵进行处理,其各自实现思想如下。

(1)最小值法:比较 WVD 矩阵及 GWT 矩阵对应位置元素,筛选其中较小的元素,按比例处理后组成 GWT-WVD 矩阵,使 WVD 矩阵新产生的交叉项所在位置的元素被 GWT 矩阵元素取代。

(2)幂指数调节法:调节幂指数,增强 GWT 与 WVD 矩阵中信号数据对应的元素,削弱交叉项数据对应的元素,将两矩阵点乘,得到 GWT-WVD 矩阵。

(3)二值化法:选取合适的阈值将 GWT 矩阵二值化得到新矩阵,用新矩阵点乘 WVD 矩阵得到 GWT-WVD 矩阵。WVD 矩阵有交叉项的元素位置对应的 GWT 矩阵元素会小于阈值,二值化后为 0,与 WVD 矩阵相乘后可消除新产生的交叉项。

3)NGWT-WVD 算法:抑制混入自项的交叉项

GWT-WVD 算法能够有效抑制新产生的交叉项分量,但无法抑制混入自项分量的交叉项,针对这个问题,本节对 GWT-WVD 算法进行改进,又提出 NGWT-WVD 算法,主要实现思路如下。

(1)采用广义 Warble 变换和 WVD 分别对原信号进行处理,得到 GWT 矩阵和 WVD 矩阵。

(2)找出 GWT 矩阵中元素数值的最大值 GWTmax,并记录其所对应的位置(i,j),将 GWT 矩阵中的各元素除以 GWTmax,即对 GWT 矩阵进行归一化,得到矩阵 GWT－1。

(3)记录 GWT－1 矩阵中元素数值的最小值 GWTmin,最小值 GWTmin 要求非零,并用 GWTmin 的数值替换掉矩阵 GWT－1 中所有值为 0 的元素。

(4)找出 WVD 矩阵中位置为(i,j)的元素,将其记为 WVDmax,同时将

WVD 矩阵中的各个元素除以 WVDmax，得到矩阵 WVD－1。

(5)用矩阵 WVD－1 点除矩阵 GWT－1，得矩阵 T，选取矩阵 T 中大于 x 的元素以及小于 y 的元素，x 设置为 5，y 设置为 2，将所对应的元素位置置 1，并记录大于 x 的元素位置。

(6)在 WVD 矩阵中找出与上一步记录对应的元素位置，并将此位置上元素置为 0，最后用 WVD 矩阵点除矩阵 T，输出 NGWT-WVD 矩阵，其流程如图 5.13 所示。

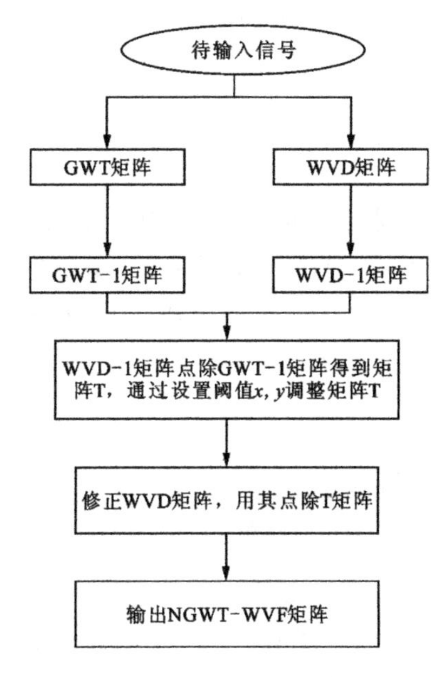

图 5.13　NGWT-WVD 流程图

NGWT-WVD 算法通过对 GWT 矩阵进行归一化且做去零处理得到的 GWT－1 矩阵，此矩阵为对照矩阵，通过设置两个阈值，实现了滤波效应，剔除了 WVD 中发散能量，且抑制了混入自项的交叉项和新产生的交叉项，得到了更加理想的时频分布结果。

4. 短时分数阶傅里叶变换(STFrFT)

分数阶傅里叶变换(FrFT)是现代信号处理的重要工具，是当下广泛使用的一种信号分析方法。分数阶傅里叶变换通过信号在时间轴上旋转合适的角度，不仅能反映时域信息，还能反映频域信息。短时分数阶傅里叶变换除了保留短时因其傅里叶变换的线性性质外，还不会对信号时频结构在解线调时产生压缩

扭曲而成为更优的选择。短时分数阶傅里叶变换的定义式为

$$\mathrm{STFrFT}_{x,p}(t,u)=\int_{-\infty}^{+\infty}x(t)g(\tau-t)\,K_p(t,u)\mathrm{d}\tau \tag{5.16}$$

核函数$K_p(t,u)$为

$$K_p(t,u)=\begin{cases}A_p\exp[j\pi(t^2+u^2)\cot\varphi-j2\pi tu\csc\varphi],\varphi\neq k\pi\\ \delta(u-t),\varphi=2k\pi\\ \delta(u+t),\varphi=(2k+1)\pi\end{cases} \tag{5.17}$$

式中：$g(t)$为窗函数；$A_p=\dfrac{\exp\left[-\dfrac{j\pi\mathrm{Sgn}(\sin\varphi)}{4}+\dfrac{j\varphi}{2}\right]}{\sin\varphi}$。

5. 结果对比分析

为检验本节算法在不同噪声环境下的去噪能力，用传统算法作为对照，本节分别对 WVD、PWVD、NGWT-WVD 和 STFrFT 算法的去噪能力进行分析。使用正弦调制信号，在－10dB 至 5dB 的噪声环境下，生成 5 种时频分析算法的时频图（图 5.14～图 5.17），通过瑞利熵进行定量分析（瑞利熵越小表明该方法效果越好）。

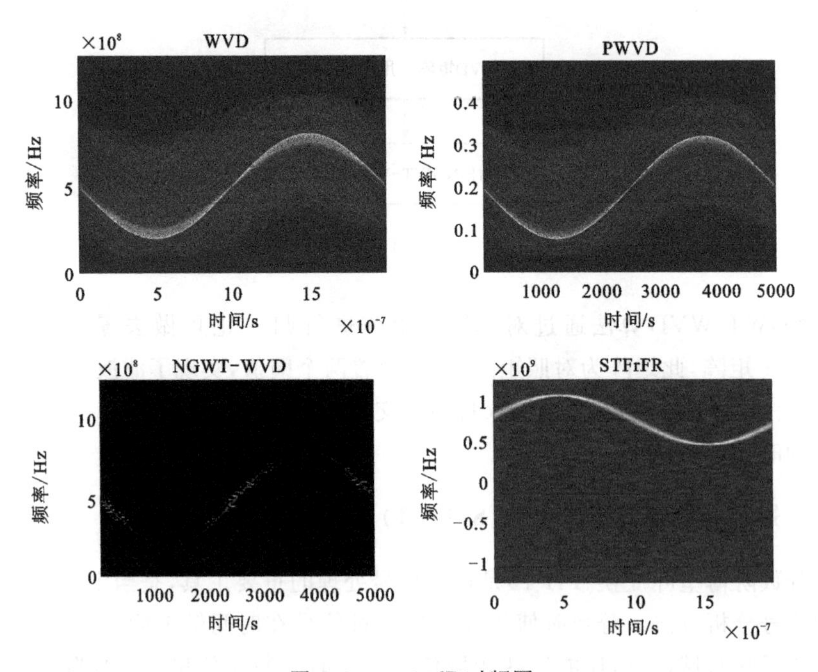

图 5.14　－10dB 时频图

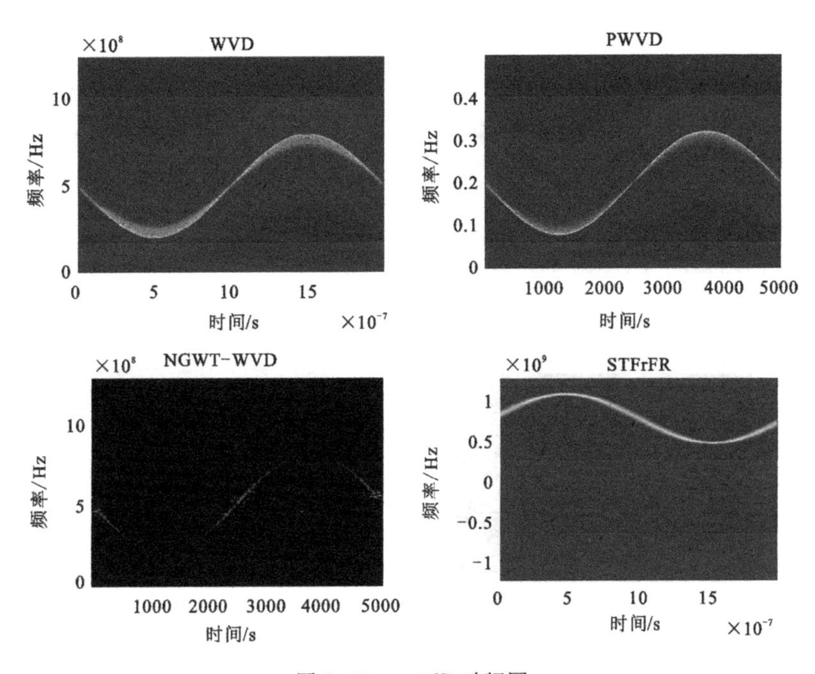

图 5.15　−5dB 时频图

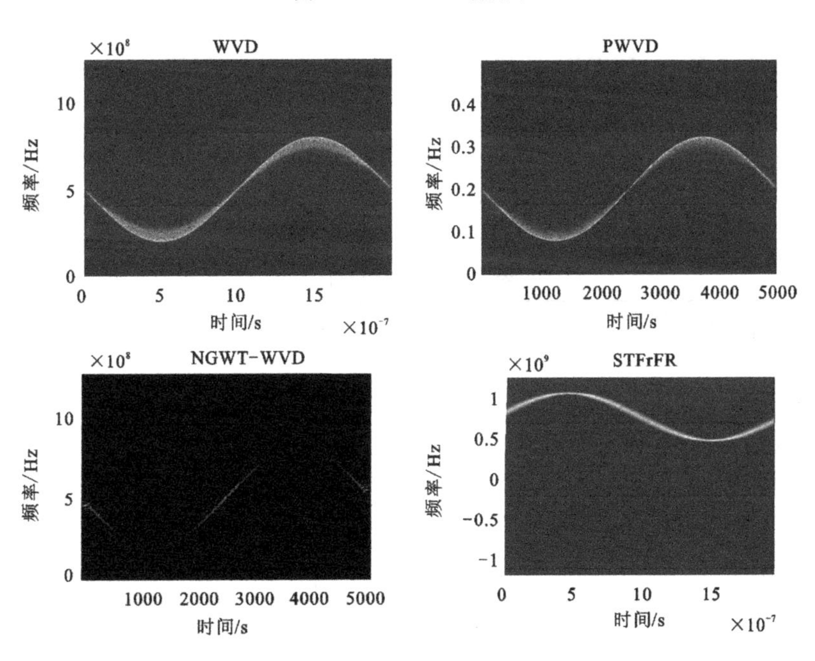

图 5.16　0dB 时频图

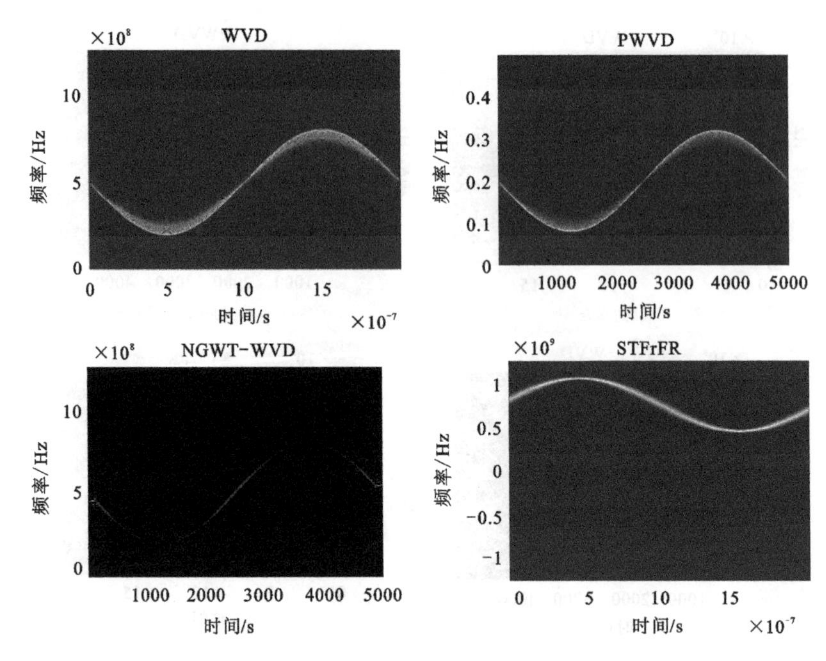

图 5.17　5dB 时频图

如表 5.5 所示，PWVD 虽然在一定程度上减少了 WVD 交叉项干扰的问题，但是去噪能力却有所下降，NGWT-WVD 既减少了 WVD 交叉项干扰又提升了去噪能力，但是仿真过程中发现其对线性信号的去噪效果不好，所以最后选用 STFrFT 作为本节的时频分析方法。

表 5.5　瑞利熵对比

时频分析方法	－10dB	－5dB	0dB	5dB
WVD	18.957 9	18.272 9	17.853 6	17.588 9
PWVD	20.890 0	20.095 1	19.567 3	19.202 9
NGWT-WVD	17.601 0	17.085 2	16.696 8	16.483 2
STFrFT	17.016 4	16.315 3	15.756 6	14.868 5

如图 5.18、图 5.19 所示，WVD 和 PWVD 都存在比较明显的交叉干扰项，NGWT-WVD 和 STFrFT 两种方法对复合信号都能取得较为清晰的效果。

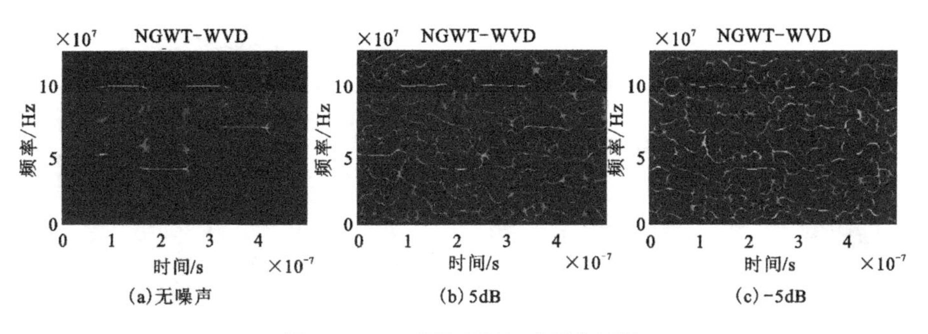

图 5.18　NGWT-WVD 时频分析图

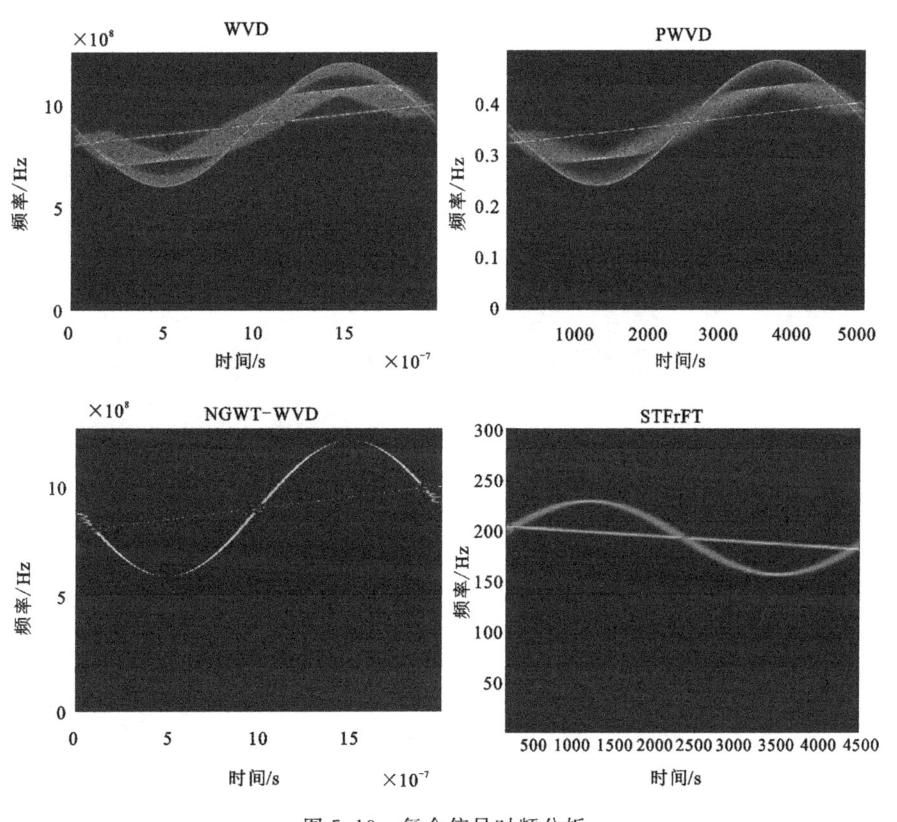

图 5.19　复合信号时频分析

5.2.6　时频分析仿真结果

对调制信号进行时频分析，结果如图 5.20～5.23 所示。

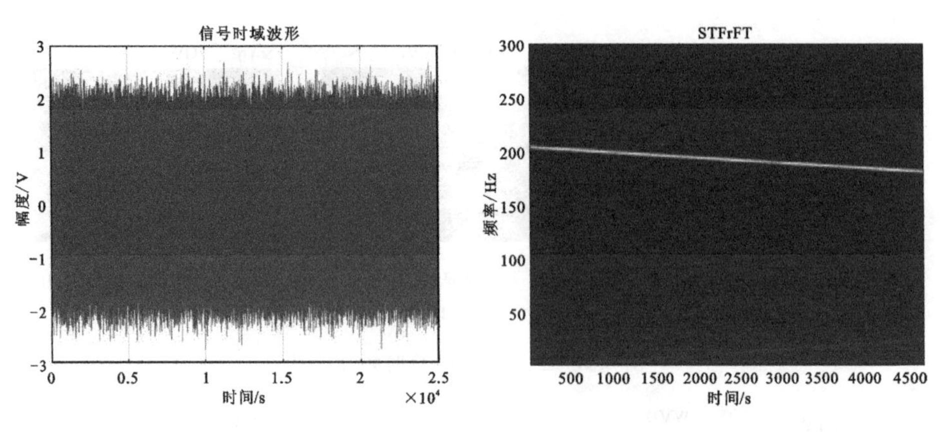

图 5.20　线性调频信号原始信号波形图、时频图

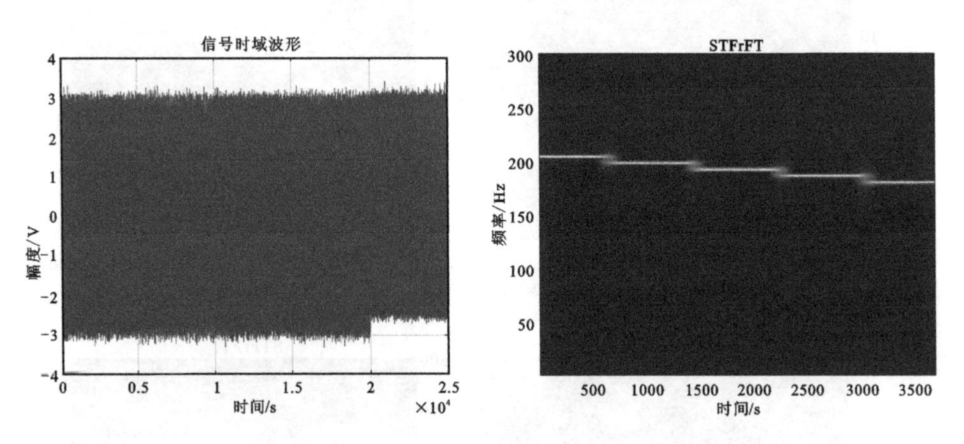

图 5.21　脉内步进频信号原始信号波形图、时频图

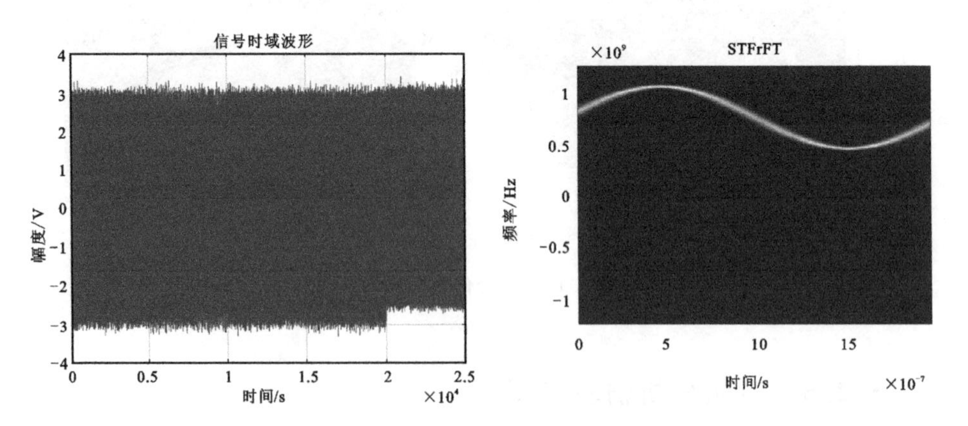

图 5.22　正弦调频信号原始信号波形图、时频图

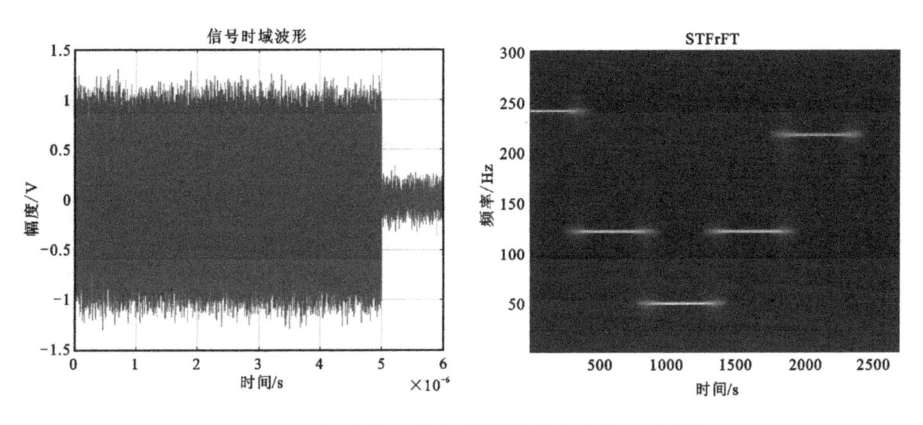

图 5.23　频率捷变信号原始信号波形图、时频图

从对干扰信号时频分析，结果如图 5.24～图 5.27 所示。

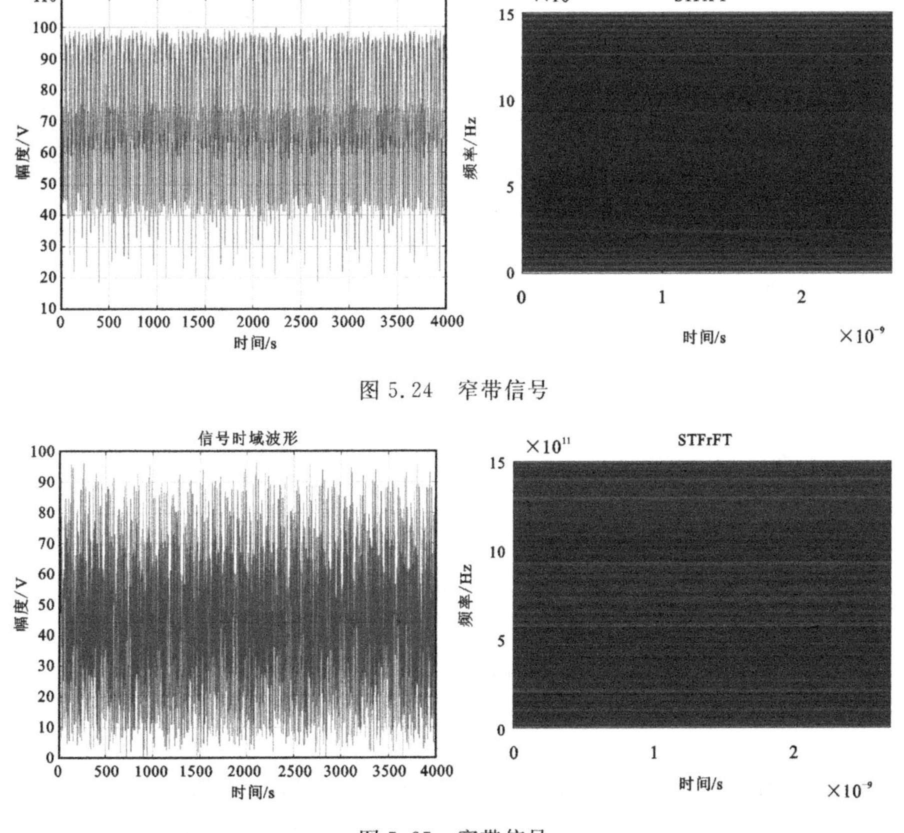

图 5.24　窄带信号

图 5.25　宽带信号

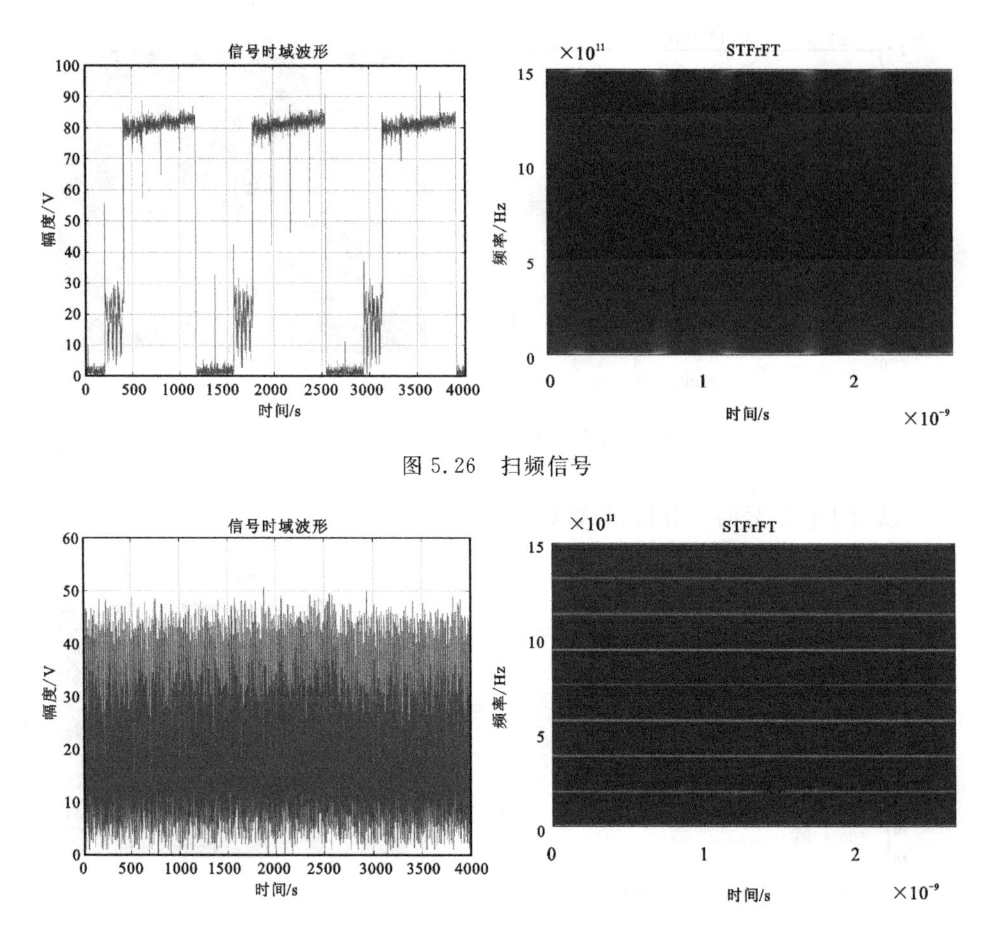

图 5.26　扫频信号

图 5.27　梳状谱信号

5.2.7　分类方法

复杂战场环境中所截获的雷达信号往往伴随大量噪声，本节所用的 STFrFT 算法对噪声有较好的抑制效果。它作为信号的预处理算法，在信噪比为 0dB 以下的信号中仍然有较好的处理效果，将预处理后的信号作为分类网络输入数据，能显著提升网络的训练速度和识别能力。本节中将详细介绍两种比较优秀的图像分类方法在时频图像中的分类效果，并比较不同程度噪声网络分类效果的影响。

本节采用目前比较流行的两种图像分类方法，分别是 MobileNet 深度卷积神经网络和 ResNet 残差神经网络。MobileNet 是一种直接设计的小模型，它是

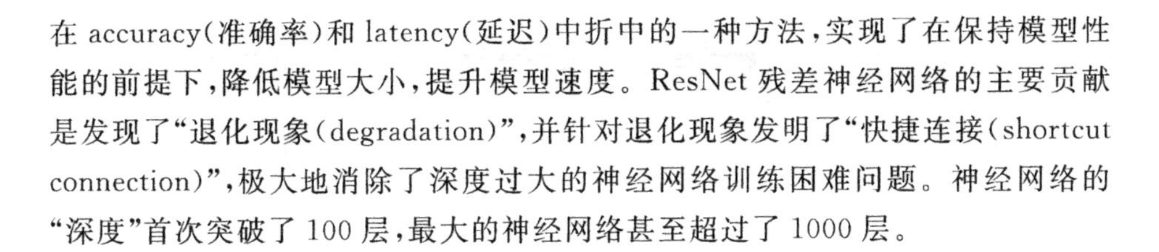
在 accuracy(准确率)和 latency(延迟)中折中的一种方法,实现了在保持模型性能的前提下,降低模型大小,提升模型速度。ResNet 残差神经网络的主要贡献是发现了"退化现象(degradation)",并针对退化现象发明了"快捷连接(shortcut connection)",极大地消除了深度过大的神经网络训练困难问题。神经网络的"深度"首次突破了 100 层,最大的神经网络甚至超过了 1000 层。

1. MobileNet 深度卷积神经网络

MobileNet 为深度可分离卷积,先进行深度卷积,再进行点卷积,深度卷积处理长宽方向的空间信息,点卷积处理跨通道信息。深度可分离卷积是分组卷积方法的特例,与传统分组卷积一个卷积核只处理一部分通道的方式不同,深度卷积每个卷积核只处理一个通道。mobileNet 在计算量和参数量明显降低的同时,还能保证有较好的识别效果。这也是本节所用的网络。

1)深度可分离卷积

MobileNet 模型是 Google 在 2017 年针对手机或者嵌入式提出轻量级模型。提出 MobileNet 这样高效模型的是 Google 的 Andrew G Howard 和 Menglong Zhu 等。MobileNet 与 CNN 的不同在于它的基本单元是 DSC,即深度可分离卷积。深度可分离卷积就是将普通卷积拆分成一个深度卷积和一个逐点卷积。

深度可分离卷积视作一种可被分解的卷积,它将标准卷积分解为一个深度卷积和一个 1×1 的点卷积这两个组成部分。在 MobileNet 中,深度卷积是每一个通道的单层卷积,点卷积是在通道方向上的 1×1 卷积,深度卷积处理长宽方向的空间信息,点卷积处理跨通道信息。而标准卷积只需一步即可将所有通道进行卷积,并组合成一组新的输出。与标准卷积相比,沿深度方向可分离卷积具有显著减少计算量和模型尺寸的效果。图 5.28 中标准卷积(a)分解为纵向深度卷积(b)和 1×1 逐点卷积(c)。图 5.29 表示深度可分离卷积完整的实现过程,首先通过深度卷积沿纵向对每一层进行卷积,然后组合卷积后的特征块形成多通道特征,最后使用点卷积对纵向信息进行卷积提取特征实现完整卷积过程。

2)模型计算量分析

深度可分离卷积使用更少的参数和计算量即可达到与标准卷积(图 5.30)方法相似的效果。这里分别分析标准卷积和深度可分类卷积的计算量。假设输入特征图大小为$D_F \times D_F \times M$,输出特征图的大小为$D_G \times D_G \times N$,D_F是正方形输入特征的长和宽,M 表示输入通道数,D_G是正方形输出特征的长和宽,N 表示输入通道数。

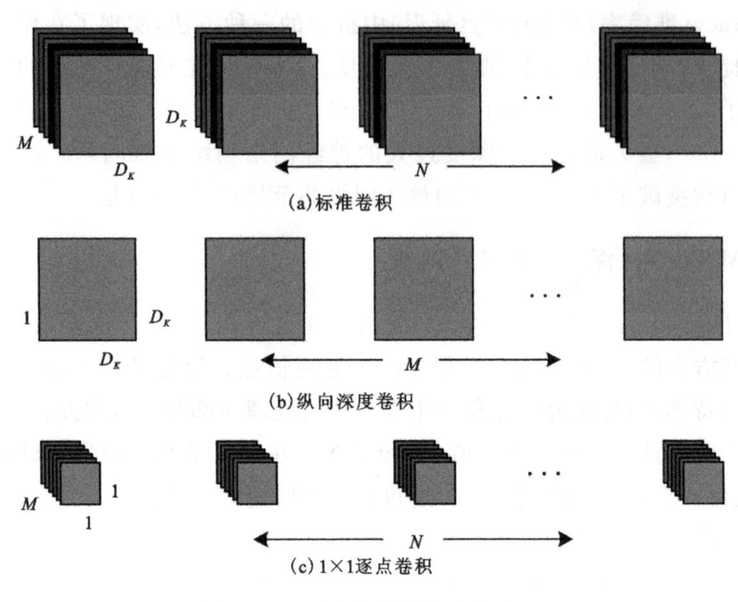

图 5.28 标准卷积的两层替代

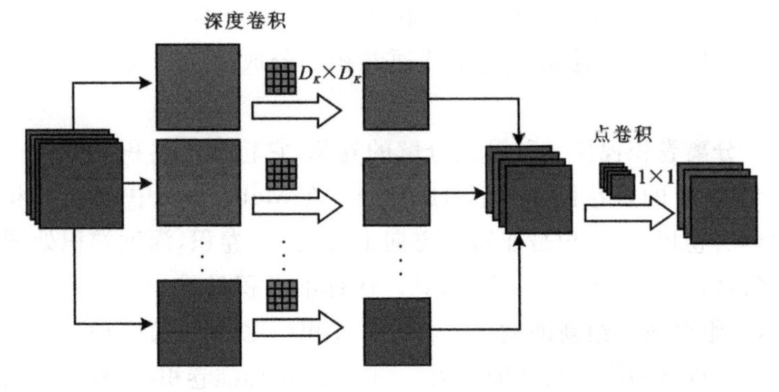

图 5.29 深度可分离卷积模型

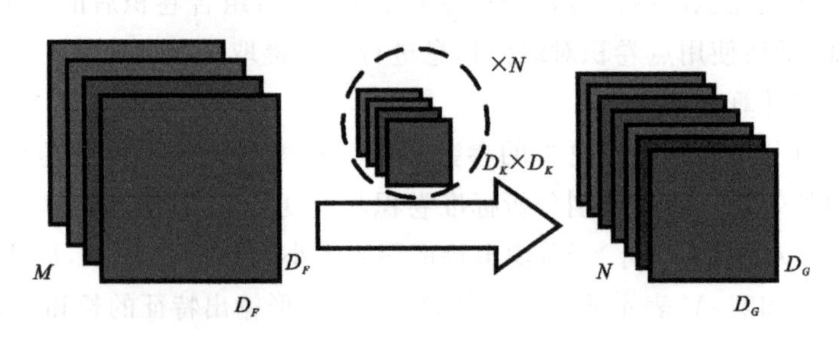

图 5.30 标准卷积的计算量

标准卷积层参数量为$D_K \times D_K \times M \times N$，其中$D_K$为正方形卷积核的大小，$M$为输入特征图像的通道数，$N$为卷积核个数。步长为 1 通过填充方式实现的标准卷积的输出特征计算公式为

$$G_{k,l,n} = \sum_{i,j,m} K_{i,j,m,n} \cdot F_{k+i-1,l+j-1,m} \tag{5.18}$$

标准卷积的计算量为

$$(D_K \cdot D_K \cdot M) \cdot (N \cdot D_F \cdot D_F) \tag{5.19}$$

式中：$D_K \cdot D_K \cdot M$为一次卷积的计算量；$N \cdot D_F \cdot D_F$为输出特征矩阵元素个数。

MobileNet 模型解决了每层卷积特征和通道方向之间的联系，使用深度可分离卷积打破了输出通道数和核大小之间的相互影响。

标准卷积通过多通道卷积核直接组合长宽特征和跨通道特征产生一层新的特征表示。深度可分离卷积通过在深度方向进行卷积分解，将标准卷积分为分层卷积和组合两个步骤，实现减少参数量，降低计算成本效果。

深度可分离卷积包括深度卷积和逐点卷积两个卷积操作。深度卷积处理每一个输入通道长宽方向的信息；逐点卷积对深度卷积产生的结果使用 1×1 的卷积，产生纵向的线性组合。MobileNet 中两层都使用批量归一化和 ReLU 非线性激活函数。每个通道的一个深度卷积可写为

$$\hat{G}_{k,l,m} = \sum_{i,j} \hat{K}_{i,j,m} \cdot F_{k+i-1,l+j-1,m} \tag{5.20}$$

式中：$\hat{K}$表示大小为$D_K . D_K \cdot M$的深度卷积核；m 表示对第 m 通道的卷积操作，用于产生第 m 通道的卷积输出。

深度卷积的计算量为

$$D_K \cdot D_K \cdot M \cdot D_F \cdot D_F \tag{5.21}$$

与标准卷积相比，深度卷积是极其高效的。但是，它只在空间方向进行卷积，没有垂直通道的特征信息。因此，需要添加一层 1×1 的线性卷积层作为附加层，对深度卷积结果进行再处理，以产生跨通道特征。这种深度卷积和 1×1 点卷积组合的方式成为深度可分离卷积。深度可分离卷积的计算量为

$$D_K \cdot D_K \cdot M \cdot D_F \cdot D_F + M \cdot N \cdot D_F \cdot D_F \tag{5.22}$$

该式表示深度卷积和 1×1 点卷积总的计算量。

比较深度可分离卷积和标准卷积的计算量，可得

$$\frac{D_K \cdot D_K \cdot M \cdot D_F \cdot D_F + M \cdot N \cdot D_F \cdot D_F}{D_K \cdot D_K \cdot M \cdot N \cdot D_F \cdot D_F} = \frac{1}{N} + \frac{1}{D_K^2} \tag{5.23}$$

式中：N 为输出通道数，通常为较大数值，式中第一项可忽略不计；D_K为卷积核

大小，通常选用 3×3 的卷积核。

因此，标准卷积的计算量约为深度可分离卷积的 8～9 倍。传统卷积分解方式也能够降低计算量，但其效果对比深度可分离卷积较差。

3）网络结构搭建

（1）网络结构。将两种卷积结构进行对比，标准卷积结构包括标准卷积层、批归一化层和 ReLU 非线性层。图 5.31 给出两种网络的卷积单元的特点，深度可分离卷积包括相似的结构，3×3 深度卷积和 1×1 点卷积串行组合。下采样层摒弃传统池化方式，使用步长为 2 的卷积层。最后一层使用全局平均池化层代替全连接层，有效节省参数量。将深度卷积和点卷积视作两层，本节 MobileNet 共有 28 层。

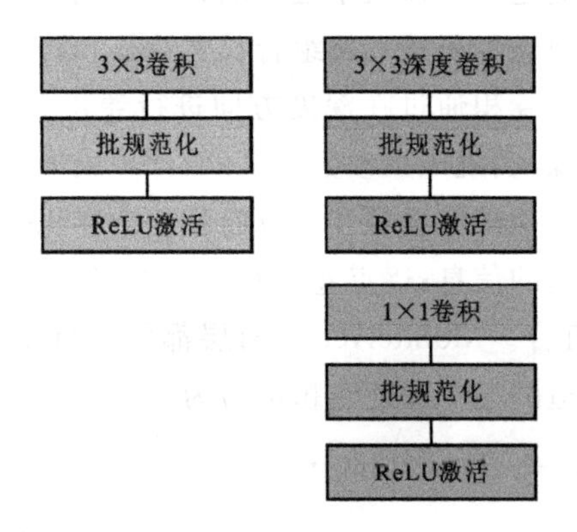

图 5.31　两种模型结构

MobileNet 结构构建在深度可分离卷积的基础上，除第一层为标准卷积外，其他层均为深度可分离卷积。通过设计这种简单的卷积单元，可以很容易拓扑出一个好的网络。它的网络结构如表 5.6 所示，每一层都包括批归一化层和 ReLU非线性激活函数，但最后一层除外，最后一层不是非线性的，直接输入激活函数 Softmax 层进行分类。

仅仅设计一个减少乘法、加法运算量的网络结构是不够的，还需进行运算加速，使模型设计者可以自行决定模型的尺寸，进行高效部署。例如，通常情况下，稀疏矩阵比密集矩阵运算速度慢，除非稀疏程度较高。本节模型结构几乎将所有计算量放在密集的 1×1 卷积中。这样可以通过高度优化的通用矩阵乘法（general matrix multiplication，GEMM）函数来实现运算加速。卷积通常由 GEMM 实现，但为了将其映射到 GEMM，需要在 im2col1 存储器中逆行初始重新排序。但 1×1 卷积不需要在存储器中重新排序，可以直接使用 GEMM 实现，而 GEMM 是最优化的现代数值线性代数算法之一，已被广泛应用。MobileNet中 95％的运算量和 75％的参数量都在 1×1 卷积运算中，几乎所有的附加参数都在全连接层中，所以 MobileNet 天然具有高效的计算优势。

表 5.6　MobileNet 网络结构

卷积类型/步长	卷积核	输入数据
标准卷积/2	3×3×32	224×224
深度卷积/1	3×3×32dw	112×112×32
点卷积/1	1×1×32×64	112×112×32
深度卷积/2	3×3×64dw	112×112×64
点卷积/1	1×1×64×128	56×56×64
深度卷积/1	3×3×128dw	56×56×128
点卷积/1	1×1×128×128	56×56×128
深度卷积/2	3×3×128dw	56×56×128
点卷积/1	1×1×128×256	28×28×128
深度卷积/1	3×3×256dw	28×28×256
点卷积/1	1×1×256×256	28×28×256
深度卷积/2	3×3×256dw	28×28×256
点卷积/1	1×1×256×512	14×14×256
5×(深度卷积＋点卷积)/1	3×3×512dw 1×1×512×512	14×14×512
深度卷积/2	3×3×512dw	14×14×512
点卷积/1	1×1×512×1024	7×7×512
深度卷积/1	3×3×1024dw	7×7×1024
点卷积/1	1×1×1024×1024	7×7×1024
平均池化/1	Pool 7×7	7×7×1024
全连接/1	1024×10	1×1×1024
Softmax/1	Classifier	1×1×10

(2)超参数设置。主要分网络宽度超参数设置和分辨率超参数设置。

(A)网络宽度超参数。基本的 MobileNet 架构已经很小，延迟也很低，但是很多时候在特定的用例或应用程序中可能还会要求更小、更快的模型。为了将模型结构化调整成更小、更低计算量，引入一个宽度乘数 α。它的作用是在每一层均匀地对网络瘦身，对于给定的层和宽度乘子 α，输入通道数由 M 变为 αM，输出通道数由 N 变为 αN。添加宽度乘子后，深度可分离卷积计算量为

$$D_K \cdot D_K \cdot \alpha M \cdot D_F \cdot D_F + \alpha M \cdot \alpha N \cdot D_F \cdot D_F \tag{5.24}$$

其中 $\alpha \in (0,1]$，α 通常取值为 1、0.75、0.5、0.25。当 $\alpha=1$ 时表示原始模型，当 $\alpha<1$ 时表示压缩后的网络模型。宽度乘子的作用是使计算量和参数平方个数按α^2左右平方递减。宽度乘子可以应用于任何模型结构，以合理的精度、延迟和大小折中定义一个新的更小的模型。

(B)分辨率超参数。降低神经网络计算量的第二个超参数为分辨率乘子 ρ。将这个参数应用于输入图像后，其后每层内部表示将通过相同的乘数进行缩减。在实际应用中，通过设置输入分辨率来隐式设置 ρ。我们现在可以将网络的核心层的计算成本表示为具有宽度乘子 α 和分辨率乘子 ρ 的沿深度可分离的卷积

$$D_K \cdot D_K \cdot \alpha M \cdot \rho D_F \cdot \rho D_F + \alpha M \cdot \alpha N \cdot \rho D_F \cdot \rho D_F \tag{5.25}$$

其中，$\rho \in (0,1]$，通常被隐式设置，使得网络的输入分辨率是 224、192、160 或 128。$\rho=1$ 表示原始 MobileNet，$\rho<1$ 表示参数压缩后的 MobileNet。分辨率超参数具有将计算量降低ρ^2的效果。

举一个例子来说明 MobileNet 中的一个通过核心层，深度可分离的卷积的宽度乘子和分辨率乘子是如何降低计算量和参数量的。表 5.7 显示了当体系结构收缩方法应用于某一层时，该层的参数的计算量和数量。第一行显示了输入特征图大小为 14×14×512、卷积核大小为 3×3×512×512 的全卷积层的计算量和参数量。从表 5.7 可以看出，MobileNet 模型的计算量和参数量相比标准卷积神经网络大幅下降，加上宽度乘子 α 和分辨率乘子 ρ 后，计算量和参数量可进一步缩小。

表 5.7　参数量计算量对比

模型	乘/加法计算量/10^6	参数量/10^6
标准卷积	462	2.36
MobileNet	52.3	0.27
$\alpha=0.75$	29.6	0.15
$\rho=0.714$	15.1	0.15

2. 雷达信号识别分类

本节采用 MoblileNet 进行信号分类。MoblileNet 的卷积单元为深度可分

离卷积，这种卷积结构包括一个单通道 3×3 卷积和多通道点卷积，每个卷积后级联归一化层和 ReLU 非线性层，通过这种卷积结构有效地减低了模型参数量和计算量。特征层的维度通过卷积层步长进行逐层下采样，舍弃了卷积层。通过设计两个超参数进一步降低了模型参数量，网络宽度超参数为 0.25，分辨率超参数为 1。MoblileNet 网络结构如图 5.32 所示，本节首先进行卷积标准化，然后级联 13 个不同的深度可分离卷积单元进行特征提取，最后通过全局平均池化和 Softmax 激活函数后，对 10 种雷达信号进行分类。

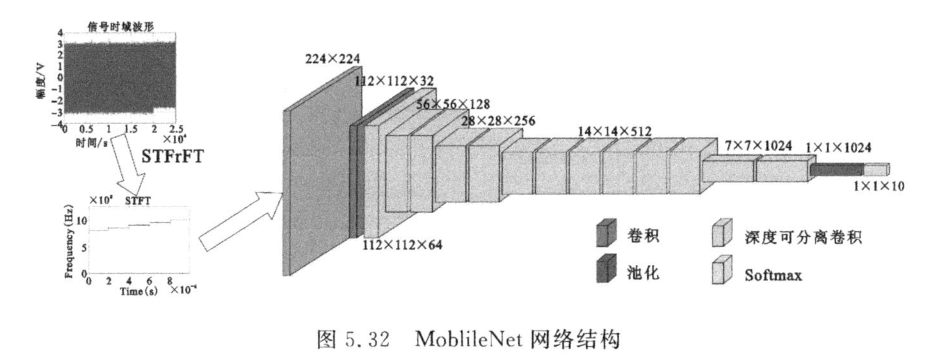

图 5.32　MoblileNet 网络结构

5.2.8　ResNet 残差神经网络

残差神经网络(ResNet)是由微软研究院的何恺明、张祥雨、任少卿、孙剑等提出的。ResNet 在 2015 年的 ILSVRC(imageNet large scale visual recognition challenge)中取得了冠军。

通过实验，ResNet 随着网络层不断的加深，模型的准确率先是不断的提高，达到最大值(准确率饱和)，然后随着网络深度的继续增加，模型准确率毫无征兆地出现大幅度的降低。ResNet 团队把这一现象称为“退化(degradation)”。退化现象让我们对非线性转换进行反思，非线性转换极大地提高了数据分类能力，但是，随着网络深度不断地加大，我们在非线性转换方面已经走得太远，竟然无法实现线性转换。显然，在神经网络中增加线性转换分支成为很好的选择，于是，ResNet 团队在 ResNet 模块中增加了快捷连接分支，在线性转换和非线性转换之间寻求一个平衡。因此，ResNet 的网络结构就由如图 5.34 所示的残差块所组成。

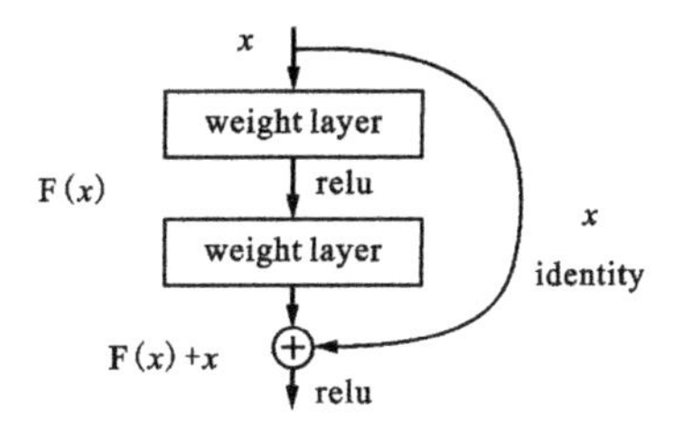

图 5.33　ResNet 基本单元

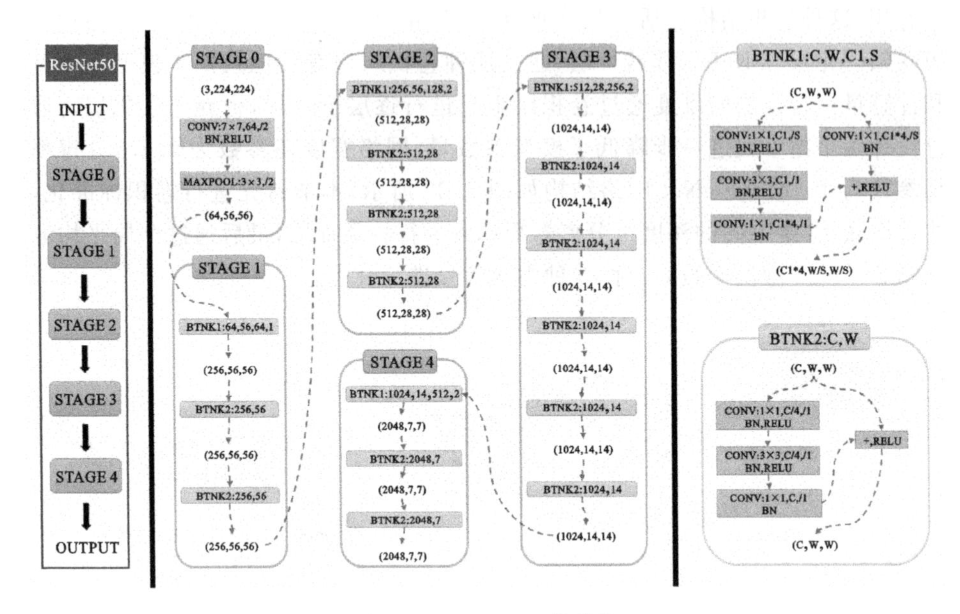

图 5.34　ResNet 网络结构

ResNet50 网络中包含了 49 个卷积层、1 个全连接层。如图 5.35 所示，ResNet50网络结构可以分成 7 个部分，第一部分不包含残差块，主要对输入进行卷积、正则化、激活函数、最大池化的计算。第二至第五部分结构都包含了残差块，图中的绿色图块不会改变残差块的尺寸，只用于改变残差块的维度。在 ResNet50 网络结构中，残差块都有三层卷积，那网络总共有 $1+3\times(3+4+6+3)=49$ 个卷积层，加上最后的全连接层总共是 50 层，这也是 ResNet50 名称的由来。网络的输入为 $224\times224\times3$，经过前五部分的卷积计算，输出为 $7\times7\times2048$，池化层会将其转化成一个特征向量，最后分类器会对这个特征向量进行计算并输出类别概率。

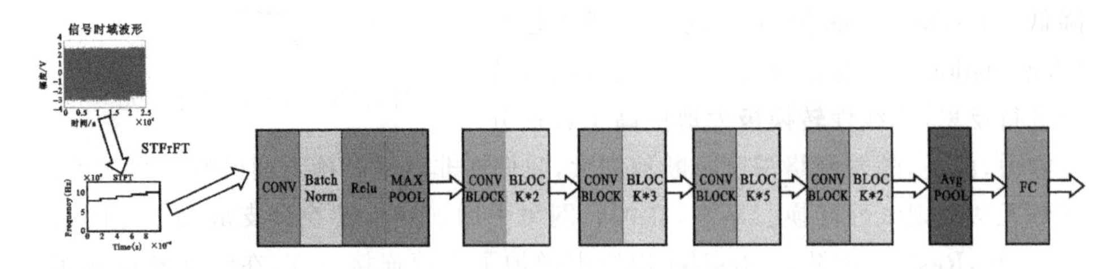

图 5.35　ResNet 训练过程

5.2.9　仿真结果

本节所用的输入数据为不加噪声和加了－5dB 噪声的雷达信号时频图，包含频率捷变信号、脉内步进频信号、线性调频信号、正弦调频信号、线性调频与正弦调频的复合信号、窄带噪声信号、宽带噪声信号、扫频信号、梳状谱信号以及扫频信号与梳状谱信号的复合信号总共 10 种，目前所用的时频图是通过 STFrFT 得到的。每种信号有 800 张进行过随机的时频图作为训练数据，200 张进行过随机的时频图作为测试数据，得到的分类结果如下。

1. MobileNet 不加噪声结果

图 5.36 中 train loss 表示训练集 loss 值，val loss 表示测试集 LOSS 值，从图中可以看出，15 次之后 loss 值几乎稳定。

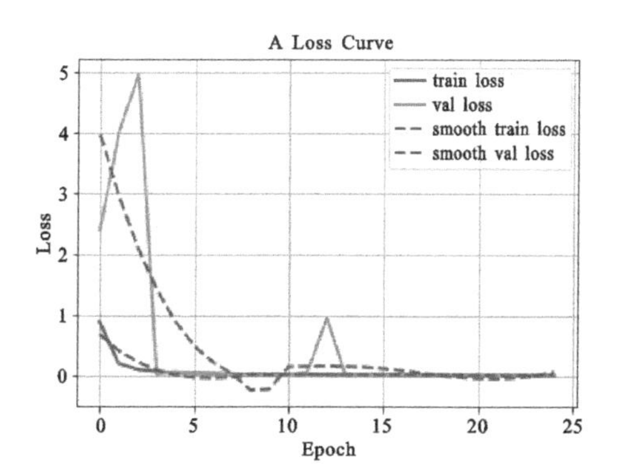

图 5.36　MobileNet 不加噪声结果图

如图 5.37 所示，训练十几次之后模型的准确率稳定在 0.996 9 左右，准确率较高。

```
Epoch 13/50
171/171 [==============================] - ETA: 0s - loss: 0.0130 - categorical_accuracy:
0.9969  Setting learning rate to 0.00044736510957591233.
171/171 [==============================] - 78s 455ms/step - loss: 0.0130 -
categorical_accuracy: 0.9969 - val_loss: 0.9502 - val_categorical_accuracy: 0.7664
Epoch 14/50
171/171 [==============================] - ETA: 0s - loss: 0.0131 - categorical_accuracy:
0.9969  Setting learning rate to 0.0004205231997184455.
```

图 5.37　运行结果图

2. ResNet 不加噪声结果

从图 5.38 可以看出，25 次之后 loss 值几乎稳定。

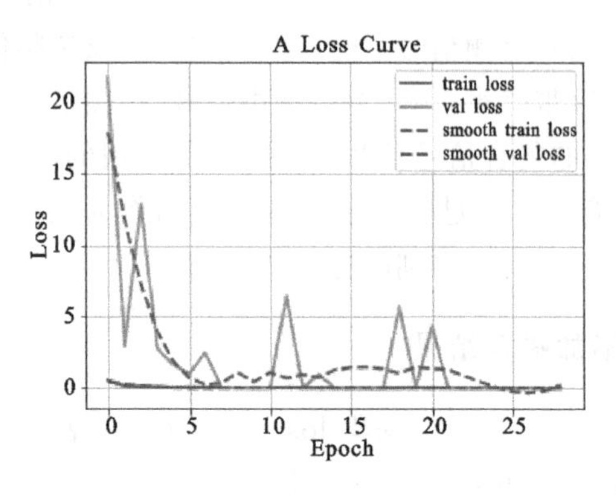

图 5.38　ResNet 不加噪声结果

如图 5.39 所示，训练 30 次之后，模型的准确率稳定在 0.999 3 左右，准确率更高一些，但是训练时间比 MobileNet 更长。

```
Epoch 29/50
171/171 [==============================] - ETA: 0s - loss: 0.0036 - categorical_accuracy:
0.9989       Setting learning rate to 0.00016622936382191254.
171/171 [==============================] - 991s 6s/step - loss: 0.0036 - categorical_accuracy:
0.9989 - val_loss: 8.0260e-06 - val_categorical_accuracy: 1.0000
Epoch 30/50
 46/171 [=======>......................] - ETA: 11:50 - loss: 0.0014 - categorical_accuracy:
0.9993
```

图 5.39　运行结果图

如图 5.40 所示，第一个模型是 ResNet50 的模型，第二个是 MobileNet 的模型，在分类准确率差不多的情况下，MobileNet 的模型明显比较轻便。

ep015-loss0.012-val_loss0.000.h5	2022/5/5 15:17	H5 文件	92,628 KB
ep015-loss0.014-val_loss0.000.h5	2022/5/2 10:00	H5 文件	1,068 KB

图 5.40　两个模型对比

3. MobileNet 加－5dB 噪声结果

从图 5.41 可以看出，30 次之后 loss 值几乎稳定。

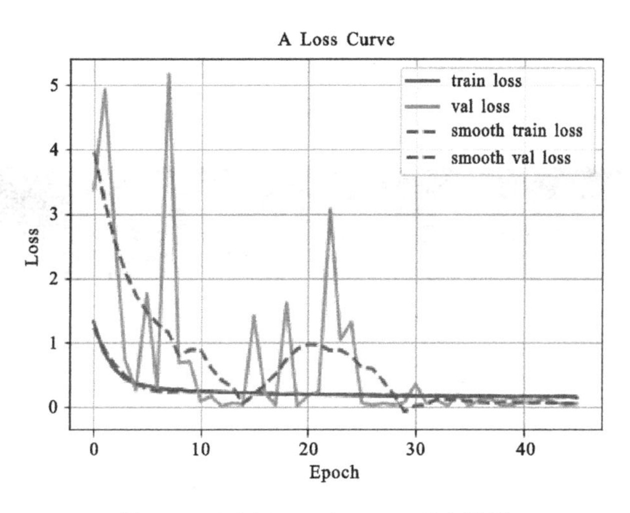

图 5.41　MobileNet 加－5dB 噪声结果

如图 5.42 所示，训练 55 次左右，模型的准确率稳定在 0.919 2 左右。

```
Epoch 55/100
202/202 [==============================] - ETA: 0s - loss: 0.1597 - categorical_accuracy:
0.9192  Setting learning rate to 7.33903954096604e-05.
```

图 5.42　运行结果图

4. ResNet 加－5dB 噪声结果

从图 5.43 可以看出，30 次之后 loss 值几乎稳定。

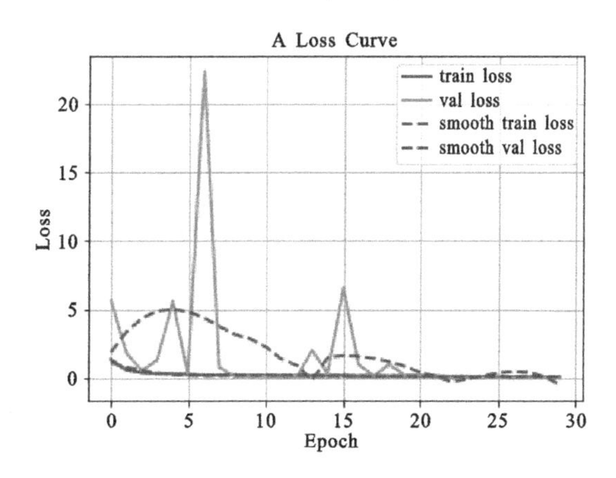

图 5.43　ResNet 加－5dB 噪声结果

如图 5.44 所示，训练 55 次左右，模型的准确率稳定在 0.929 0 左右，准确率比 MobileNet 高 1%，但是训练时间比 MobileNet 更长，且模型更大。所以最终选取 MobileNet 作为本节主要的分类网络。

```
Epoch 55/100
202/202 [==============================] - ETA: 0s - loss: 0.1357 - categorical_accuracy:
0.9290   Setting learning rate to 7.33903954096604e-05.
202/202 [==============================] - 1102s 5s/step - loss: 0.1357 - categorical_accuracy:
0.9290 - val_loss: 0.0228 - val_categorical_accuracy: 0.9957
```

图 5.44　运行结果图

5.2.10　总结

本节首先对比了 4 种时频分析方法，最后通过对比抗噪效果和对复合信号的交叉干扰效果最终选取 STFrFT 作为本节的时频分析方法。

本节采用了两种当下比较流行的图像分类方法，对不加噪声的信号都取得了 99.6%以上的准确率，对加了−5dB 噪声的信号，MobileNet 的准确率比 ResNet 低了 1%，但是 Mobilenet 的训练速度是 ResNet 的 5～6 倍，且模型只有 ResNet 的十分之一大小，所以最终综合选取 MobileNet 作为本节的分类网络。

5.3　雷达信号脉内调制类型识别

本节聚焦于辐射源目标行为判别、干扰任务规划与调度、自适应干扰波形的生成进行电子对抗过程的仿真，利用智能算法达到高特征识别率、高调度效率与干扰任务执行率的效果，项目整体流程如图 5.45 所示。

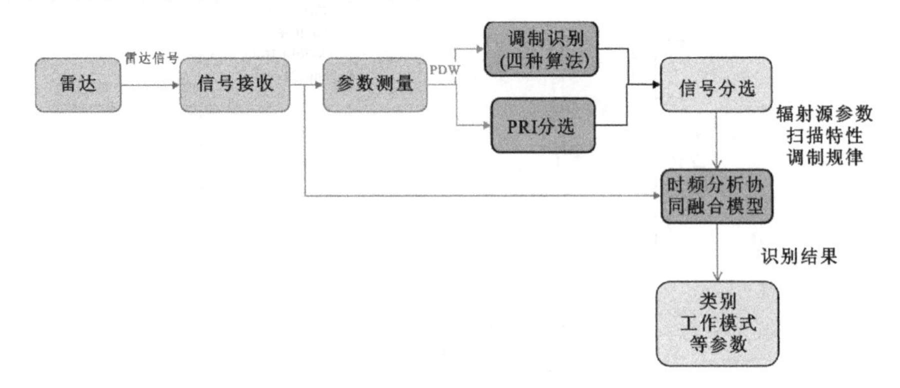

图 5.45　整体技术脉络图

对辐射源的特征参数进行识别，利用时频分析协同融合模型进行特征提取，经过机器学习进行分类识别，获取辐射源参数、扫描特性、调制规律等相关参数信息，对雷达工作模式进行识别，显示辐射源分布态势，为后续的威胁等级计算提供依据。

5.3.1　信号分选

从雷达的侦察天线可以接收到目标辐射源的射频信号，能够根据需要输出脉冲信号的参数数据，根据这些参数即脉冲描述字可以进行信号的分选和识别。雷达信号的分选方式都是基于脉冲重复频率(PRI)进行分选的，一般包括3个步骤，即预分选、主分选、后续处理。基于PRI特征参数的分选是各种信号分选算法中都会用到的分选程序，所以基于其他多种脉冲参数的信号分选都用来进行预分选，PRI才是信号的最终主分选。

第一步是雷达信号的预处理，包括对已知脉冲辐射源信号的匹配和扣除，主要采用基于脉冲到达角(DOA)、信号脉宽(PW)和信号载频(RF)及脉内信号调制方式相结合分选，预处理主要是稀释接收到的脉冲信号流，为信号的主分选做好准备；第二步是信号的主分选，主要为PRI分选，主分选的目的就是将参数相同的雷达类型识别出来；第三步是对脉冲流的后续处理，主要包括脉冲的统计分析、对虚假辐射源的扣除、脉冲的关联处理以及雷达数据库的更新。具体流程如图5.46所示。

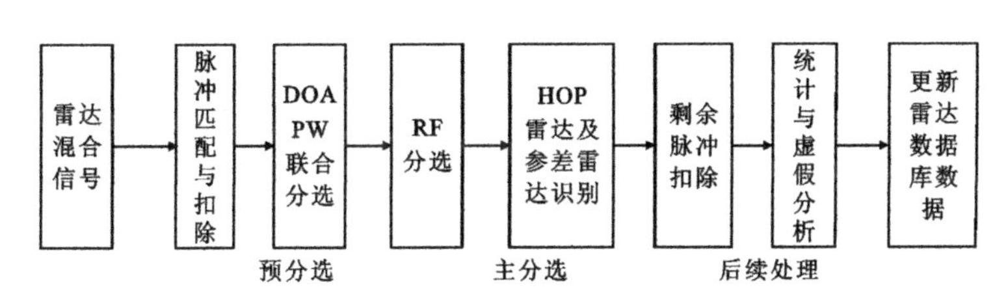

图5.46　雷达信号分选流程图

5.3.2　雷达参数预处理

雷达信号的预分选主要为数据的接收，对接收到的脉冲流参数进行测量、模数转换和采样数据汇总，即对每个信号的脉冲描述字进行整理，以信号的方式上传到主分选部分。

该部分的PDW数据可直接以报文的形式获得，本节直接基于PDW进行脉内信号调制类型的识别和PRI分选以判断不同的雷达信号。

5.3.3 脉内调制类型识别

采取以下3种脉内信号的调制特性识别算法，识别正确率均在90%以上。

1. 基于BP神经网络的信号脉内调制类型识别

1)算法原理

Rumelhart与McClelland于1985年提出了BP网络的误差反向后传(back propagtion,BP)学习算法，被广泛应用于模式识别、数据预测等领域。利用输出后的误差来估计输出层的直接前导层的误差，再利用这个误差估计更前一层的误差，如此一层一层反向传播(图5.47)。

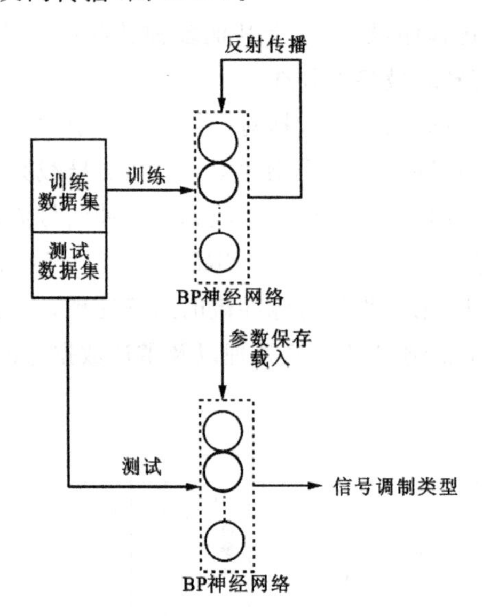

图5.47 BP神经网络的训练与测试过程

常见的BP神经网络由输入层、隐藏层以及输出层组成，每一层又是由若干个神经元构成，每个神经元如图5.48所示。

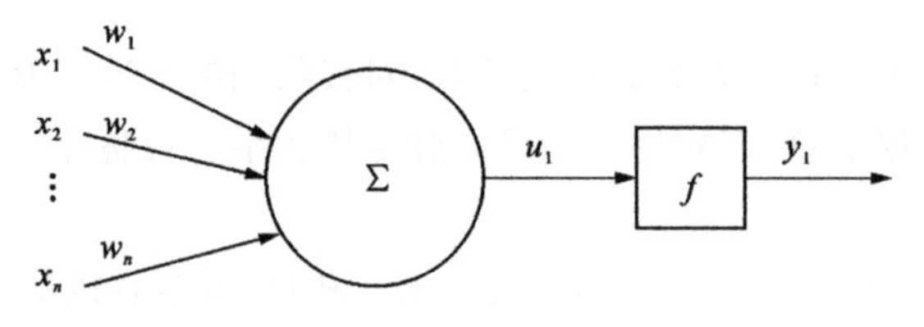

图5.48 神经网络单个神经元示意图

其中，u_1 表示输入信号与权重矩阵乘积之和，即 $u_1 = x_1 w_1 + x_2 w_2 + \cdots + x_n w_n$，$f$ 表示激活函数，一般使用 S 型函数 $f(x) = \frac{1}{1+e^{-x}}$。

BP 神经网络具有运算简单的特征，只需要调用预先训练好的相应权重矩阵即可通过下式实现结果输出。

$$y_1 = \frac{1}{1+\mathrm{e}^{mixy * w_1}} \tag{5.26}$$

式中：y_1 为神经网络输出；$mixy$ 为输入；W_1 为权重。

2)实现过程

基于上述理论，通过使用继承交叉权重系数的方式实现 BP 神经网络在误差传递过程中的优化，具体操作如下：

(1)初始化权重系数。

(2)反向传递与误差计算。

(3)达到指定训练次数后，终止训练并重新进行参数初始化，并根据前一矩阵进行局部梯度下降。

(4)完成模型的训练。

通过以上步骤即可识别出辐射源的调制特性信息。

3)仿真分析

根据表 5.8 进行仿真测试。

表 5.8　仿真流程

输入：辐射源训练样本，辐射源实际样本
输出：辐射源实际样本的调制特性
1. 初始化，通过把采集到的辐射源信号进行归一化，使得模型更具普适性； 2. 模型的训练： 权重矩阵随机初始化； while 结果误差小于理想数值或达到最大训练次数 do 辐射源训练样本特征提取； 特征层层交织获得预测调制类型； 预测结果与真实结果比对，计算误差； 梯度下降，更新权重矩阵系数。 end 3. 模型迁移，将训练好的模型载入实际场景设备； 4. 真实预测，将辐射源实际样本输入模型，分析判断调制特性。

设计的BP神经网络结构如图5.49所示，其中包含401个神经元的输入层，32个神经元的隐藏层以及5个神经元的输出层。

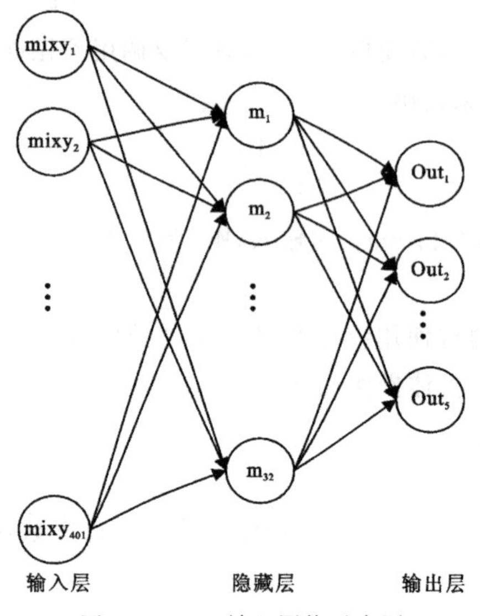

图5.49　BP神经网络示意图

选用2PSK、LFM、MPSK、NLFM以及单一频率信号中401个数据点作为训练集与测试集，其中频率选取遵循[5,20]以及[1,500]高斯分布，共计5000个样本。随机选取其中4000个作为训练样本，1000个作为测试样本进行仿真。优化后BP神经网络的误差收敛结果如图5.50所示，对应测试集正确率数据如表5.9所示。

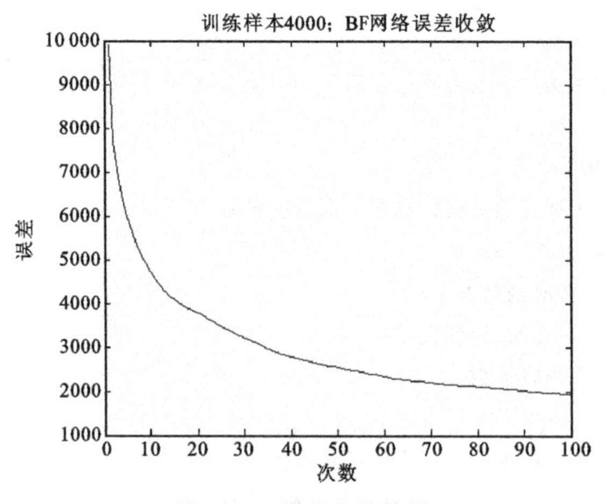

图5.50　误差收敛结果

表5.9　各个类型信号识别正确率与平均正确率

信号	2PSK	LFM	MPSK	NLFM	单一频率	平均正确率
正确率/%	95.69	92.27	96.60	93.36	98.96	95.40

2. 基于卷积神经网络的信号脉内调制类型识别

1)算法原理

设计一种卷积神经网络(convolutional neural networks,CNN)对脉内调制特性进行智能化分析,研究信号的脉内调制特点,流程如图5.51所示。

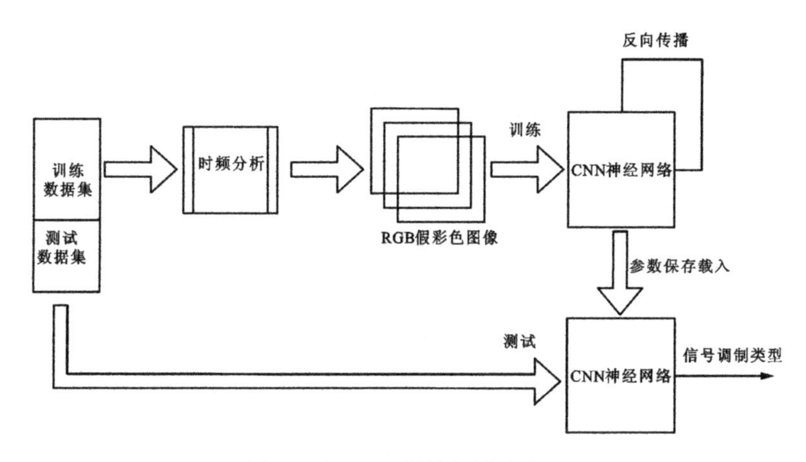

图5.51　CNN训练与测试过程

卷积神经网络的基本思想是局部连接、权值共享、空间或时间上的采样。由于卷积神经网络的这3个特点,其对输入数据在空间(主要针对图像数据)上和时间(主要针对时间序列数据)上的扭曲具有很强的鲁棒性和网络泛化能力。典型的卷积神经网络主要包含卷积层和采样层两个部分。

在卷积层,用一个可训练的卷积核去卷积上一层的几个输出的图像(第一阶段是输入图像,后续阶段即是卷积特征Feature Map),卷积核以一定步长在特征图像上"滑动",每滑动一次做一次卷积运算,最终得到此层的一个Feature Map,这样每个特征图可能与上层的特征图建立联系。每一个卷积核可提取一种特征,有n个卷积核就可得到n个Feature Map,即表示提取到了n种特征。然后添加偏置b,得到卷积层,计算公式为

$$x_j^{(l)} = f\left(\sum_{i\in M_j} x_i^{l-1} * k_{ij}^{(l)} + b_j^{(l)}\right) \tag{5.27}$$

式中："∗"为卷积运算符号；$x_j^{(l)}$ 为第 l 层卷积后第 j 个神经元的输出；$x_i^{(l-1)}$ 为第 $l-1$ 层的第 i 个神经元的输出；$k_{ij}^{(l)}$ 为第 l 层卷积核；$b_j^{(l)}$ 为第 l 层偏置；$f(\cdot)$ 为激活函数；M_j 代表输入层的局部感受野。

采样层是对上一层 Feature Map 的采样处理，采样的方法有均值采样(meanpooling)、最大值采样(maxpooling)、重叠采样(overlapping)等。采样层的计算公式如下所示：

$$x_j^{(l)} = f(\beta_j^{(l)})\mathrm{down}(x_i^{(l-1)}) + b_j^{(l)} \tag{5.28}$$

式中：β 为不同的特征图的系数；down(·)表示一个采样函数。

卷积神经网络一般采用卷积层与采样层交替设置，每个层有多个 Feature Map，每个 Feature Map 通过一种卷积核提取输入一种特征，使每个 Feature Map 有多个神经元，这样卷积层提取出特征，再进行组合形成更抽象的特征，最终形成对图片对象的特征描述，即辐射源的调制特性。

2)实现过程

卷积神经网络算法采用了正向传播计算网络输出值，反向传播调整网络权重和偏置。本节的 CNN 网络结构包含 5 个隐含层：2 个卷积层、2 个池化层、1 个全连接层(表 5.10)。在该网络中，激活函数为 ReLU，池化层的池化方式为最大池化，目标函数为交叉熵。

表 5.10　卷积神经网络结构

层(类型)	输出类型	参数
conv2d_2	(None,24,24,6)	156
max_pooling2d_2	(None,12,12,6)	0
conv2d_3	(None,8,8,12)	1812
max_pooling2d_3	(None,4,4,12)	0
dense_1(Dense)	(None,10)	1930
总体参数：3898		
可训练参数：3898		

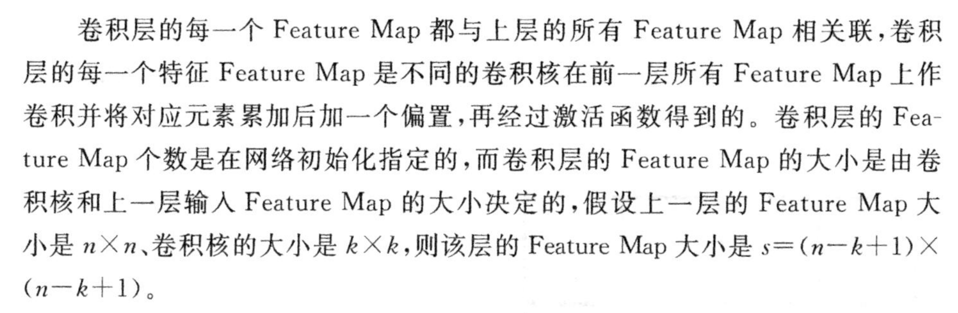

卷积层的每一个 Feature Map 都与上层的所有 Feature Map 相关联，卷积层的每一个特征 Feature Map 是不同的卷积核在前一层所有 Feature Map 上作卷积并将对应元素累加后加一个偏置，再经过激活函数得到的。卷积层的 Feature Map 个数是在网络初始化指定的，而卷积层的 Feature Map 的大小是由卷积核和上一层输入 Feature Map 的大小决定的，假设上一层的 Feature Map 大小是 $n\times n$、卷积核的大小是 $k\times k$，则该层的 Feature Map 大小是 $s=(n-k+1)\times(n-k+1)$。

3）仿真分析

仿真流程如表 5.11 所示。选用 2PSK、LFM、MPSK、NLFM 以及单一频率含噪声信号其中 401 个数据点的时频分布，共计 2500 个样本作为训练集与测试集，如图 5.52 所示。

表 5.11　仿真流程

输入：辐射源训练样本，辐射源实际样本
输出：辐射源实际样本的调制特性
1. 初始化，通过把采集到的辐射源信号进行归一化，使得模型更具普适性； 2. 时频分析，进行快速时频分析获得归一化信号时频分布； 3. 模型的训练： 卷积核与映射矩阵随机初始化； while 结果误差小于理想数值或达到最大训练次数 do 辐射源训练样本时频特征的卷积映射； 映射新空间的主要特征池化； 池化结果的交织融合，获得预测结果； 预测结果与真实结果比对，计算误差； 梯度下降，更新卷积核与映射矩阵系数。 end 4. 模型迁移，将训练好的模型载入实际场景设备； 5. 真实预测，将辐射源实际样本输入模型，分析判断调制特性。

根据图 5.52 的结果进行训练与测试，其训练测试过程中的误差值与平均正确率如图 5.53 所示。

通过图 5.53 可以看出，随着训练次数的增加测试集的误差值在逐渐下降，正确率不断上升直至接近100%，同时测试集的误差值虽存在较大波动，但整体呈现下降的趋势，正确率也逐步上升并不断接近测试集正确率。因此，可以认为CNN卷积神经网络对于信号脉内调制类型识别是十分有效的。

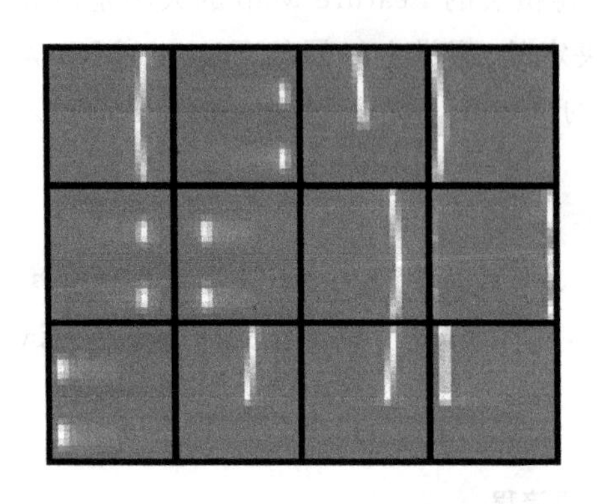

图 5.52　不同信号的时频分布数据集

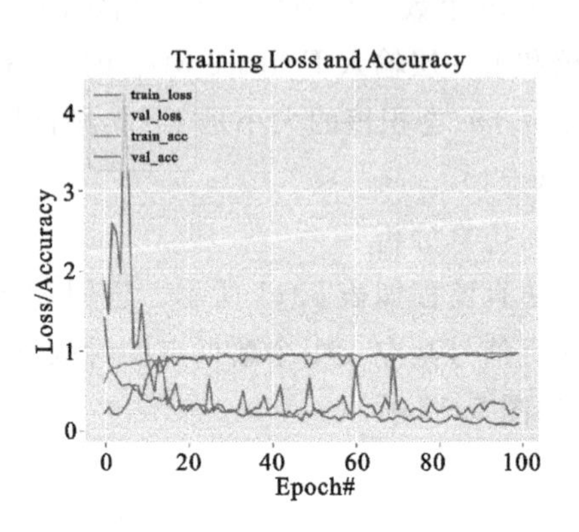

图 5.53　训练测试结果

3. 基于STFT-PCA-朴素贝叶斯分类的信号脉内调制类型识别

1)算法原理

贝叶斯分类器(Bayes classifier)与一般意义上的“贝叶斯学习”(Bayesian learning)有显著区别，前者是通过最大后验概率进行单点估计，后者则是进行分布估计。贝叶斯网为不确定学习和推断提供了基本框架，因其强大的表示能力、良好的可解释性而广受关注。

由于大多情况下涉及的训练样本不是固定且有限的，因此朴素贝叶斯分类器有着相较于其他方法更好的参数提炼能力。因此，本节利用“属性条件独立性”假设作为核心，将从每一个雷达信号时频图像中提取到的信息都作为单独条件，使得这些条件都对参数提取模型建立起作用，实现了较少数据的条件概率验证模型的建立，并依据该模型作为后续平台移植的先验概率模型。

2)实现过程

本节采用一种基于STFT-PCA-朴素贝叶斯对脉内调制特性的智能化分析方法，其中STFT时频分析提取时频聚集度较高的脉内信号特征，往往这些特征是稀疏的，因此通过将整幅时频图像转换投影空间实现了对稀疏信号的高质量特征保留提取，而后将投影重建的特征传递给朴素贝叶斯分类器建立先验概率模型，生成能够进行信号脉内调制类型识别的模型，其大致流程如图5.54所示。

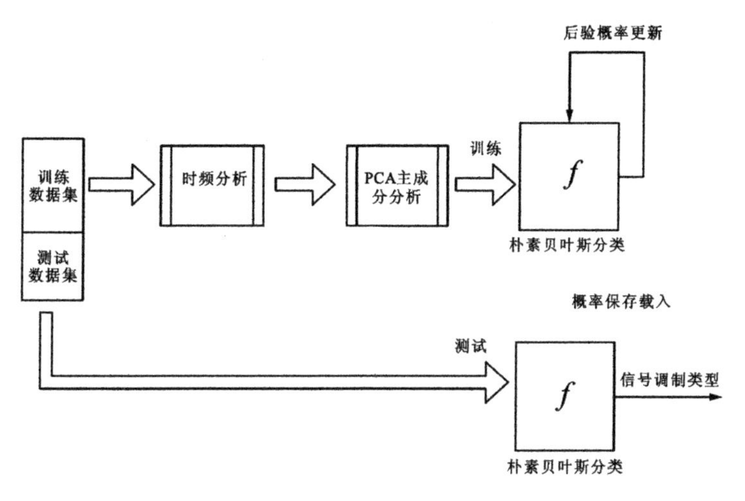

图 5.54　STFT-PCA-朴素贝叶斯分类训练与测试过程

3)仿真分析

仿真流程如表 5.12 所示。

表 5.12　仿真流程

输入:辐射源训练样本,辐射源实际样本
输出:辐射源实际样本的调制特性
1. 初始化,通过把采集到的辐射源信号进行归一化,使得模型更具普适性; 2. 时频分析,进行快速时频分析获得归一化信号时频分布; 3. 主成分分析,对时频分布共形映射进行主成分提取; 4. 模型的训练: while 结果误差小于理想数值或达到最大训练次数 do 辐射源训练样本时频主成分的特征提取; 特征朴素贝叶斯后验概率计算; 全概率后验概率计算,获得预测结果; 预测结果与真实结果比对,计算误差; 后验概率更新。 end 5. 模型迁移,将训练好的模型载入实际场景设备; 6. 真实预测,将辐射源实际样本输入模型,分析判断调制特性。

通过使用与CNN卷积神经网络同样的时频分布数据集，进行贝叶斯网络的训练与测试，利用PCA技术进行去噪处理，其识别正确率与降维度数之间变化关系如图5.55所示，具体数据如表5.13所示。

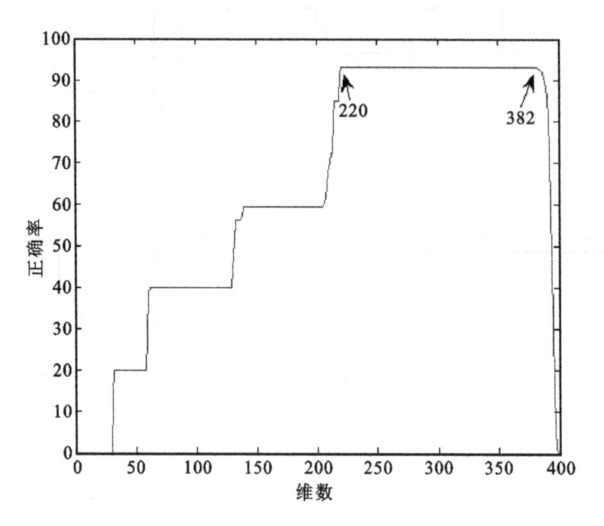

图5.55　识别正确率与降维度数的变化关系

表5.13　识别正确率与降维度数之间的关系

维度(dimension)	400	390	300	180	150
总正确率(accuracy)/%	00.00	56.00	93.00	56.20	40.00

在原始数据上进行PCA预处理后，得到了降维数据，然后再用朴素贝叶斯来进行信号调制类型识别，准确率有显著的提高。由于数据中包含噪声，通过PCA对原始数据降维在某种程度上起到了去噪的效果，而且也更加凸显了数据主要的特征，从而使得朴素贝叶斯算法在降维后的数据上做训练得到的模型在测试集上的识别正确率更高。同时，当保留的主成分过少时仍会出现识别正确率下降的问题，因此，220～382维度可以被当作最佳维度。

第 6 章　ENPEMF 方法在地震监测预测中的应用

地球天然脉冲电磁场(ENPEMF)信号,可以理解为地球天然磁场的变化磁场带来的瞬间扰动(Hao,Wang,2012)。这些扰动的幅值和频率各不相同,属于非平稳信号,时频分析是这类非平稳信号分析的重要工具(张贤达,保铮,1998)。根据仪器放置不同的地理位置,选定特殊的频率脉冲信号作为研究分析的对象。记录 ENPEMF 信号的设备为俄罗斯科学院托木斯克分院研制的 GR - 01 型仪器,其工作原理为通过设定合适的阈值,记录每天 24 小时各时刻的脉冲数目,绘制出脉冲数目的包络图,研究每天包络图的变化情况,对照已有的 ENPEMF 数据月-日规律包络图,判断当地的地质情况是否异常(丁鉴海,2006)。一些剧烈的地质活动,如地震的孕育和发生、火山活动都会引起地壳磁场异常的快速变化进而引起 ENPEMF 的变化。本章选取 2013 年 4 月 20 日庐山地震期间的 ENPEMF 数据,研究此非平稳数据的震前特点。

信号的时频分析可以描述信号在不同时间和不同频率处的强度和能量,是时域分析和频域分析的自然推广(杨涛,2004)。各类时频分析方法在地震勘探数据分析中已有重要的应用。对于非平稳、非线性的 ENPEMF 数据,作者采用时频分析的方法来描述地震发生期间的地质特性变化,这无疑也是一个值得研究的问题。

6.1　震前时频分布特点

ENPEMF 信号从时频分析的角度可以很好地了解震前该信号的时频特性。如通过希尔伯特黄变换(HHT)可获得 ENPEMF 信号的时频谱特性,如边际谱、瞬时能量谱、能量集中分布的频段、最大振幅对应的时频、IMF 模态频率分布、IMF 模态中心频率、IMF 模态平均周期、最大振幅、最大振幅所对应的时间和频率等,来分析震前 ENPEMF 信号时频参数上的孕震信息特征。

ENPEMF 信号在地震发生前的几小时至几天不等的时间里,脉冲数量会突然持续增加然后减少。这在二维或三维时频图上的体现就是在某段时间的某段频率将有明显的能量/幅值的突变或较大的起伏。本节通过 HHT、EEMD-WVD 分解和 DEEMD-WVD 分解,研究震前 ENPEMF 信号在时频分析上的表现。

NH 数据(每秒的脉冲数目的量化值)与 AH 数据(每秒内第一个脉冲幅度的量化值)在对体现地球天然脉冲电磁场的地表磁场变化效果上不尽相同,各有表现好和不好的时候。总的来说,ENPEMF 信号受降雨等自然干扰的影响要小,本节将其用在震前电磁异常现象分析中,尝试从中发现一些异常特定。AH 信号与 NH 信号同时分析,同时考虑 2 个通道。本节将采用 HHT 重点分析 2013 年 4 月 20 日芦山地震震前与震后 1 天(即 17 日至 21 日)通道 2 与通道 3 的 NH 数据,来了解震前 ENPEMF 信号的时频表现。

地球天然脉冲电磁场的部分数据如表 6.1 和表 6.2 所示。

表 6.1 是通道 2 的部分数据,时间是 2013 年 4 月 17 日至 21 日,南北方向。AH 代表的 1s 内第一个采样的脉冲幅值量化后的大小。

表 6.2 是通道 3 的部分数据,时间是 2013 年 4 月 17 日至 21 日,西东方向。NH 代表的 1s 内采样的脉冲超过设定阈值的数目。图 6.1 生成的是原始数据的包络图,从中可以看出,幅值密且乱,无法从中获得有价值的分析信息。下面对这些数据进行时频分析,希望能从中找到孕震信息的明显规律。

表 6.1　南北向 CN2 通道观测数据

4 月 17 日(CN2)		4 月 18 日(CN2)		4 月 19 日(CN2)		4 月 20 日(CN2)		4 月 21 日(CN2)	
时间	AH	时间	AH	时间	AH	时间	AH	时间	AH
00:00:01	0	00:02:44	0	00:02:41	0	03:58:31	183	00:02:44	0
00:00:02	257	00:02:45	338	00:02:42	0	03:58:32	0	00:02:45	497
00:00:03	197	00:02:46	174	00:02:43	0	03:58:33	0	00:02:46	0
00:00:04	0	00:02:47	133	00:02:44	211	03:58:34	0	00:02:47	0
00:00:05	170	00:02:48	165	00:02:45	256	03:58:35	210	00:02:48	320
00:00:06	314	00:02:49	231	00:02:46	249	03:58:36	308	00:02:49	287
……	……	……	……	……	……	……	……	……	……
23:59:58	0	23:59:58	0	23:59:58	0	23:59:58	0	23:59:56	18
23:59:59	282	23:59:59	231	23:59:59	212	23:59:59	4	23:59:57	11

表 6.2　西东向 CN3 通道观测数据

4 月 17 日(CN3)		4 月 18 日(CN3)		4 月 19 日(CN3)		4 月 20 日(CN3)		4 月 21 日(CN3)	
时间	NH	时间	NH	时间	NH	时间	NH	时间	NH
00:05:41	2	00:05:43	135	00:05:10	235	03:18:46	0	00:05:41	0
00:05:42	10	00:05:44	25	00:05:11	387	03:18:46	1	00:05:42	127
00:05:43	9	00:05:45	0	00:05:12	14	03:18:47	5	00:05:43	12
00:05:44	2	00:05:46	135	00:05:13	105	03:18:48	0	00:05:44	36
00:05:45	133	00:05:47	135	00:05:14	186	03:18:49	27	00:05:45	0
00:05:46	20	00:05:48	183	00:05:15	98	03:18:50	56	00:05:46	19
……	……	……	……	……	……	……	……	……	……
23:05:57	15	23:05:58	23	23:05:58	268	23:18:58	1	23:05:58	29
23:05:58	20	23:05:59	168	23:05:59	183	23:18:59	0	23:05:59	0

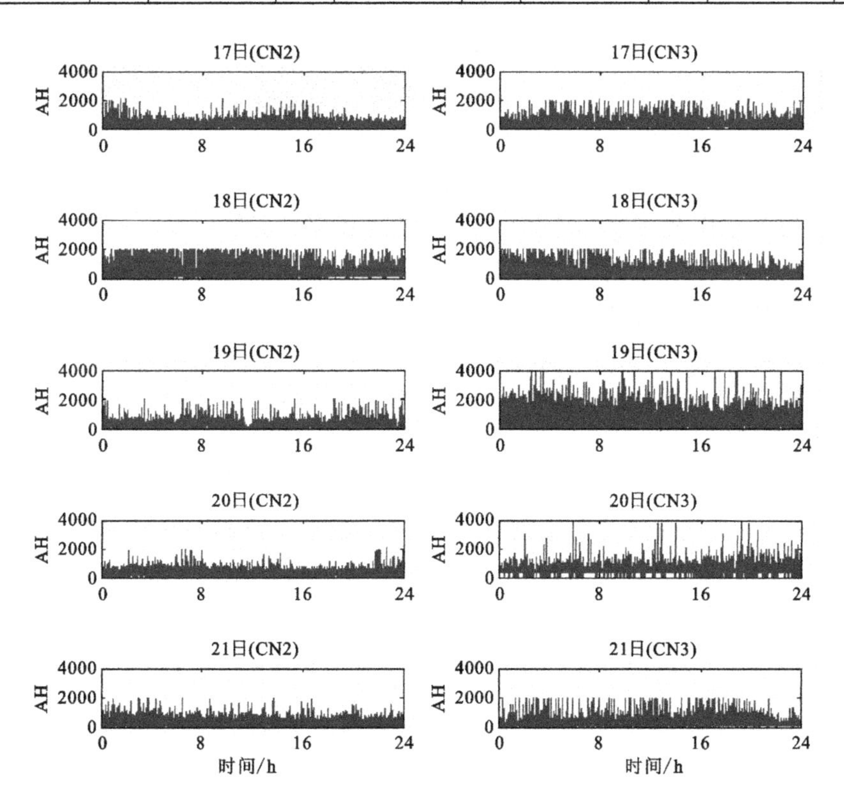

图 6.1　地球天然脉冲电磁场原始数据的包络图(南北和西东方向)

6.1.1 NSTFT-WVD 变换

地球天然脉冲电磁场信号数据来源于安放在武汉九峰地震台的 GR－01 型设备，该设备由俄罗斯科学院托姆斯克分院研制。仪器按照东-西向和南-北向摆放(图 6.2)，对应通道 2(CN2，西-东)和通道(CN3，南-北)数据，通道 1(CN1，西-东)数据没有采用，图 6.3 为设备现场图。

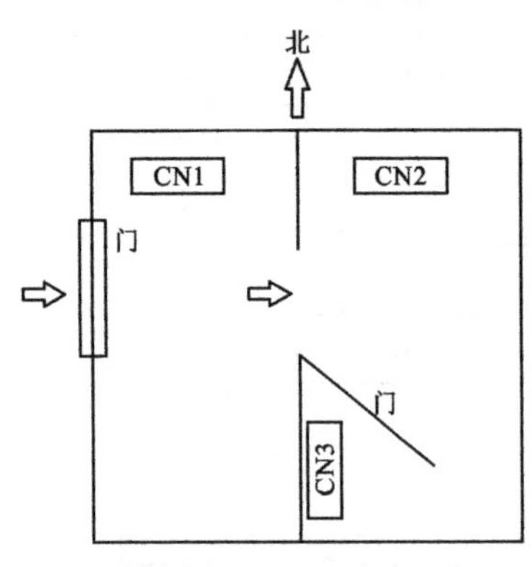

图 6.2　设备安放示意图

图 6.3　设备安放现场图

2013 年 4 月 20 日通道 2 的地球天然脉冲电磁场数据如表 6.3 所示，此处只截取了 1min 的原始数据，时间段从 8:45:1－8:46:00，数据的振幅数值采用超过设定幅度阈值的脉冲数来描述，这是一种相对的能量强度表示，脉冲数目的多少与硬件系统安装调试时设定的幅度阈值有关，要求能够清晰地覆盖全部幅度延展区间，且其幅度包络线落在每月振幅上下限之间。

表 6.3 中 NH 表示的是 1s 之内超过设定振幅阈值的地球天然脉冲个数，是表征地表天然脉冲磁场强度的一种形式。关于地球天然脉冲电磁场数据的分析，如果只关注振幅的变化趋势，能获得的震前信息相对比较单一，如果能了解其频率分布特性，则会给出更为有意义的震前天然脉冲磁场的研究参考。图 6.4给出了 2013 年 4 月 20 日芦山 M_S7.0 地震前后 9 天(15～23 日)的时频分析对比，数据选用通道 2(CN2)与通道 3(CN3)，时频分析方法采用 NSTFT-WVD 变换。

表 6.3　地球天然脉冲电磁场数据

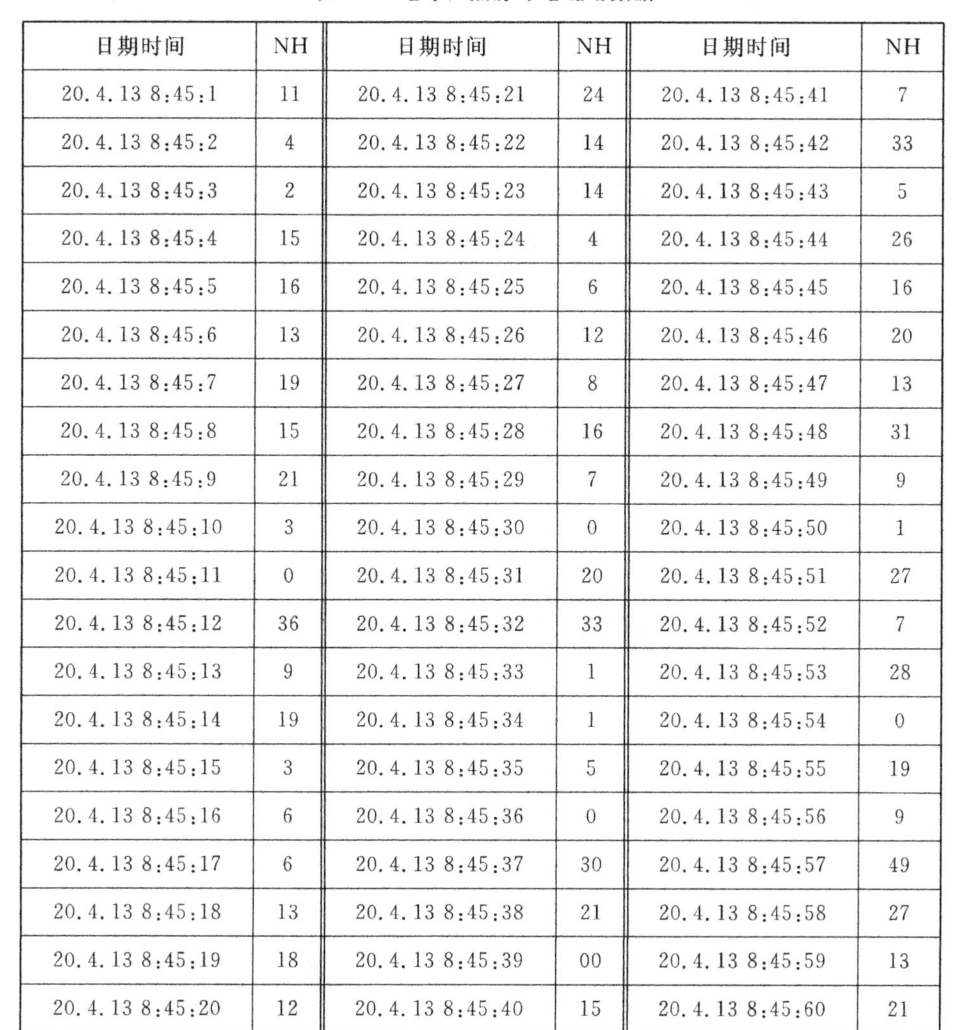

日期时间	NH	日期时间	NH	日期时间	NH
20.4.13 8:45:1	11	20.4.13 8:45:21	24	20.4.13 8:45:41	7
20.4.13 8:45:2	4	20.4.13 8:45:22	14	20.4.13 8:45:42	33
20.4.13 8:45:3	2	20.4.13 8:45:23	14	20.4.13 8:45:43	5
20.4.13 8:45:4	15	20.4.13 8:45:24	4	20.4.13 8:45:44	26
20.4.13 8:45:5	16	20.4.13 8:45:25	6	20.4.13 8:45:45	16
20.4.13 8:45:6	13	20.4.13 8:45:26	12	20.4.13 8:45:46	20
20.4.13 8:45:7	19	20.4.13 8:45:27	8	20.4.13 8:45:47	13
20.4.13 8:45:8	15	20.4.13 8:45:28	16	20.4.13 8:45:48	31
20.4.13 8:45:9	21	20.4.13 8:45:29	7	20.4.13 8:45:49	9
20.4.13 8:45:10	3	20.4.13 8:45:30	0	20.4.13 8:45:50	1
20.4.13 8:45:11	0	20.4.13 8:45:31	20	20.4.13 8:45:51	27
20.4.13 8:45:12	36	20.4.13 8:45:32	33	20.4.13 8:45:52	7
20.4.13 8:45:13	9	20.4.13 8:45:33	1	20.4.13 8:45:53	28
20.4.13 8:45:14	19	20.4.13 8:45:34	1	20.4.13 8:45:54	0
20.4.13 8:45:15	3	20.4.13 8:45:35	5	20.4.13 8:45:55	19
20.4.13 8:45:16	6	20.4.13 8:45:36	0	20.4.13 8:45:56	9
20.4.13 8:45:17	6	20.4.13 8:45:37	30	20.4.13 8:45:57	49
20.4.13 8:45:18	13	20.4.13 8:45:38	21	20.4.13 8:45:58	27
20.4.13 8:45:19	18	20.4.13 8:45:39	00	20.4.13 8:45:59	13
20.4.13 8:45:20	12	20.4.13 8:45:40	15	20.4.13 8:45:60	21

图 6.4 中的数据以三天为一组，时间轴以小时为单位，对应 0～72h，量化后的数据采样率为 1s。图 6.4(a)～(f)显示通道 2(CN2)和通道 3(CN3)数据经 NSTFT-WVD 变换处理后，其三维时频能量分布图可以较为清晰地显示地震发生前、中和后的频率分布及其振幅能量大小。6.4(a)为地震前 5～3 天(15～17 日)通道 3 数据的时频联合分布，15 日上午 10～12 点间在 0.1Hz 频率附近出现小规模的脉冲束；16 日中午 12 点附近，在 0.5～0Hz 的全频率段都出现的较大规模且幅度较强的脉冲；17 日中午开始出现大规模的幅值较大的全低频段脉冲

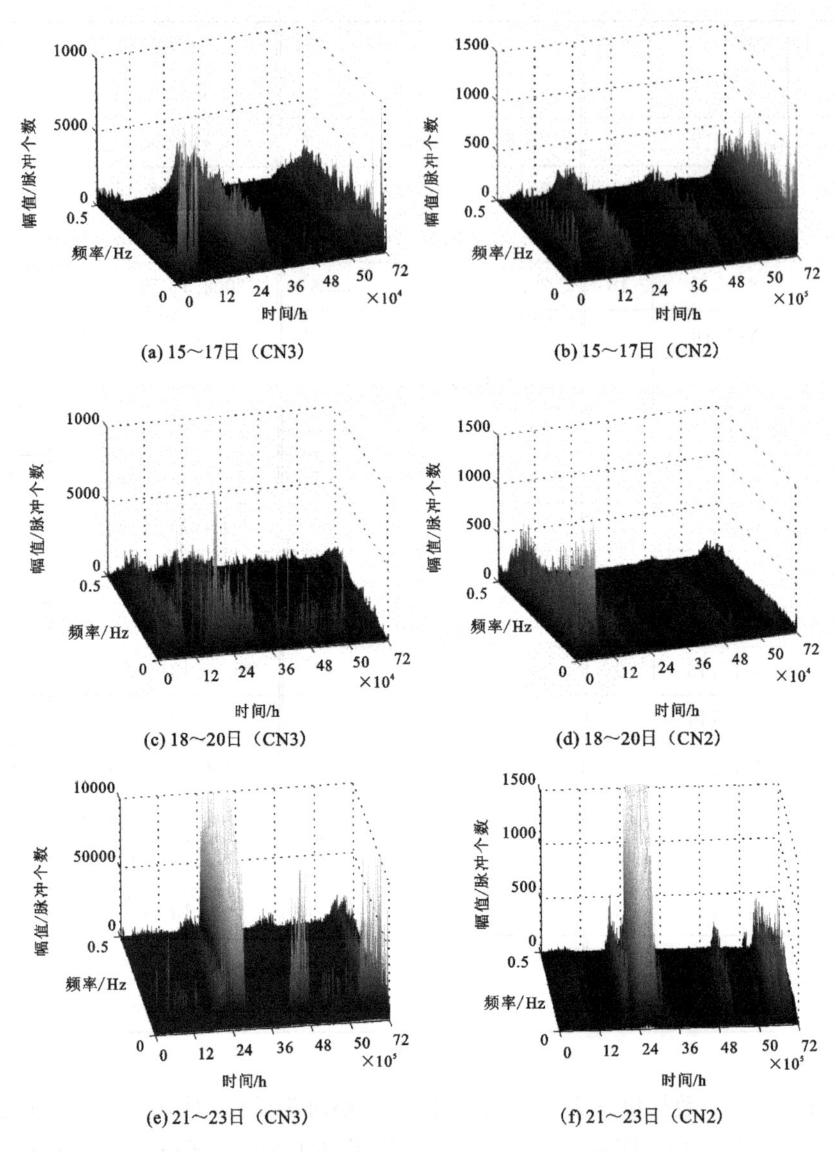

(a) 15～17日（CN3） (b) 15～17日（CN2）

(c) 18～20日（CN3） (d) 18～20日（CN2）

(e) 21～23日（CN3） (f) 21～23日（CN2）

图 6.4 基于 NSTFT-WVD 变换的信号三维时频能量分布

集束。图 6.4(b)为地震前 5～3 天(15～17 日)通道 2 数据的时频联合分布，15 日的 4 点附近、18 点附近有全频段(0.5～0Hz)的脉冲分布；16 日白天几乎没有，只在 24 点附近出现全频段脉冲束；17 日白天的脉冲幅度不明显，8 点、14 点附近有全频域的微弱脉冲束分布，17 日接近 24 点附近有较大幅值的全频段脉冲分布。图6.4(c)通道3的18～20日，基本没有较明显的全频段脉冲分布，只有相对零散的较低频分布，表现出临震前的“静默”状态。图6.4(d)中通道2的数据与图6.4(c)相比，临震前的“静默”状态更为明显，18日后半段、19日和20日都呈现出微弱脉冲的现象。图6.4(e)、(f)显示震后的脉冲分布基本一致，通道2和通道3同时在21日的24点前后出现了较大规模的全频段脉冲分布，并且幅值较大，可反映震后余震的集中爆发。

通过图6.4(a)～(f)，可以得出以下结论。

(1)地球天然脉冲电磁场信号的频率分布不是全时刻的，它只在部分时间点上出现，且脉冲呈现集束型出现，信号较强时，其频率分布较广，覆盖0.5Hz至极低频段。

(2)CN2和CN3数据的时频分布不完全相同，但总体上趋势较为一致，体现为脉冲出现的时刻相近，如在凌晨时分(即图中的0、24h、48h、72h前后)有较为明显的脉冲分布。

(3)图6.4(d)CN2中的18日后段和19日，即地震发生之前的1天至1天半，出现了较长时间的脉冲频率成分“静默”状态，图6.4(c)CN3也有此现象，19日夹杂了部分散乱的频率分布，图6.4(c)、(d)的时频分布明显与其他图不同，可尝试将其作为地震前兆信号的参考之一。

图6.4中出现的震前脉冲“全频段静默”现象，是一种震前电磁信号时频分析后的频率特点分布。而此处的“全频段”指的是0～0.5Hz，这与数据源的采样率有关。震前电磁信号的静默现象已在一些地震案例中得以统计和发现。于世昌等(1994)研究了1998年1月10日张北6.2级地震前的电磁前兆信号，发现0.1～10Hz电感应信号具有弱—强—弱—平静—发震的震前总体变化过程，南北和东西方向的“平静”时间段为2～4天。吴伯荣等(1993)研究了甘肃省河西地区14个电磁波台站近6年的4.0级以上地震的电磁波异常特征，其结果表明，震前电磁波低频脉冲呈现出“密集-平静-发震”的过程。张建国等(2013)运用FFT和小波变换的方法研究了汶川8.0级地震前后ULF电磁辐射频谱特征，在时间和频段上均出现了阶段性进程特征，异常—恢复平静—再异常—短时平静—发震。

震前地球天然脉冲电磁场“全频段静默”现象的机理，目前尚不十分明确，根据ENPEMF信号场源特点，杨涛、Ren等(2004)给出了较为相关的解释，由此可进一步理解为：①震前ENPEMF信号的产生，其场源可能是震源区震前地质构造动力学变化的反映，即由微观聚集成宏观的压电效应、动电效应；②岩石发生破裂，应变波的传播也会激发电磁效应，地面观测设备可以捕获到宽频谱的电磁辐射波;③震前 ENPEMF 信号的“全频段静默”现象,可初步认为是地震孕育及临震前,在岩石受力而发生弹性形变阶段,出现浪涌电场和浪涌磁场,应力在震源区缓慢积累兼或重新分配,导致地下介质发生形变、新老裂隙的集合形态与赋存空间发生变化、地下流体的渗入或挤出等一系列过程,可能产生压磁效应、感应磁效应、流变磁效应、电动磁效应及热磁效应等,形成地表磁场的长趋势变化中伴生局部的与地震活动相关的前兆异常。其后岩石受力临震前暂时平衡,固体涌动减缓,电磁辐射减弱,即震前 ENPEMF 信号表现出来的“全频段静默”现象可能是震前的“临界”暂稳状态。

6.1.2 BSWT-DDTFA 算法

地球天然脉冲电磁场信号是一种典型的非平稳信号,而且由于它的场源比较复杂,含有较多的噪声,将 BSWT-DDTFA 方法应用于地球天然脉冲电磁场信号是比较合适的。

将本节选取的如表 6.4 所示的 AH 数据,进行 BSWT-DDTFA 处理分析,可以得到如图 6.5 所示的结果,希望能从中了解震前 ENPEMF 信号的时频分布特点。

图 6.5 是处理的芦山地震期间 2013 年 4 月 15～22 日的 ENPEMF 信号,地震发生的时间是 2013 年 4 月 20 日,通过 BSWT-DDTFA 和 SWT 两种方法得到了信号的时频分布图,此部分主要观察震前时频分布的异常特征。从图中可以看出 BSWT-DDTFA 比 SWT 更有效地屏蔽噪声的影响,能把主要的频率显现出来,更为清楚地分辨出时频的变化规律。ENPEMF 信号的频率主要集中在 0.1Hz 以下,在震前几天,时频分布图在 0.1～0.3Hz 范围内开始出现频率分量,并逐天增多,在震前两天又恢复平静,而在震前一天再次增多并达到最大值,震后逐渐恢复。另外,ENPEMF 信号的能量分布在地震前后的几天内很不稳定,会出现明显的增强或者减弱。

通过分析 BSWT-DDTFA 方法处理得到的 ENPEMF 数据的时频分布图可以发现,在地震发生期间频率分量会经过增多—减少—增多—平稳的过程,能量也经过增大—减少—增大—平稳的过程。在地震当天(20 日)和之后频率分量增多,频率分量的幅度能量谱也随之递增,体现了地震前夕的不稳定。由此可见,在芦山地震前期能量和频率分量的出现大幅度的波动,可能在一定程度上表现出地壳的不稳定。

表 6.4 通道 2 的观测数据

4 月 15 日（CN2）		4 月 16 日（CN2）		4 月 17 日（CN2）		4 月 18 日（CN2）		4 月 19 日（CN2）		4 月 20 日（CN2）		4 月 21 日（CN2）		4 月 22 日（CN2）	
时间	AH	时间	AH	时间	AH	时间	AH	时间	AH	时间	AH	时间	AH	时间	AH
……	……	……	……	……	……	……	……	……	……	……	……	……	……	……	……
00:02:43	0	00:02:43	102	14:57:50	0	14:57:50	376	07:54:04	0	22:23:43	0	11:10:42	0	03:57:41	0
00:02:44	219	00:02:44	317	14:57:51	0	14:57:51	179	07:54:05	220	22:23:44	0	11:10:42	244	03:57:42	154
00:02:45	189	00:02:45	129	14:57:52	256	14:57:52	0	07:54:06	229	22:23:45	234	11:10:42	0	03:57:43	132
00:02:46	191	00:02:46	0	14:57:53	468	14:57:53	0	07:54:07	217	22:23:46	0	11:10:42	476	03:57:44	0
00:02:47	0	00:02:47	0	14:57:54	0	14:57:54	167	07:54:08	0	22:23:47	181	11:10:42	200	03:57:45	110
00:02:48	287	00:02:48	362	14:57:55	0	14:57:55	176	07:54:09	0	22:23:48	0	11:10:42	0	03:57:46	15
……	……	……	……	……	……	……	……	……	……	……	……	……	……	……	……
23:59:59	140	23:59:59	22	23:59:59	282	23:59:59	231	23:59:59	212	23:59:59	4	23:59:57	11	23:59:59	0

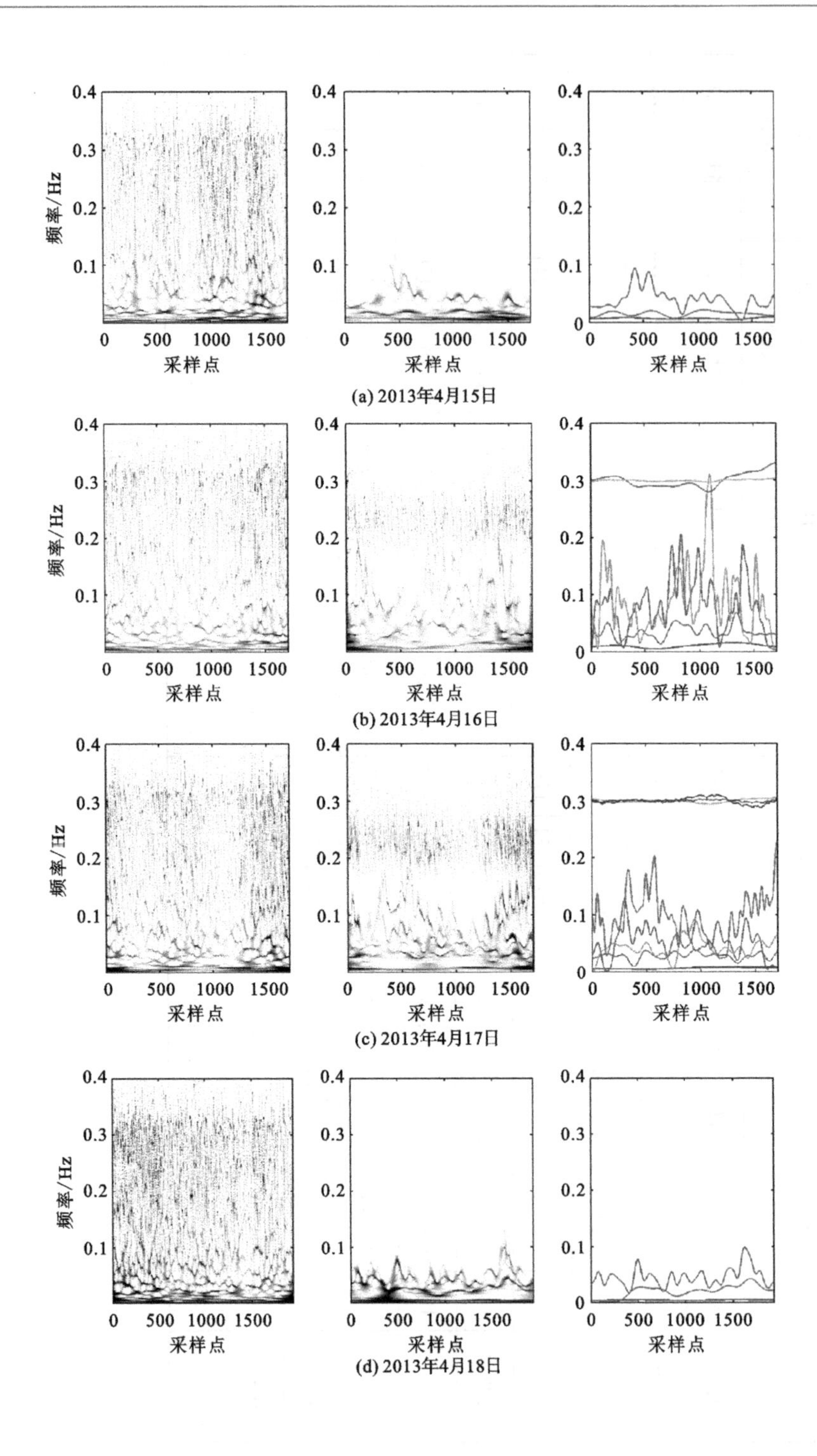

(a) 2013年4月15日

(b) 2013年4月16日

(c) 2013年4月17日

(d) 2013年4月18日

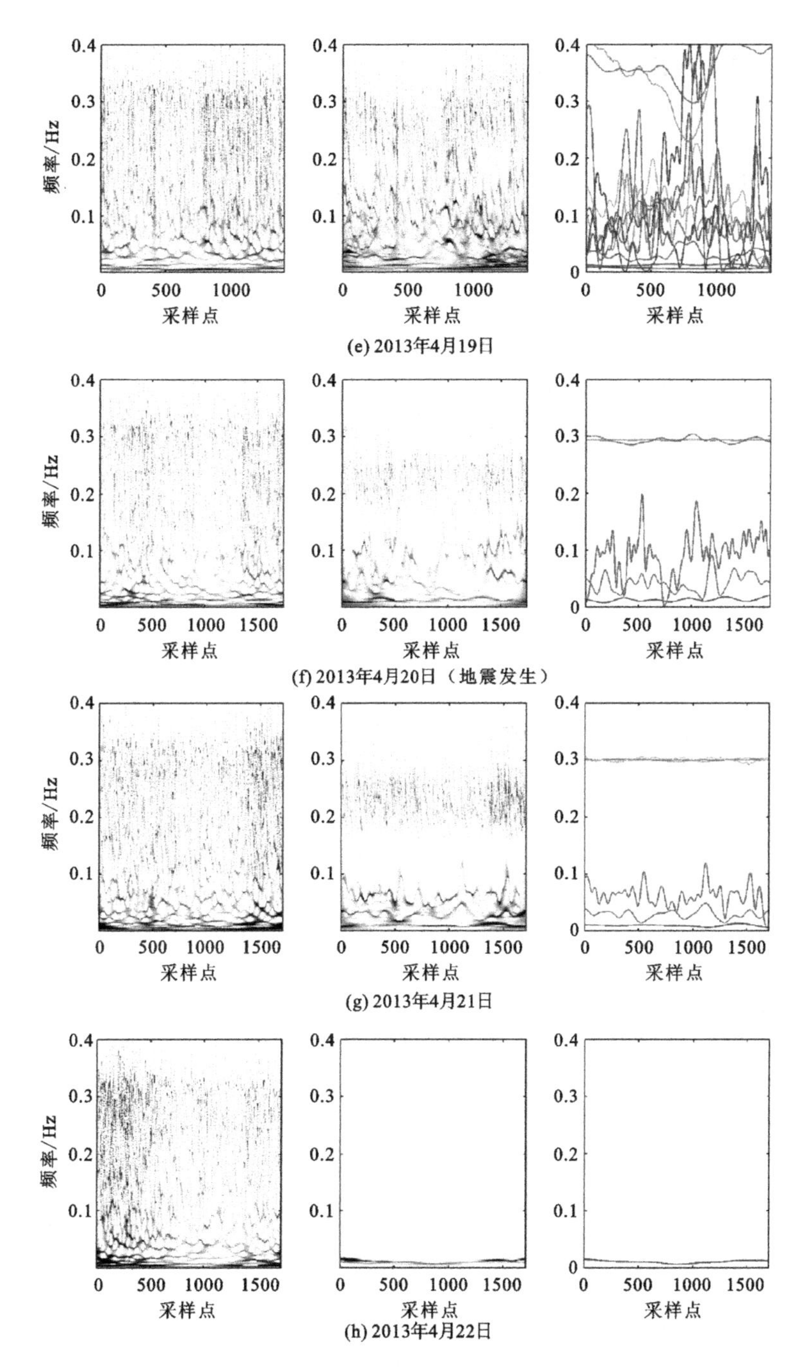

图 6.5　芦山地震前后 ENPEMF 信号的时频分布变化

注：每个分图由左至右依次为 SWT 时频分布、BSWT-DDTFA 时频分布和 BSWT-DDTFA 频率曲线。

6.1.3 DE-DDTFA 算法

地球天然脉冲电磁场是指在地表能够接收到的由天然场源所产生的一次和二次综合电磁场总场，是目前应用于滑坡电磁监测和地下烃类勘探领域的热点研究问题。各类滑裂型地质灾害前兆及其伴生现象（力学、物理、化学等各类活动）可在地表产生甚低频信号脉冲波动，"微破裂机-电转换"机制和"地壳波导"是上述电磁现象的机理之一（Malyshkov 2009）。ENPEMF 信号携带了大量有价值的电磁异常信息，可反映近地表强地震等地质灾害的剧烈程度和孕育发展趋势。20 世纪 80 年代，俄罗斯学者 Surkov 等（2003）和 Gokhberg 等（2009）开展了震前 VLF 频段电磁异常信息与地震震级、方位和深度等方面的关联研究。ENPEMF 信号与平常用来分析地震波的信号有所不同，它最大的特色是在甚低频段（VLF）采集地球表面的磁场信息。俄罗斯科学院托木斯克分院的 Malyshkov 教授探讨了 ENPEMF 方法应用于地震前兆、地下油气勘探、滑坡电磁风险预警的研究。基于此，ENPEMF 信号携带了大量有价值的电磁异常信息，反映出地表地质活动对时空的影响，针对 ENPEMF 信号的非平稳特点，利用强鲁棒高锐化的时频分析方法，研究 ENPEMF 信号在芦山地震发生前的二维时频分布特点，拓展 ENPEMF 信号在孕震信息研究、环境监测、油气烃类矿藏勘探等领域的应用。

图 6.6 为 2013 年 4 月 20 日芦山地震前后 ENPEMF 信号的时域图，可以看出这些扰动的幅值和频率各不相同，分布参数和分布律随时间变化，ENPEMF 信号属于典型的非周期、非平稳信号。为进一步了解 ENPEMF 信号的频率域特点及其时间-频率联合分布的细节特征，使用 DE-DDTFA 算法对芦山地震期间的 ENPEMF 信号进行处理，希望通过分析信号的时频特点来了解 ENPEMF 信号的震前特点。

对图 6.6 中 ENPEMF 时域信号进行采样，得到 ENPEMF 信号的取样信号，以减少运算数据量。处理芦山地震期间 2013 年 4 月 15 日至 4 月 23 日间采集到的每日 ENPEMF 取样信号（地震时间：2013 年 4 月 20 日），将信号分解为 IMF 分量并得到各 IMF 分量的瞬时频率曲线，如图 6.7 所示。据 DE-DDTFA 算法处理得到信号的时间-瞬时频率分布可知，在地震发生期间 ENPEMF 信号瞬时频率分量会经过增多—小幅减少—急剧增多—减少—平稳的过程，地震前频率分量会出现大幅增加的趋势，在增加过程中会出现小幅减少的状态。IMF 分量与瞬时频率曲线一一对应，即震前 IMF 分量或瞬时频率分量均呈整体增加的趋势。震前 1 天的频率分量最多，地震当天（4 月 20 日）频率分量依然比平时（4 月 15 日）增加约 2 倍，但是相比震前减少很多。震后频率分量数目出现波

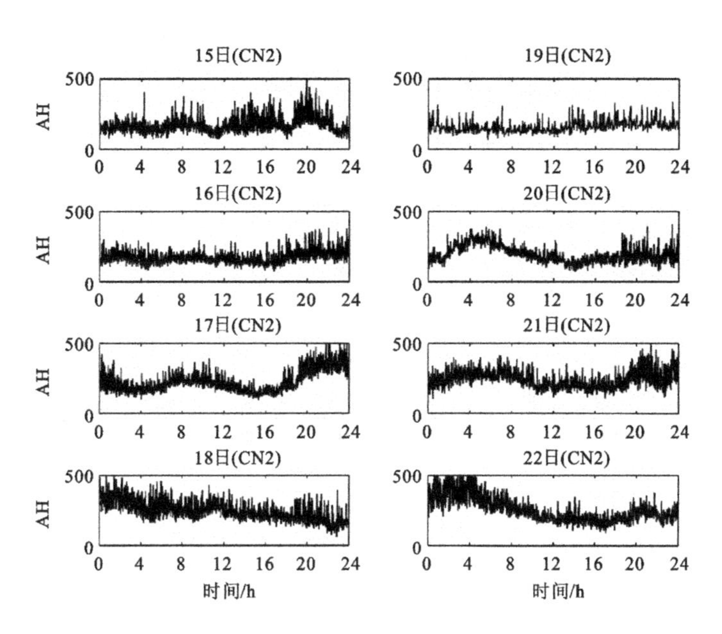

图 6.6　芦山地震前后 ENPEMF 信号时域图

动，整体呈迅速减少的趋势并逐渐趋于平稳。由此可见，在芦山地震前期瞬时频率分量出现大幅度波动预示着地震前夕的能量极度不稳定，在一定程度上表现出地壳的不稳定。

图 6.8 给出了 4 月 15 日至 4 月 23 日 ENPEMF 信号的时频变化规律，为进一步直观说明震前信号特点，绘制了如图 6.8 的地震前后信号能量区域图。16 日之前，即距离地震发生较早时期，ENPEMF 信号处于“平静”或“平稳”状态。震前 4 天左右开始，ENPEMF 信号能量突增，且持续高于平时状态，18 日达到最大值。震前 1 天左右能量值突减，在短时间甚至低于稳定状态，称为震前“缄默”状态。地震发生后，能量在波动中逐步恢复稳定。根据图 6.8 中震前能量放大趋势图可看出，稳定状态能量值在 2408 附近波动，震前能量骤增至 6.143×10^4，约为平时的 25.5 倍，“缄默”状态下能量会短时间减小至 388.1，与平稳状态相比约减少至 1/6，震前 ENPEMF 信号的 IMF 分量及总能量均会较平时呈现整体上升的趋势，即震前一周内大幅度上升而后大幅波动下降，震后能量会在波动中逐步恢复平静状态，具有明显的临震异常突变特点。ENPEMF 信号在芦山地震前的时频分布和能量突增、骤减等表现，对研究震前电磁信号的时间-频率-能量谱的异常变化具有参考意义。

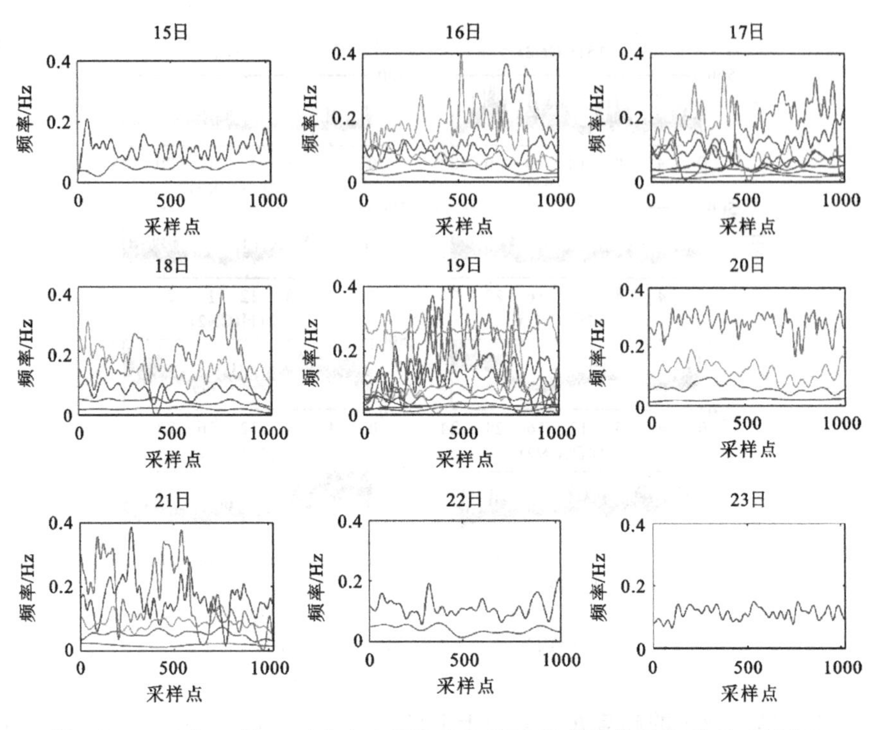

图 6.7 2013 年 4 月 20 日芦山地震前后 ENPEMF 信号的 IMF 分量时频分解

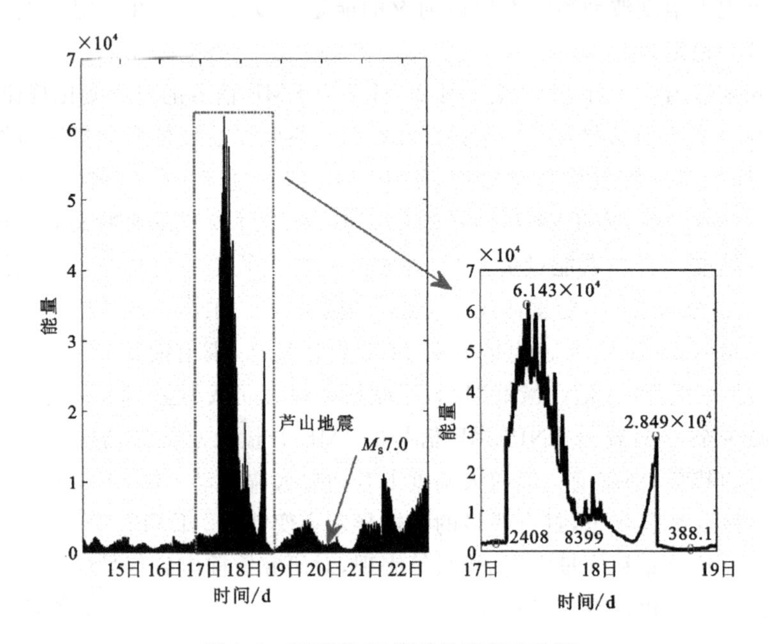

图 6.8 ENPEMF 信号的能量变化图

6.2　深层特征

6.2.1　修正布拉施克积分解降噪

选取 3 月 1 日至 5 月 31 日南北通道(CN2)的信号幅度(AH)数据作为分析对象。该信号是对一秒内所采集 ENPEMF 信号进行求取平均值得到的,全天共有 86 400 个数据,我们使用这些以小时为单位的数据进行降噪,其大致流程如图 6.9 所示。

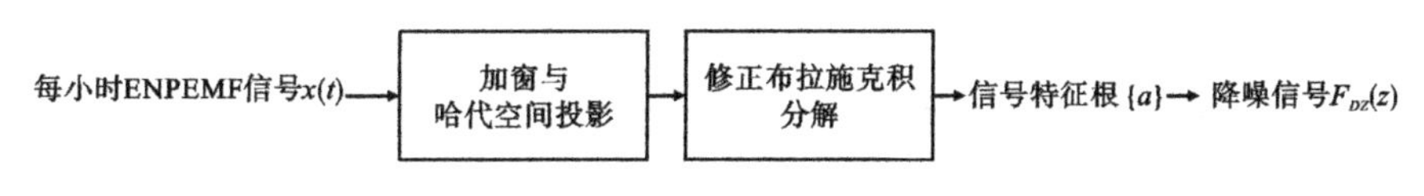

图 6.9　ENPEMF 信号降噪流程

每小时所提取到的 ENPEMF 信号都会在加窗与哈代空间投影后进行修正布拉施克积分解,分解重复次数 n 根据项目试验取固定数 4 能够最大限度保证信号幅度包络一致。在这基础上按天汇总数据构成 3 个月整体 ENPEMF 信号,其结果如图 6.10 所示。

对比图 6.10 中的(a)与(c),所采集到的 ENPEMF 信号虽然总体上看一直处于最大峰值,但具体某一天的信号数据并不都是处于最大峰值,仍然是有效分布的信号。对数据进行修正布拉施克分解降噪后所得结果如图 6.10(b)、图 6.10(d)所示,能够在满足保持原始 ENPEMF 信号包络总体趋势的前提下,大幅度抑制噪声干扰,并为接下来的深层特征提取提供较丰富的特征根。

6.2.2　深层特征提取

在修正布拉施克积分解降噪的基础上进行 ENPEMF 信号深层特征提取,利用其中提取到的特征根进行以小时为单位尺度上的相位-根分布特征提取,其流程如图 6.11 所示。基于上述流程所得关于 ENPEMF 信号相位-根时变分布特征,如图 6.12 所示。图 6.12 将相位划分为 3 个区间进行分析,同时用竖线标明主震和余震发生的日期,即 4 月 20 日主震 $M_S7.0$ 和 5 月 11 日余震 $M_S3.8$。除此之外,我们还标出了峰值出现与地震发生之间的时间差。从图 6.12 中可以清楚地看到,在低相位区间,与实验仿真结果类似,ENPEMF 信号也在此区域存

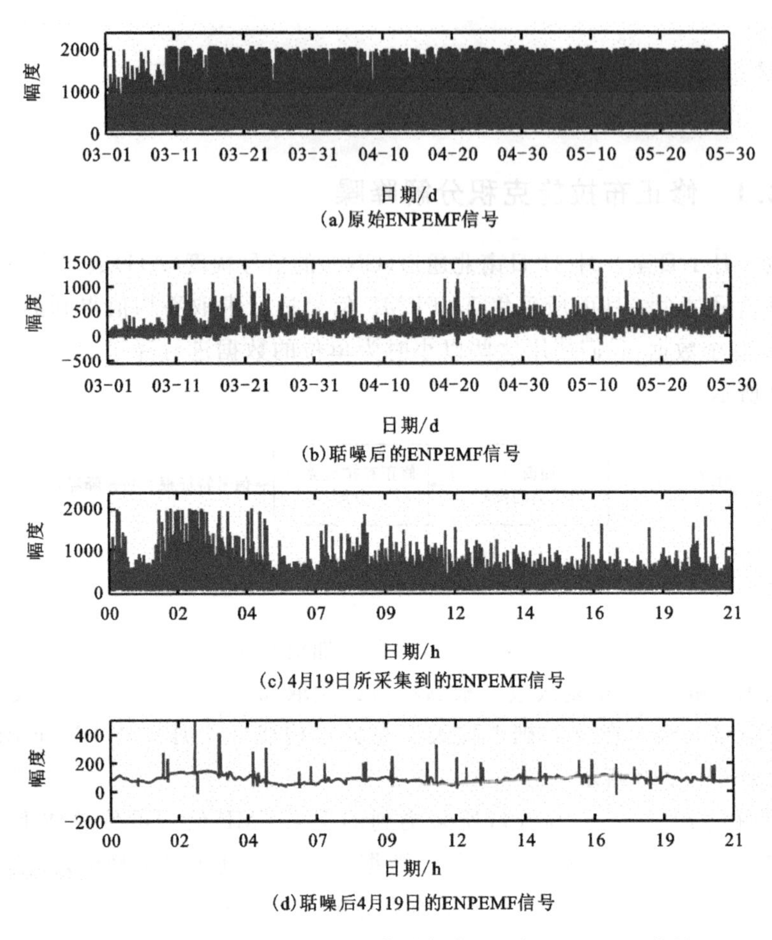

图 6.10　原始 ENPEMF 信号与降噪后的 ENPEMF 信号

在一个比较清晰的特征趋势曲线，地震发生前该曲线稳定在 1～2 的相位区间之中。在地震和余震发生前几天，相位-根时变分布特征的 3 个相位区间都呈现向上移动的趋势，尤其是高相位区域向较高相位延伸的情况，低中相位区域也在这期间出现不同程度向上延伸的趋势，中高相位区间内还在主震发生后保持较高的幅度。在第二次余震结束后，3 个相位区间内的曲线逐渐恢复至先前未发生地震时的水平，这与仿真实验中出现异常信号时 3 个相位区域变化一致。在 5 月 11 日后随着地震活动减弱，高相位与低相位区间的趋势曲线出现了较明显的下降情况，相对于中相位区间，高相位和低相位共同突显了地震发生前 ENPEMF 信号相位-根时变分布特征的变化异常。

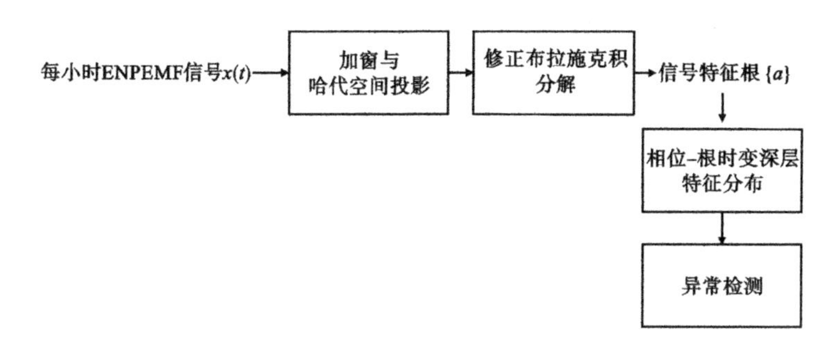

图 6.11　ENPEMF 信号深层特征提取流程示意图

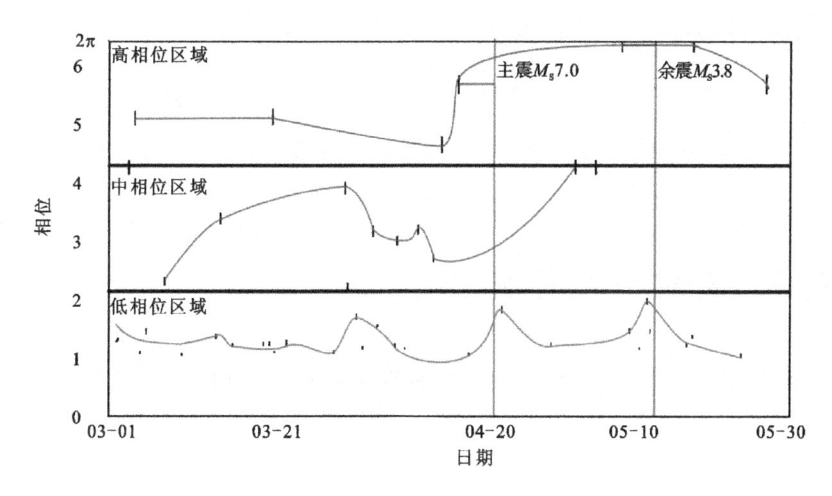

图 6.12　ENPEMF 信号相位-根时变分布特征

为验证相位-根时变分布特征的有效性，与 Hao 等(2018)文献中同一信号的分析结果进行对比验证，如图 6.13 所示。

图 6.13(b)反映，在芦山主震发生前 ENPEMF 信号功率谱的能量开始上升，在地震发生后出现下降的趋势，这一变化趋势也在图 6.13(a)相位-根时变分布特征中出现。在主震发生前，低相位区域趋势曲线开始上升，并在地震发生后出现了下降的情况。而中、高相位区域的趋势曲线，在主震发生前也出现了较为明显的上升趋势。同时，由于采用的是相位进行特征提取，使得上升与下降的起止时间与功率谱变化存在一定时间差，但整体仍然保持着相同变化趋势。因此可以得出结论，相位-根时变分布特征可以捕获 ENPEMF 信号中的异常变化，因此在异常检测领域具有一定的应用价值。

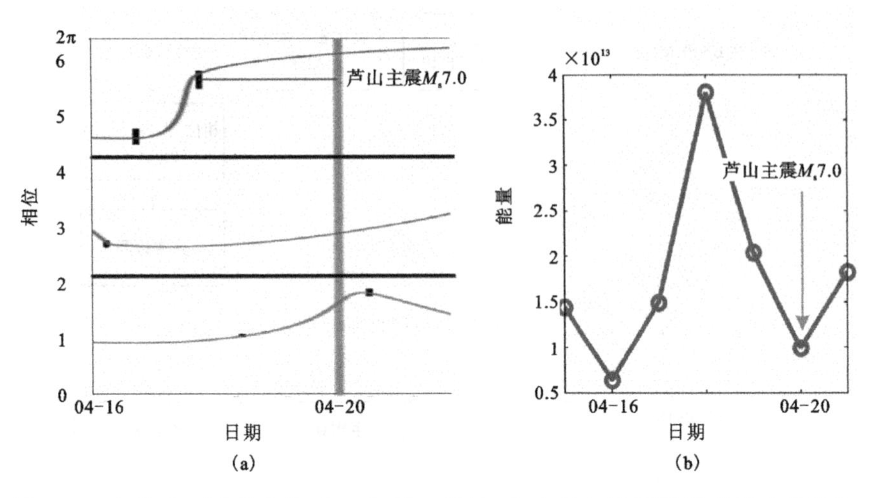

图 6.13　相位-根时变分布特征(a)和 Hao 等(2018)文献中 ENPEMF 信号功率谱(b)

6.3　震前混沌特征

对采集的 ENPEMF 数据进行混沌特性分析，找到其内部隐藏的混沌特征及趋势变化特点，结合 RBF 神经网络算法对其信号强度进行预测，识别孕震信息。本节采用 Grassberger 和 Procaccia 提出的关联维数算法(G-P 算法)求解 ENPEMF 信号关联维数，判断信号是否具有混沌特性(Lorenz，1969)。

对于时间序列 $x(1),x(2),\cdots,x(t)$，其长度为 M，对其进行相空间重构，得到向量 $\boldsymbol{X}(t)=[x(t),x(t+\tau),\cdots,x(t+(m-1)\tau)]$，其中 $t=1,2,\cdots,N$，$N=M-(m-1)\tau$。给定正数 ε 足够小，当空间向量间的距离小于 ε 时，向量关联。关联向量的关联积分表达式为

$$C(N,\varepsilon)=\frac{2}{N(N-1)}\sum_{i=1}^{N}\sum_{j=i+1}^{N}\theta(\varepsilon-\|x_i-x_j\|) \tag{6.1}$$

其中，$\theta\odot$ 为 Heaviside 阶跃函数，满足

$$\theta(x)=\begin{cases}0, x<0\\1, x\geqslant 0\end{cases} \tag{6.2}$$

当时间序列的长度 $N\to\infty$，半径 $\varepsilon\to 0$ 时，关联积分与半径的关系为

$$\lim_{\varepsilon\to 0}C(N,\varepsilon)\propto \tag{6.3}$$

其中，D 为所求关联维数，变形后得到

$$D=\lim_{\varepsilon\to 0}\lim_{N\to\infty}\frac{\ln C(N,\varepsilon)}{\ln\varepsilon} \tag{6.4}$$

给定一系列半径 ε 和嵌入维数 m，作半径随嵌入维数变化的关联积分图组，用最小二乘法对图中 $\lg C(N,\varepsilon)-\lg\varepsilon$ 最贴近直线的一段拟合最佳直线，该直线斜率即所求关联维数 D。

本节选择经过平滑及归一化的 20 天 ENPEMF 数据作为实验数据（4 月 1 日至 20 日）。其中前 6 天数据（4 月 1 日至 6 日）为模型的训练样本，后 14 天数据（4 月 7 日至 20 日）作为模型的预测样本。利用 G-P 算法计算 4 月 1 日至 6 日 ENPEMF 信号的关联维数。信号的关联积分组在一定范围内呈近似直线分布；随着嵌入维数的增加，直线斜率增大，且最后关联维数趋于稳定，说明 ENPEMF 信号具有混沌特性。

对选取的 ENPEMF 信号中前 6 天数据（4 月 1 日至 6 日）进行预处理，采用假邻近法计算嵌入维数 m，自相关函数法计算时间延迟 τ，得到图 6.14 和图 6.15，从中了解震前 ENPEMF 信号数据的混沌特性。

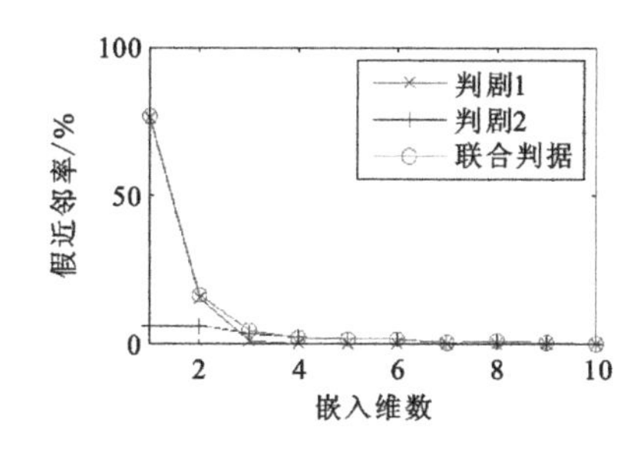

图 6.14 假邻近法求嵌入维数

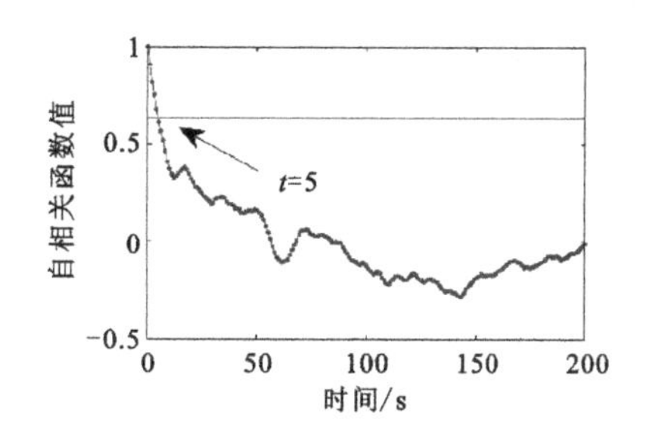

图 6.15 自相关函数法计算时间延迟

图 6.14 中，随着嵌入维数的增加，当嵌入维数为 4 时，假邻近率趋于平稳，此时的嵌入维数即 ENPEMF 信号数据的最佳嵌入维数。图 6.15 中，信号自相关函数值达到初始值的（1－1/e）时，$\tau=1$，即 ENPEMF 信号数据的时间延迟为 5。用得到的参数确定 RBF 神经网络的输入节点个数为 4，进而将训练完成的混沌参数优化 RBF 算法用于数据预测。

选择 4 月 1 日至 6 日数据作为训练样本，训练混沌参数优化 RBF 神经网络，其中输入层有 4 个节点，输出层 1 个节点，隐含层有 6 个节点。选择径向基高斯函数作为隐含层神经元传递函数，输出为线性函数。最后，利用训练完成的混沌参数优化 RBF 神经网络预测模型和传统的 RBF 神经网络预测模型分别实现对 4 月 7 日至 20 日 ENPEMF 数据的单步预测。图 6.16 为所提混沌参数优化

RBF 神经网络预测模型的结果，图 6.17 为传统 RBF 神经网络预测模型结果。

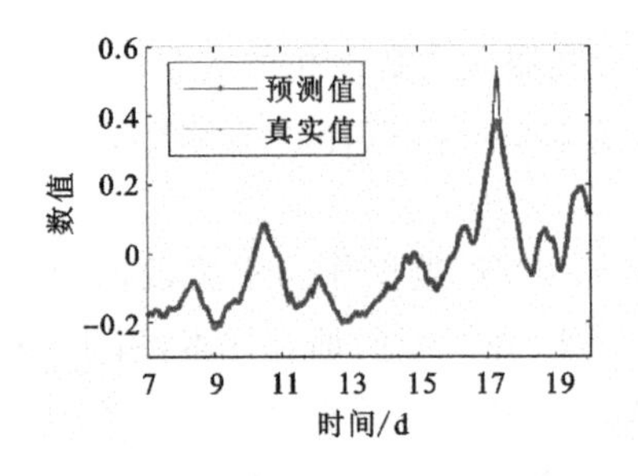

图 6.16　混沌参数优化 RBF 预测结果

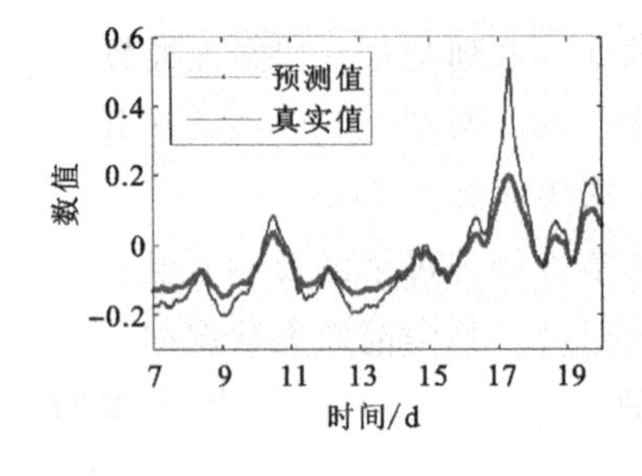

图 6.17　传统 RBF 预测结果

分别采用混沌参数优化 RBF 预测模型与传统 RBF 预测模型对 4 月 7 日至 20 日 ENPEMF 信号强度数据进行预测，两种模型均可以模拟出采集到的地震前 14 天(7 日至 20 日)实际 ENPEMF 信号强度的波动。对于整体数据范围，传统 RBF 神经网络模型不能较好地跟踪实际值的变化，而本节所提预测模型对 ENPEMF 信号具有较好的跟踪拟合性能；对于 17 日的数据剧烈波动时刻，混沌参数优化 RBF 预测模型相较于传统的 RBF 预测模型拟合效果更好，具有较好的预测结果，误差较小，预测优势明显。为更精确评估所提预测模型的预测效果，选取绝对误差作为 ENPEMF 数据预测精度评价指标，结果如图 6.18 所示。

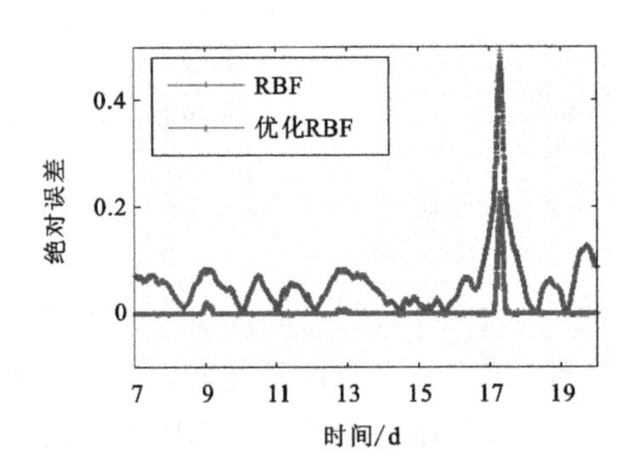

图 6.18　两种算法的绝对误差值对比

混沌参数 RBF 神经网络预测模型仅在 17 日剧烈波动时段存在预测误差，整体上的预测误差均小于传统 RBF 神经网络预测模型。为验证混沌参数优化 RBF 算法预测结果的稳健性和可靠性，本节采用互相关系数对两种算法预测值与实际值之间进行量化测量，公式为

$$r = \frac{\sum_{i=1}^{N}(x(i)-\bar{x})(y(i)-\bar{y})}{\sqrt{\sum_{i=1}^{N}(x(i)-\bar{x})^2}\sqrt{\sum_{i=1}^{N}(y(i)-\bar{y})^2}} \tag{6.5}$$

得到混沌参数优化 RBF 神经网络模型的互相关系数结果为 $r_1=0.8004$，略大于传统 RBF 神经网络模型的互相关系数 $r_2=0.7926$。因此，本节所提优化算法的预测效果优于传统 RBF 神经网络算法。

综上所述，混沌参数优化 RBF 预测模型能够较好地反映采集到的强震前 14 天(4 月 7 日至 20 日)ENPEMF 信号强度变化的趋势和规律，可以满足对强震前 ENPEMF 信号强度趋势的预测需要，期望为地震和地质灾害前的电磁预测发挥积极的作用。

第7章　ENPEMF方法的其他应用

7.1　滑坡监测

利用ENPEMF理论和方法来研究滑坡地质灾害发生前后的地表电磁异常，采用基于ENPEMF多重特征的滑坡发育模型，为重大地质灾害的早期预警和后期干预提供参考。ENPEMF信号采集设备是一种高效且简易的地表地磁信号接收装备，通过与互联网云存储技术相结合，实现实时监测远程滑坡，再采用混沌RBF与高质量的时频分析两种不同的处理方法，对实时采样数据进行特征提取，将这些特征作为协同融合发育模型的有效控制参量，然后将3个特征(信号强度预测趋势、时频分布、功率谱估计值)进行协同融合，得到各个单监测点的预测值以及监测数据趋势，进而得到精确的目标地区地磁变化特征图，实现滑坡区域前兆预警。

7.1.1　ENPEMF方法的监测系统方案

各类滑裂型地质灾害前兆及其伴生现象(力学、物理、化学等各类活动)可在地表产生甚低频信号脉冲波动，微破裂"机-电转换"机制和"地壳波导"是上述电磁现象的机理之一(Malyshkov，2009；Aleksandrov et al.，1972)。ENPEMF信号携带了大量有价值的电磁异常信息，可反映近地表地质活动的剧烈程度和孕育发展趋势(郝国成等，2015)，可应用于滑坡地质灾害远程监测，并可将其拓展于水库大坝的安全监测、烃类油气勘探等领域。针对非平稳ENPEMF信号，可以利用强鲁棒高聚集度的时频分析方法研究其在滑坡灾害发生前的蕴含特征，包括强度趋势及其时频分布特点，建立融合预测模型，进行灾害预警判断分析。基于此，作者提出适用于ENPEMF信号的时频分析方法，并应用于震前信号时频异常的分析研究。图7.1为基于ENPEMF方法的系统方案，采用混沌径向基函数(radial basis function，RBF)神经网络与高质量时频分析方法进行含噪

ENPEMF 信号的特性学习，研究滑坡协同融合发育监测模型。

系统方案中的工作流程为：①ENPEMF 信号监测设备阵列接收信号，本地存储并通过 GPRS（或 4G，视监测精度要求）将数据上传至云存储空间；②远程下载后完成对 ENPEMF 数据的特征学习，采用混沌理论结合 RBF 神经网络方法、高质量时频分析方法及功率谱估计方法，研究 ENPEMF 数据的特征，并对信号进行差分去噪处理，将其作为融合发育模型的控制参数；③数据特征协同融合模型，参数针对 ENPEMF 数据的趋势强度、时频分布和信号功率谱估计值，采用 BP 神经网络训练数据模型系数，使数据融合模型能够表现 ENPEMF 的发育变化；④输出监测坡面的结果图，包含特征协同融合的稳定系数、单点 ENPEMF 设备阵列的各自强度图、二维和三维坡面风险发育图等监测信息。最终实现基于混沌 RBF 与高质量时频分析方法提取 ENPEMF 信号特征，建立滑坡协同融合发育模型。

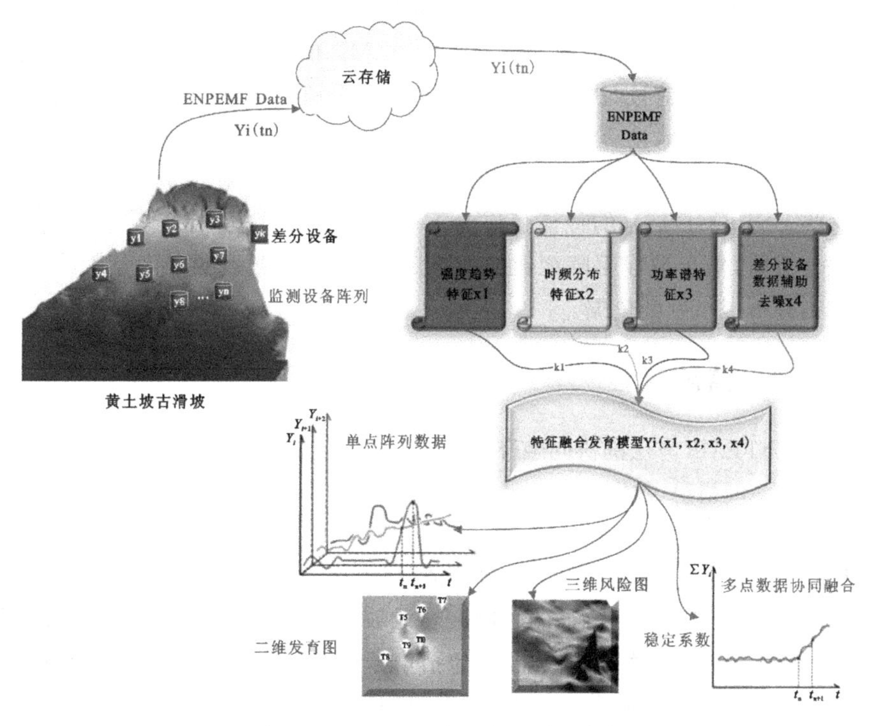

图 7.1 ENPEMF 方法的监测系统方案

该方案的关键点在于对 ENPEMF 信号进行特征学习和建立滑坡发育模型。特征学习主要包括以下内容：特征①为信号强度趋势，提出采用混沌理论改进的参数优化的关联积分计算方法(parameter optimization correlation integral calculate method,PO C-C method),通过对 ENPEMF 信号进行相空间重构,获取随机 ENPEMF 信号的内在特征,再采用 RBF 神经网络实现信号强度预测。特征②为信号时频分布,研究高质量的时频分析方法,在此部分提出基于 VMD 的同步提取短时分数阶傅里叶变换算法(improved short-time fractional Fourier transform via VMD and SET,Pro-STFrFT)、倒谱多重同步压缩变换(de-shape multi-synchrosqueezing transform,de-shape MSST)、差分演化盲自适应的非线性匹配追踪倒谱同步压缩变换(differential evolution nonlinear matching pursuit de-shape synchrosqueezing transform,DE-NDSST)3 种时频分析算法,实现具有强鲁棒性和高锐化聚集度的高质量时频分析方法,求解出 ENPEMF 信号的时频分布特征。特征③为 ENPEMF 信号的功率谱估计,采用基于粒子群卡尔曼滤波算法 AR 模型(AR model based onpParticle swarm optimization-Kalman filter,PSO-Kalman AR)估计 ENPEMF 信号的功率谱,为协同融合发育模型提供信号的功率谱估计预测值,描述 ENPEMF 信号的能量特征随频率的变化趋势。ENPEMF 信号时域波形具有随机的非平稳特点,除了含有滑坡孕育期间的电磁辐射信号外,还叠加各类噪声,ENPEMF 信号特征学习目的除了能够反映滑坡发育的特点,还可以最大程度去除包括人文噪声在内的多种类背景噪声。这些 ENPEMF 信号的特征将作为下一步滑坡发育模型的输入参数,通过协同融合策略,输出坡面多阵列数据的稳定系数、单点磁强度变化等数据,为最终的监测分析提供判断依据。

7.1.2 监测流程

基于 ENPEMF 方法的协同融合滑坡发育监测模型流程如图 7.2 所示,可分为接收硬件设备网格组、数据云存储、信号特征学习提取单元、特征融合发育模型、滑坡风险判决输出单元等。该方法研究的重点在于:①ENPEMF 信号的特征学习(包括基于混沌 RBF 的信号强度趋势特征、强鲁棒高锐化的时频分布特征、信号功率谱估计);②基于信号特征的协同融合滑坡发育模型;③ENPEMF信号接收设备,对其进行简单的优化升级,主要包括信号传感器的位置调整和适应黄土坡古滑坡地理气候的封装优化,该部分已有前期基础。

如图 7.2 所示,监测分析数据由 ENPEMF 信号接收设备阵列产生,通过数据处理过程实现 ENPEMF 信号的特征学习,根据信号阵列的多重特征变化趋势及时频特点,构建滑坡矩阵数据协同融合的发育模型,输出监测坡面的单点 ENPEMF 信号强度趋势图,坡面风险二维、三维立体发育图等滑坡发育信息。

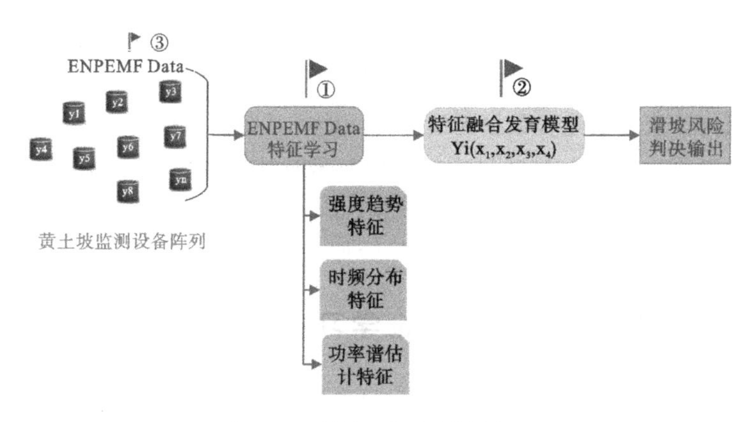

图7.2 项目工作流程框图

本节研究的主要内容为ENPEMF信号特征学习和ENPEMF信号特征的协同融合发育模型两个大部分。其中ENPEMF信号特征学习又分为3个具体的研究内容,合计4个主要研究内容:①基于混沌RBF方法的信号强度趋势特征,采用PO C-C方法实现;②高质量的时频分析算法,主要研究3种强鲁棒高锐化的时频分析算法,分别为Pro-STFrFT、De-shape MSST、DE-NDSST;③面向非平稳ENPEMF信号的功率谱估计,采用PSO-Kalman AR;④基于信号特征的协同融合滑坡发育模型,主要研究模型参数权值策略,采用BP神经网络数据融合法。具体研究内容如图7.3所示。

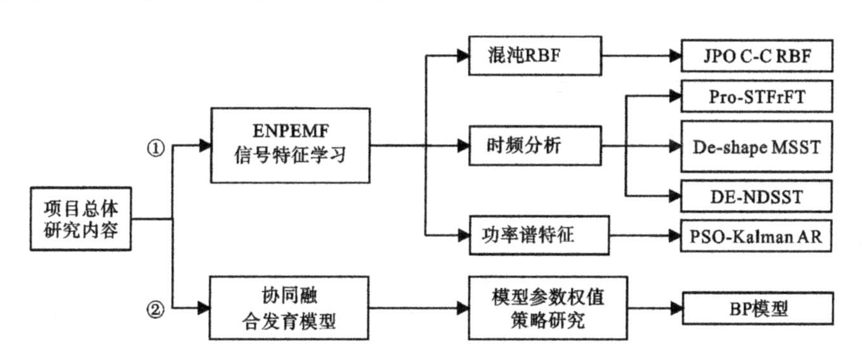

图7.3 研究内容框图

该方法主要工作内容分为3个部分:①基于混沌RBF强度预测处理算法和高质量时频分析方法的ENPEMF信号特征学习;②协调融合滑坡发育模型;③ENPEMF信号接收设备的优化升级。硬件设备支撑方面,将采用作者团队自主研发的ENPEMF信号接收设备。设备工作频段为VLF频段(5~25kHz),传感器设置为南北和西东方向，主控单元设定合适的软阈值(程控放大器根据输出波形确定)，每天 24 小时连续采集 ENPEMF 信号强度(脉冲数目和幅度)，完成基于互联网云服务的远程数据无线上传功能。系统输出黄土坡坡面目标区域的信号特征二维、三维图，判断目标区域的信号特征是否发生持续性同趋势变化。如果连续出现大规模突发异常，ENPEMF 信号的脉冲数目或幅度突然增多或下降，则黄土坡滑坡灾害趋于临界点的风险加大。

7.1.3 ENPEMF 信号特征学习

ENPEMF 信号特征学习包括 3 个方面的研究内容(图 7.4)：①强度趋势特征；②时频分布特征；③信号实时功率谱特征估计。

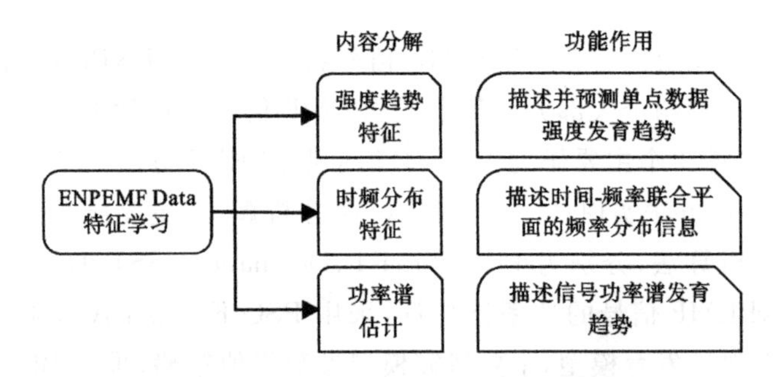

图 7.4 ENPEMF 信号特征学习研究内容

1. ENPEMF 信号强度趋势特征学习

该部分内容的研究目的是通过信号强度趋势特征来描述单点 ENPEMF 信号的发育强度及其灾变趋势，为后续的系统协同融合模型提供判据。该部分内容主要从 3 个方面入手，即滑坡前 ENPEMF 信号混沌特性识别分析研究、ENPEMF 信号混沌特性参数获取及相空间重构、混沌 RBF 神经网络参数优化及训练预测。信号强度预测采用混沌 RBF 算法(Joint PO C-C method RBF 算法，JPO C-C RBF)，通过对 ENPEMF 信号进行相空间重构，获取其内在特征，再采用 RBF 实现信号强度趋势预测。图 7.5 为面向 ENPEMF 信号的强度趋势特征学习研究框图。

1)ENPEMF 信号混沌特性判别

由滑坡场地的 ENPEMF 设备阵列接收信号，通过无线网络上传数据至云存储空间，远程下载数据后，进行信号特征学习。先判断 ENPEMF 数据是否具

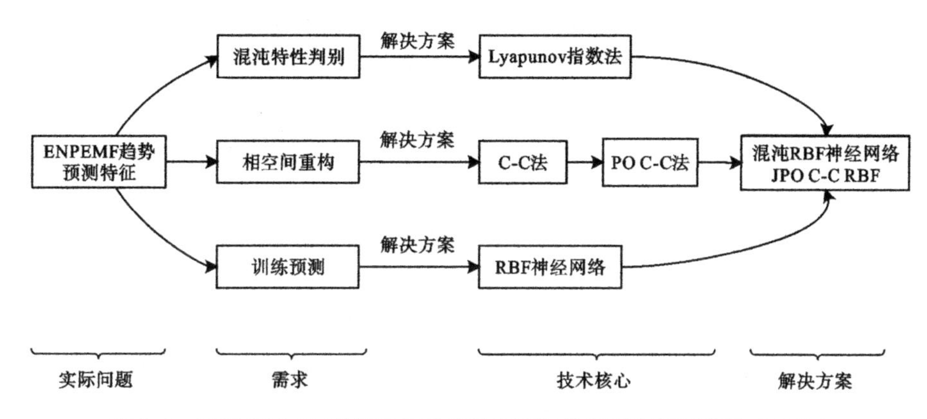

图 7.5　面向 ENPEMF 信号的强度趋势特征学习研究框图(PO C-C 法)

有混沌特性,然后根据相空间特征为不变量的特性,本节拟采用 Lyapunov 指数法计算 ENPEMF 信号的最大 Lyapunov 指数,并依据其正负性判定滑坡系统演变过程中 ENPEMF 信号是否存在混沌特性。

2)相空间重构及参数获取

利用相空间重构理论,研究适用于滑坡前 ENPEMF 信号的相空间重构方法,采用 C-C 法确定相空间的嵌入维数及时间延迟等混沌特性参数,由于 C-C 法存在延迟时间相互矛盾、全局最小点的判断不明晰,甚至由于噪声的干扰,全局最小点对应的时间点并非嵌入窗宽等缺点,拟采用 PO C-C 法改进 C-C 法中参数信息,寻找最优嵌入窗宽以得到最优嵌入维数 m。

3)混沌 RBF 神经网络参数优化及训练预测

建立基于混沌 RBF 神经网络的强度趋势的预测模型,结合目前和前期的信号强度数据,对滑坡前 ENPEMF 信号强度趋势进行预测。

该部分研究内容的重点在于使用 PO C-C 法获得最优嵌入维数 m 及时间延迟 τ 并对 ENPEMF 信号进行相空间重构,实现准确的 ENPEMF 信号强度趋势预测,为后续的协同融合模型提供准确可靠的判断依据。

2. ENPEMF 信号的时频分布特征学习

滑坡体在孕育期间发出的地表可接收的 ENPEMF 信号属于非平稳信号,具有随机性强、噪声谱广以及数据量大等特点,仅从波形幅度上难以观察和了解滑坡孕育发展的信息,需要从时间-频率-能量联合谱角度来研究 ENPEMF 信号的时频分布特征,为后续的协同融合模型提供准确可靠的判断依据。

如何准确对目标信号进行快速的分析,同时得到精确度高、噪声影响小的时频表示尤为重要。使用时频分析方法在时间-频率联合平面刻画瞬时频率及其能量谱,是目前数据处理领域的热点和难点问题。时频分析方法是处理非平稳信号强有力的工具,可从频率角度了解信号的瞬时频率、能量谱随时间变化的内在规律,这是研究非平稳信号不可或缺的重要手段,也是本节的重点研究内容之一。

在现有的时频分析方法基础上,研究如何提高时频分析算法的聚集度和抗噪声性能,结合 ENPEMF 信号的非平稳特点,基于传统的同步压缩变换和短时傅里叶变换,提出 3 种高质量的时频分析算法,即 Pro-STFrFT、De-shape MSST、DE-NDSST,实现具有强鲁棒性和高锐化聚集度的高质量时频分析方法,得出 ENPEMF 信号的时频分布特征。其中,DE-NDSST 算法的核心部分 NDSST 已实现,用它来验证时频分析结果的正确性。关于时频分析特征提取部分,作者团队已完成算法的实现思想和部分代码的编程,如基于 VMD 的 STFrFT、De-shape、MSST、NDSST 等核心算法单元已实现。图 7.6 为 ENPEMF 信号的时频分布特征学习研究内容。

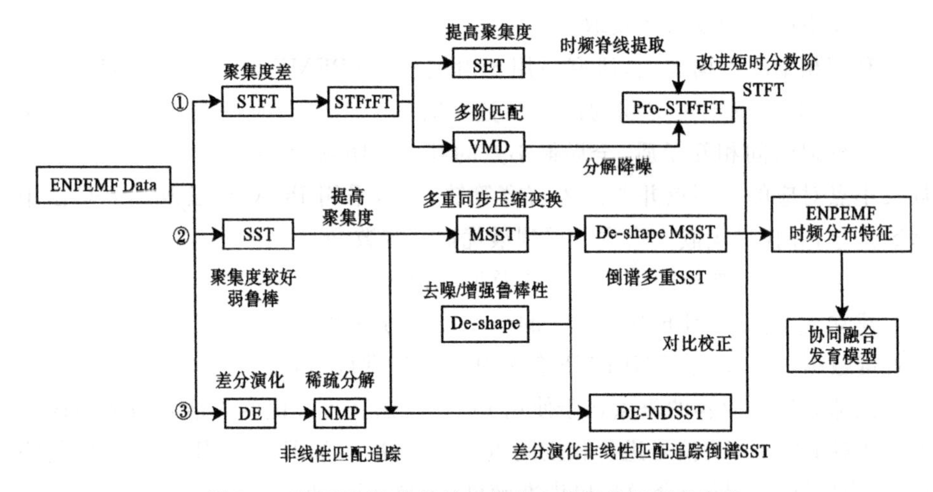

图 7.6　ENPEMF 信号的时频分布特征学习研究内容

1)基于 VMD 的同步提取短时分数阶傅里叶变换算法(Pro-STFrFT)

短时分数阶傅里叶变换相比传统的 STFT 算法,多出一个旋转因子的自由参数,因此在某些场合能够得到更好的效果;且 STFrFT 是一种线性变换,所以不存在交叉项干扰问题,适用于处理多分量非平稳信号。但是在实际工程数据的处理分析中仍存在一些问题,这也是本节重点研究和改进的部分。

(1)分数域时频分析领域重点讨论的问题。包括最优分数阶次的选择问题、最优性的判断准则、最优阶数的寻找方法、面对多分量信号时的多阶匹配问题。

(2)基于 STFrFT 的时频分布的聚集度问题。分数阶傅里叶变换可以理解为时频平面的旋转，对于线性调频信号来说，当旋转角度与调频率正交时，信号在时频面的投影最为集中。但是由于 STFrFT 和 STFT 相似，处理结果同样依赖于窗函数的选择，所以在实际工程应用中如何采用合适的方法获取高锐化的时频聚集度是一个重点研究问题。

(3)如何提高 STFrFT 的抗噪声性能。由于实际工程应用多处于复杂的背景噪声下，其数据也包含人为噪声、机械噪声、电磁性噪声等。如何提高算法的抗噪声性能和鲁棒性，使其在实际工程数据处理和分析中能够准确获取信号的特性，降低噪声对时频分布的干扰是一个需要解决的重要问题。

针对 STFrFT 存在的上述 3 个问题，本节提出 Pro-STFrFT 算法，基于两个改进方案：①基于变分模态分解(VMD)和同步提取(SET)技术结合优化的思想，将 SET 技术应用于 STFrFT，以提高时频分布的聚集度；②针对多分量信号，提出利用改进的 VMD 算法将复杂信号分解为单分量信号，再进行时频分析处理，实现多阶匹配，同时可以达到抑制噪声的效果，改进算法总体方案如图 7.7 所示。

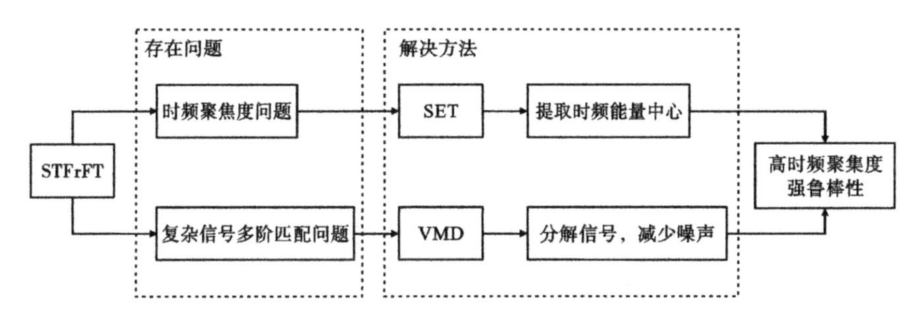

图 7.7　基于 VMD 的同步提取 STFrFT 算法(Pro-STFrFT)的总体方案图

该方法进行了前期简单构造函数的实验仿真，效果良好，满足高聚集度和强鲁棒性的要求，下一步工作将继续改进 Pro-STFrFT，使其更适合多分量非平稳信号 ENPEMF 的分析要求，可输出 ENPEMF 信号准确清晰的时间-频率-幅度分布特征，为后续协同融合发育模型提供有效权值参数。

2)倒谱多重同步压缩变换(De-shape MSST)

由于 STFT 受到海森堡不确定性原理的限制，其时频表示模糊，严重阻碍了其工程应用。针对强时变信号，产生聚集度高的时频表示是一个具有挑战性的课题。多重同步压缩算法(MSST)，是基于 SST 算法改进而来，具有更高时频聚集度，更强的抗噪声性能，MSST 的原理及实现过程如图 7.8 所示。

同时，ENPEMF 信号具有极强的背景噪声，根据对 MSST 算法的初步仿真实验结果表明，其抗噪性能依然不能满足需求，因此这也是需要改进的主要部分。

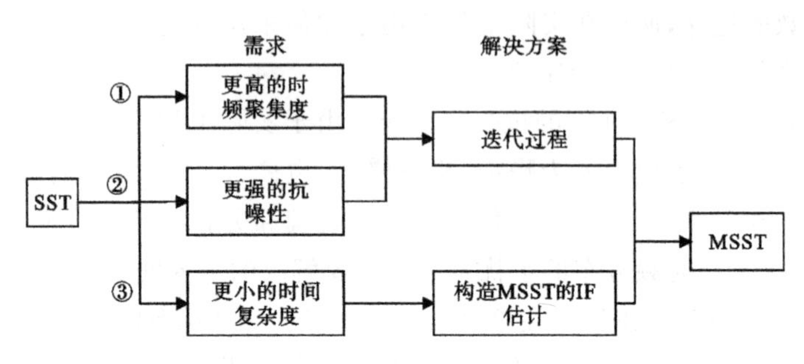

图 7.8　MSST 原理及实现过程

受到 De-shape SST 算法的启发，笔者引进倒谱(De-shape)的概念，提出 De-shape MSST 方法，在保证 MSST 时频聚集度的同时，降低时域信号中噪声干扰对时频表示产生的不良影响，进一步提高时频表示的可读性的要求。De-shape MSST 算法的总体方案图如图 7.9 所示。

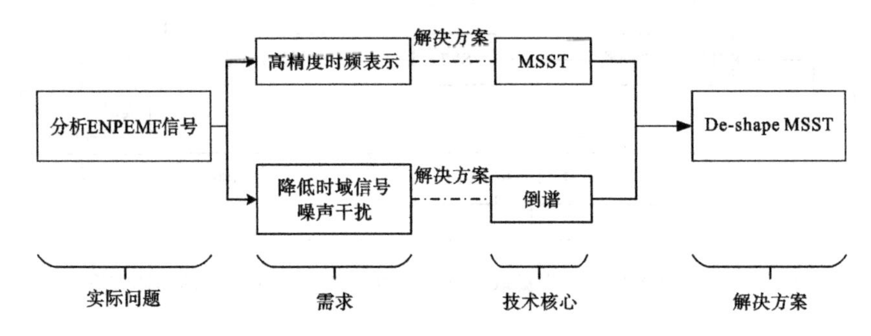

图 7.9　De-shape MSST 算法总体方案图

3)差分演化盲自适应的非线性匹配追踪倒谱同步压缩算法(DE-NDSST)

(1)非线性匹配追踪 NMP 算法具有良好的稀疏分解及抗噪性能。稀疏算法具有良好的抗噪性能，将技术路线第一步“基于压缩感知的盲自适应快速稀疏分解”与改进的倒谱同步压缩变换 De-shape SST 相结合，在抑制噪声和快速大数据信号的稀疏分解之后，实现时间-频率联合表示的高锐化聚集度输出，能够准确地反映频率随时间的分布规律和特征。

NMP算法的基本思想是建立过完备字典并实现逐点迭代。首先建立过完备的原子字典,比较残差信号和原子之间的相似度,然后找出表示最小误差的目标原子;去掉旧残差信号的投影以获得新的残差信号;重复上面的过程,直到分解结果的误差足够小或者满足其他收敛条件,停止迭代,完成整个稀疏分解过程。这里的迭代次数根据信号分解的需求设置,迭代次数越多,分解的精度就越高,但是耗时也就越长。NMP的稀疏分解能力强于传统MP,但是对于大数据来说,解决正则化最小二乘问题依然耗时严重。本节采用快速傅里叶变换(fast Fourier transform,FFT)的方法提高其计算速度,该方法的稀疏表示可以减少存储的数据量,提高压缩效率,且可抑制信号中的噪声。

(2)De-shape SST算法可消除波形函数运算过程中带来的高次谐波影响。De-shape SST算法在原理上可以消除波形函数运算过程中带来的高次谐波影响,同时也能消除部分噪声干扰,但De-shape SST算法本身没有除噪过程,其时频分布结果受噪声影响的大小存在不确定性。当信号的信噪比(SNR)较低的时候,De-shape SST无法得到准确清晰的信号的时频表示。针对De-shape SST的上述局限性,本节提出NMP与De-shape SST相结合的强鲁棒性和时频高锐化算法。NMP算法的主要作用是对信号进行稀疏分解,去除信号中的噪声,得到信号的稀疏表达式,用最少的基函数逼近原始信号本质信息。该算法结合二者的优点,适合处理含噪声的非平稳信号,尤其对低SNR信号的去噪效果和时频高锐化描述有良好的表现。NDSST算法流程如图7.10所示。

图7.10 NDSST算法流程图

(3)差分演化算法(DE)实现NMP算法的盲自适应性。差分演化算法(differential evolution,DE)是一种模拟生物进化的随机模型,通过反复迭代,使适应环境的个体被保存下来。相比于其他进化算法,DE保留了基于种群的全局搜索策略,采用实数编码、基于差分的简单变异操作和一对一的竞争生存机制,降低了遗传操作复杂性。同时,DE特有的记忆能力使其可以动态跟踪当前的搜索情况,以调整其搜索策略,具有较强的全局收敛能力和鲁棒性,且不需要借助问题的特征信息,适于求解一些常规的数学规划方法在复杂环境中无法求解的优化问题。DE算法的主要思想是对一个种群进行变异和交叉操作,产生新的种群,然后对种群中每个个体一一选择,保留适应度较好的个体。

DE算法主要用于求解连续变量的全局优化问题,其主要工作步骤与其他进化算法基本一致，主要包括变异(mutation)、交叉(crossover)、选择(selection)3种操作。首先，从某一随机产生的初始群体开始，利用从种群中随机选取的两个个体的差向量作为第三个个体的随机变化源，将差向量加权后按照一定的规则与第三个个体求和而产生变异个体，该操作称为变异。然后，变异个体与某个预先决定的目标个体进行参数混合，生成试验个体，这一过程称为交叉。最后，如果试验个体的适应度值优于目标个体的适应度值，则在下一代中由试验个体取代目标个体，否则目标个体仍被保存下来，该操作称为选择。在每一代的进化过程中，每一个体矢量作为目标个体一次，算法通过不断地迭代计算，保留优良个体，淘汰劣质个体，引导搜索过程向全局最优解逼近。

图 7.11 为 DE 算法流程图，其中方框内为 DE 算法的主要步骤。利用 DE 算法可自动求出非线性匹配追踪 NMP 算法的相位初值，为 De-Shape SST 时频分析算法提供频率分析对象的范围。

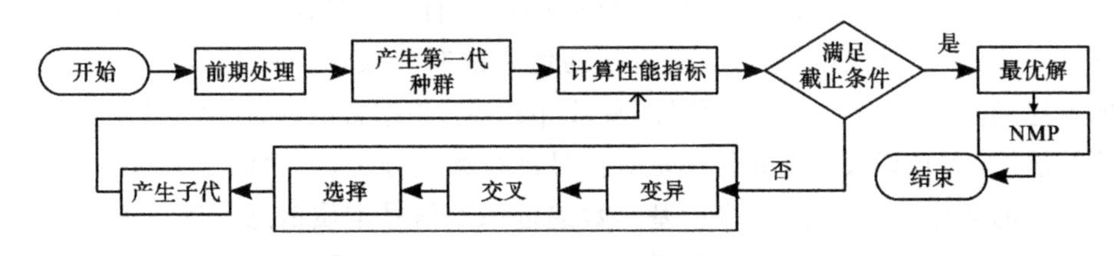

图 7.11　基于 DE 算法的 NMP 实现流程图

DE 算法为 NMP 提供自适应的初始相位 DE-NMP，使 De-Shpae SST 算法在分析输入数据前，进行了较为理想的稀疏化处理，提高了 De-Shpae SST 算法的抗噪性能，且使得输出 ENPEMF 信号具有高锐化的时间-频率聚集度。

3. ENPEMF 信号的功率谱特征

针对 ENPEMF 信号具有非平稳随机信号的特点，本节采用 PSO-Kalman AR，完成对 ENPEMF 信号的功率谱估计，作为后续滑坡发育模型的输入参量之一。

ENPEMF 信号属于非平稳随机时域序列信号，采用具有统计特性的功率谱估计是较为有效的手段。功率谱即功率谱密度(power spectral density，PSD)的简称，定义了单位频带内信号功率随频率的分布情况。功率谱估计是非平稳信号处理的重要内容之一，目的是根据有限数据在频域内提取淹没在噪声中的有用信号，广泛应用于雷达、声呐、通信、地质勘探、天文和生物医学工程等众多领域。

谱估计可分为经典谱估计和现代谱估计。在实际应用中，无论数据记录有多长，经典谱估计都不是功率谱的良好估计，而且随着时间记录的增长，估计的随机起伏会更大。它主要存在以下两个缺点：①频率分辨率不高；②武断地认为所有未测得的数据均为 0，同时在加窗时会存在泄露。现代谱估计方法分为参数模型谱估计和非参数模型谱估计，旨在解决经典谱估计方法的分辨率低和方差性能比较差的问题。该方法首先根据随机信号的已知信息，建立数学模型来表示或者选择一个近似实际的模型，然后利用样本数据估计该模型的参数，最后把求得模型参数代入该模型对应的表达式中，得到谱估计。该方法的本质是将功率谱估计问题转化成数学模型中的参数求解问题。现代谱估计的重要前提在于通过建立一个准确或至少近似的模型，对未知的数据进行估计，进而通过估计得到的参数来计算功率谱。

根据谱估计方法的特点和处理需求，我们采用 AR 模型，该模型仅通过时间序列变量的自身历史观测值，来反映有关因素对预测目标的影响和作用，不受模型变量相互独立的假设条件的约束，建模过程简单。图 7.12 为基于 PSO Kalman AR 模型的 ENPEMF 信号功率谱估计。

图 7.12　基于 PSO Kalman AR 模型的 ENPEMF 信号功率谱估计

ENPEMF 信号易受各种背景噪声的干扰，且这些干扰具有较强的随机性，所以，利用卡尔曼滤波（Kalman filter）具备较强的消除噪声的优点，将两者结合，实现 Kalman filter AR 模型。但是，标准 Kalman filter 方法需要提前知道系统噪声和量测噪声的统计特性，由于各种不确定因素造成很难获得噪声的统计特性，所以卡尔曼滤波方法受到了限制，并且卡尔曼滤波的计算复杂，需要的时间比较长，故考虑对标准 Kalman filter 进行改进，使用粒子群算法（particle swarm optimization，PSO）优化卡尔曼滤波。利用粒子群算法搜索能力强、收敛速度快、参数设置少、程序易实现和无须梯度信息等特点，提升卡尔曼滤波算法计算效率和精度，使卡尔曼滤波能够更快地处理 ENPEMF 信号，提高滤除噪声的效果，为 AR 建模提供信噪比较高的 ENPEMF 数据，可以较好地展现 ENPEMF 信号的功率谱估计分布，能够正确地刻画信号的频率谱密度。

7.1.4　协同融合发育模型

协同融合发育模型是本节核心研究内容，将已经学习过的 ENPEMF 信号特征输入到协同融合发育模型，由模型通过经验参数分配或神经网络学习的方式自适应设置权值大小。这些 ENPEMF 信号的特征将作为下一步滑坡发育模型的输入参数，通过协同融合策略，输出坡面多阵列数据的稳定系数、单点磁强度变化等数据，为最终的监测分析提供关键判据。模型有 4 种输入参数，2 种输出数据。一是图表输出，包括单点和多点设备矩阵的强度趋势图、二维发育热点图、三维发育数据强度风险图；二是整体监测坡面发育模型协同融合判断输出，如危害分级判定、危害局部区域提示等。模型研究内容中，如何确定权值参数是模型的关键研究问题，也是模型是否有效的重要判断标准。

基于 ENPEMF 信号特征学习的协同融合发育模型如图 7.13 所示，其模型参数主要从 4 个方面确定：①混沌 RBF 神经网络的 ENPEMF 信号强度趋势预测大小 x_1；②ENPEMF 信号时频分布及其权值分配 x_2；③ENPEMF 信号功率谱“阈值”判别 x_3；④差分去噪、识别并去除人工噪声背景场的干扰 x_4。图 7.13 中，模型权值参数的赋值为重点和难点，需要通过实验采用神经网络的方法加以验证，寻找合适的模型参数设置策略，则模型输出函数 Y 如下所示：

$$Y=f(k_1x_1,k_2x_2,k_3x_3,k_4x_4) \tag{7.1}$$

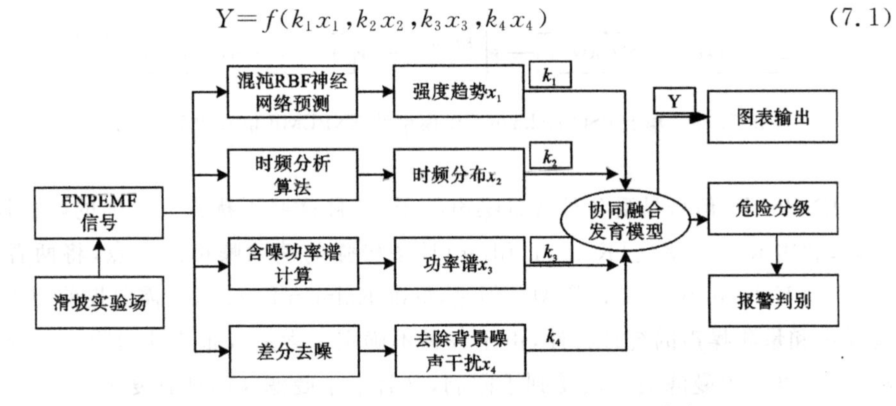

图 7.13 滑坡实验场地 ENPEMF 信号协同融合发育模型

目前采用的策略方案有两种考虑：①经验权值法，根据滑坡实验场地的实际信号特点，通过实验的方式，按照经验赋权值，可同等大小，如某个分量更能体现滑坡发育，也可赋值更大一些；②BP 神经网络数据融合法，数据融合的方法可以归为随机类和人工智能类。随机类一般包括加权平均法、卡尔曼滤波法、贝叶斯估计法等；人工智能类一般包括模糊逻辑推理法、神经网络方法等。本节采用 BP 神经网络数据融合法。

(1)混沌 RBF 神经网络的 ENPEMF 趋势预测。对 ENPEMF 序列进行混沌特性分析，利用 PO C-C 法得到用于相空间重构的嵌入维数及时间延迟等参

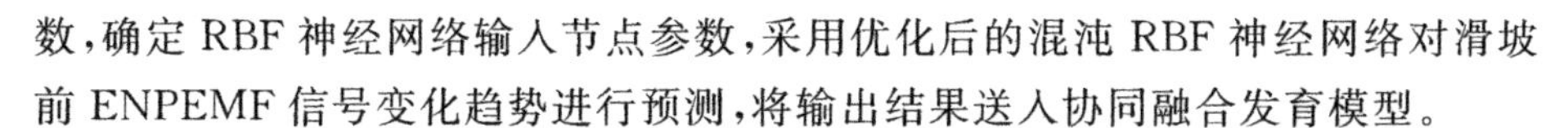

数，确定RBF神经网络输入节点参数，采用优化后的混沌RBF神经网络对滑坡前ENPEMF信号变化趋势进行预测，将输出结果送入协同融合发育模型。

(2)时频分析算法处理ENPEMF数据，得到其时间-频率分布的模型分量。根据长期监测实验数据，获取该实验场地ENPEMF信号的固有频率数据库。对该库中频率进行识别分类，同时进行加权处理，与滑坡灾害发展孕育正向相关的频率分量中，将相关性高的频率分量赋予高权值，相关性小的频率分量赋予低权值。经过时频分布的加权处理后，作为主要输入分量之一送入协同融合发育模型。

(3)ENPEMF数据的功率谱估计参考模型分量。采用功率谱估计的方法处理实验场地的ENPEMF信号，研究滑坡实验场地在灾害发生孕育时产生的主要固有频率能量分布特点，同时考虑灾害孕育时的功率谱发展趋势，本节采用基于粒子群卡尔曼滤波的AR模型来估计ENPEMF信号的功率谱，为协同融合发育模型提供信号的功率谱估计预测值。

(4)差分去噪，去除含人文背景噪声及天然远场干扰。灾害监测实验场点ENPEMF信号的场源较为复杂，可接收滑坡孕育发展的电磁信号，也会收到附近的人文干扰噪声，如传输电网、公路交通、大型施工、通信基站等，异常雷暴天气也会带来较大的电磁干扰。由于设备的传感器采用VLF频段，根据目前积累的经验，该设备可接收200km左右较大的雷暴干扰。模型考虑采用背景场差分校对的技术手段来滤除和抑制各个干扰场的电磁干扰：监测场外“悬空”设置一个ENPEMF信号接收仪器，用来与实验场内接触地面ENPEMF信号接收仪器进行差分运算，根据干扰场各自不同的信号特点，进行识别，设置大小不同的“负权值”，再送入最终的协同融合发育模型。

7.1.5　技术路线

1. ENPEMF信号传感器优化和设备的升级

对现有设备进行部分升级，主要是传感器隔离和外壳封装优化：①将传感器单独隔离在电路板的侧下面，设备内部采用金属屏蔽盒隔离，避免PCB电路板、LCD液晶数据显示等电路电磁微辐射干扰传感器；②最外壳采用高强度的工程塑料封装，提高设备的保护强度和封闭性，同时提高传感器的灵敏度。

设备升级后能够更好地适应当地潮湿的气候条件，有效地采集目标滑坡地表的微弱电磁脉冲ENPEMF信号。该设备的优点为硬件设备体积小，携带方便，能实时远程无线传输，方便野外恶劣环境安装调试。设备工作频段为VLF

频段(5～25kHz)的传感器(南北和西东方向),主控单元设定合适的软阈值(程控放大器根据输出波形确定),采集每天24小时连续ENPEMF信号强度(脉冲数目和幅度),本地存储于SD卡后,完成基于互联网云服务的远程数据无线上传功能。远程可下载数据,进行ENPEMF数据的特征学习,输入协同融合发育模型。模型可即时绘制黄土坡坡面目标区域的磁场强度二维、三维图,输出多种类分析结果和相应图表,如单点和多点设备矩阵的强度趋势图、二维和三维发育热点图、整体监测坡面发育模型协同融合判断输出、危害分级判定、危害局部区域提示等,判断目标区域的磁场是否发生持续性同趋势变化,有效地监测和发现滑坡的灾害发育进程,为重大地质灾害的早期预警和后期干预提供参考。

总体实验方案如图7.14所示,信号时频分析部分是总技术的关键部分,ENPEMF设备是非平稳信号源,为应用分析对象。

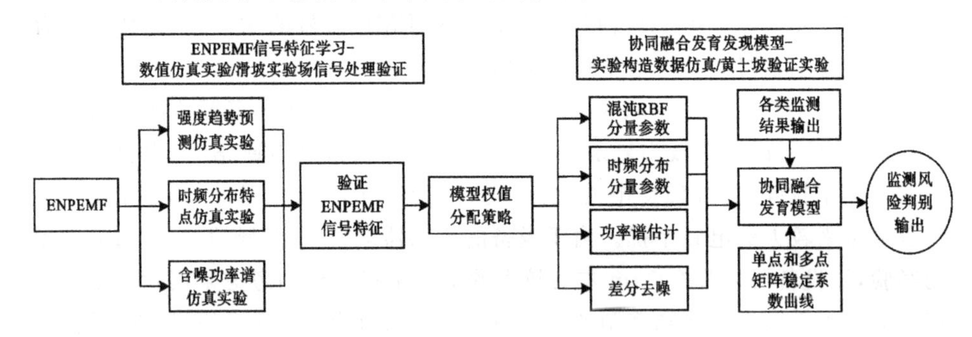

图7.14 总体实验方案

2. 建立基于混沌RBF的滑坡前ENPEMF趋势预测模型

人工神经网络由大量结构和功能非常简单的神经元通过突触连接构成,整个系统具有非常复杂的行为,可以用来实现联想记忆、分类、优化计算、函数逼近等功能,图7.15为ENPEMF强度趋势预测模型的技术路线。

RBF神经网络作为一种基于正则化理论的前向神经网络模型,在数据拟合和学习速度方面具有优越性,且具有鲁棒性强、泛化能力强等优点,在滑坡预测中已取得一定的应用效果。利用RBF神经网络对滑坡前ENPEMF的非线性动力学模型进行全局拟合预测,利用PO C-C法得到用于相空间重构的嵌入维数及时间延迟等参数,为RBF神经网络确定输入节点参数,采用优化后的混沌RBF神经网络对滑坡前ENPEMF进行预测。预测结果作为判断滑坡稳定性的依据之一。

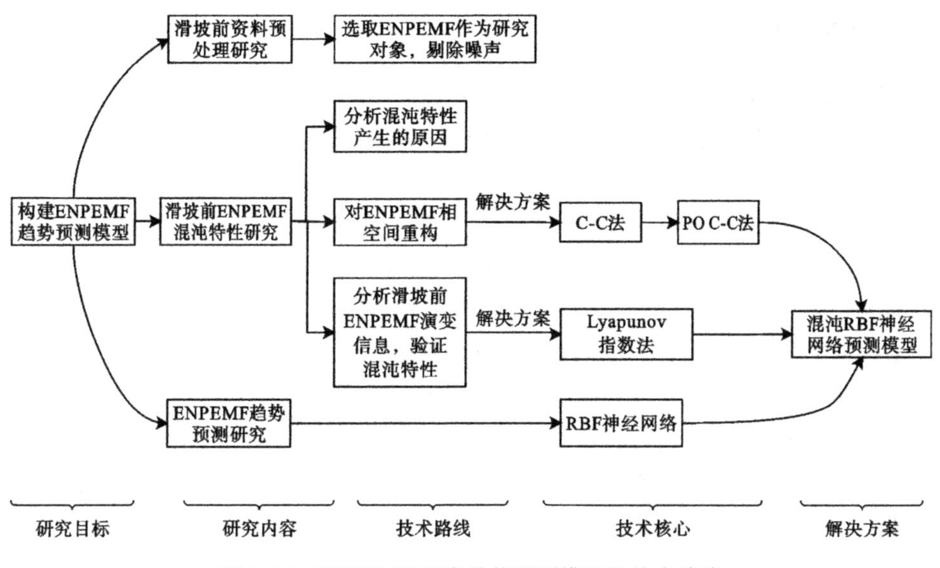

图 7.15　ENPEMF 强度趋势预测模型的技术路线

(1)滑坡前 ENPEMF 数据预处理。分析整理出滑坡监测有关资料中有价值的信息，如滑坡前 ENPEMF 信号数据，尽量剔除 ENPEMF 信号数据中的噪声，以提高预测精度。

(2)滑坡前 ENPEMF 的混沌特性的研究。分析典型的混沌系统的各种特性，将其与滑坡前 ENPEMF 进行对比，分析滑坡前 ENPEMF 产生混沌特性的原因。

根据混沌理论，对滑坡前 ENPEMF 进行相空间重构。选取适合于 ENPEMF 的相空间重构方法。拟采用 C-C 法及 PO C-C 法来确定相空间重构所需的嵌入维数及时间延迟等参数。在相空间中分析诊断滑坡前 ENPEMF 演变的信息，计算其最大李雅普诺夫指数，利用最大李雅普诺夫指数的正负性确定滑坡前 ENPEMF 演变过程是否存在着混沌的特性，证明运用混沌理论对滑坡前 ENPEMF 的演变进行分析研究是正确可行的，奠定整个滑坡前 ENPEMF 趋势预测的基础。

7.1.6　监测案例

滑坡的协同融合发育发现模型研究具体方案如下。

1. ENPEMF 数据的获取

ENPEMF 信号接收设备包括传感器、硬件主控部分、程控放大单元、数据AD采集单元、本地存储、显示单元、周边电路等，可以实现信号放大倍数的程序控制，信号的放大倍数可以实现 80dB 内可调，可通过选频单元设置接收信号的频段，完成与数据上传模块单元之间的控制和通信，目前已经是第三版优化。优化重点是传感器单元和数据采集策略的升级更新，包括传感器的工艺升级、设备内部的空间位置重新优化布局，进一步减少电磁干扰，加装电磁屏蔽单元，优化前端数据采集的策略有增加数据平均值、剔除毛刺数据、优化硬件滤波单元，重排面板显示字段、程控放大与衰减单元的简化设计等。

ENPEMF 信号接收传感器为独特设计，克服了测试条件的不便利等缺点。由于接收频率处于 VLF 频段，使得传感器的物理尺寸大幅减小，结合笔者的科研成果，利用演化算法完成传感器数学建模和仿真工作，提高传感器的性能指标、精度和制作成功率，利于规模化生产。

2. ENPEMF 数据特征学习

特征 f_1：倒谱多重同步压缩变化—高精度时频分布。

特征 f_2：信号强度趋势—混沌 RBF 方法。

特征 f_3：信号功率谱。

特征 f_4：背景噪声干扰。

3. 基于 BP 神经网络算法的数据融合

ENPEMF 数据的特征融合公式

$$Y(t)=K_1 f_1(t)+K_2 f_2(t)+K_3 f_3(t)+K_4 f_4(t) \tag{7.2}$$

式中：$Y(t)$为 ENPEMF 信号的融合输出值，该数据是实现强地震、滑坡预警的关键数据；$f(t)$为上一步提取的 ENPEMF 特征数据。

BP 神经网络数据融合法是根据预期值及其预期偏差，在实际处理过程中通过自我学习，反复调整权值和阈值，使得模型实际预测更加接近真实值。利用 BP 神经网络进行数据融合，称为 BPNNDF 算法(back propagation neural network data fusion)，结构如图 7.16 所示，具体步骤如下：

(1)各传感器数据的预处理和特征选择。主要包括去噪、误差检查等，以降低数据融合处理节点的负荷，提高计算效率。

(2)数据归一化处理。该步骤主要作用是统一各传感器数据的量纲，以便后

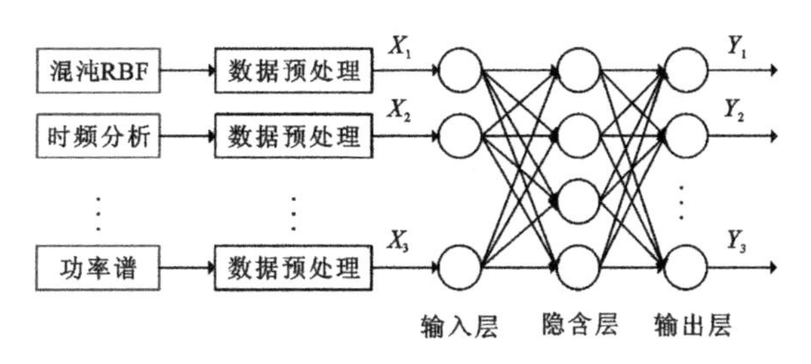

图7.16 ENPEMF特征协同融合BP模型结构

面的统一融合处理。选用Max-min标准化方法，将数据处理后限制在[0,1]区间内，其计算式为

$$x' = (x - x_{\min}) / (x_{\max} - x_{\min}) \tag{7.3}$$

式中：x 为原始值；x'为转换后的标准值。

(3)根据要求选出训练样本，判断输出值与期望值之间的偏差，将计算偏差方向传输，通过神经元节点的权重调整。初始系数赋值：$k_1=1/4$，$k_2=1/4$，$k_3=1/4$，$k_4=1/4$。

各神经元的计算式为

$$\begin{aligned} u_i &= \sum_{i=1}^{n} \omega_{ij} x_i - \theta_j \\ h_i &= 1/(1 + e^{-u_i}) \end{aligned} \tag{7.4}$$

式中：ω_{ij} 表示神经元节点的连接权值；θ_j 表示阈值；u_i 和 h_i 分别表示中间神经元节点和输出层神经元节点的输入和输出；x_i 表示上一层神经元节点的输入值。

输出层神经元的误差为

$$\delta_i = (c_i - h_i) h_i (1 - h_i) \tag{7.5}$$

式中：c_i 表示样本的期望值。

预测值与实际值的平均相对误差(average relative error，AvRE)为

$$\mathrm{AvRE} = \frac{\sum_{i=1}^{N} |\, Err(i) \,|}{N} \tag{7.6}$$

模型均方根误差(root mean square error，RmSE)的判决条件为

$$\mathrm{RmSE} = \sqrt{\frac{\sum_{i=1}^{N} |\, Err(i) \,|^2}{N}} \tag{7.7}$$

最终根据样本的学习并反馈修改所需的权值 k_1、k_2、k_3和 k_4，最终得出最优的权值。

4. 模型滑坡发育图显示

利用步骤(3)测出的多个单点的测量数据，可得出扩展多点数据趋势图、二维发育图和三维风险图。

滑坡预警原理是通过预测 ENPEMF 信号的融合值 $Y(t)$，并与之前进行比较，若有明显的异常，则表明被监测地区将大概率发生滑坡、强地震等自然灾害。通过传感器所上传的数据来与之前对照，得出蓝色、黄色、橙色和红色 4 个预警等级，表示滑坡发生的概率。

蓝色预警：ENPEMF 信号的融合值不超过上一时刻强度的 10%。

黄色预警：ENPEMF 信号的融合值超过上一时刻强度的 10%，但不超过 30%。

橙色预警：ENPEMF 信号的融合值超过上一时刻强度的 30%，但不超过 50%。

红色预警：ENPEMF 信号的融合值超过上一时刻强度的 50%。

图 7.17 为监测场地的即时三维监测图，采用基于云服务的 ENPEMF 数据远程存储和网络成图。ENPEMF 设备主控单元选用低功耗高兼容的单片机主控(下版同时选用 430 系列和 STM32 系列)，利用 GPRS 通信(下版更新为 4G)将数据传送到移动互联网监测站点的指定目录，实现对数据的网络存储与下载，也可实现网络数据的在线即时显示，呈现灾害监测点的二维和三维磁异常图。

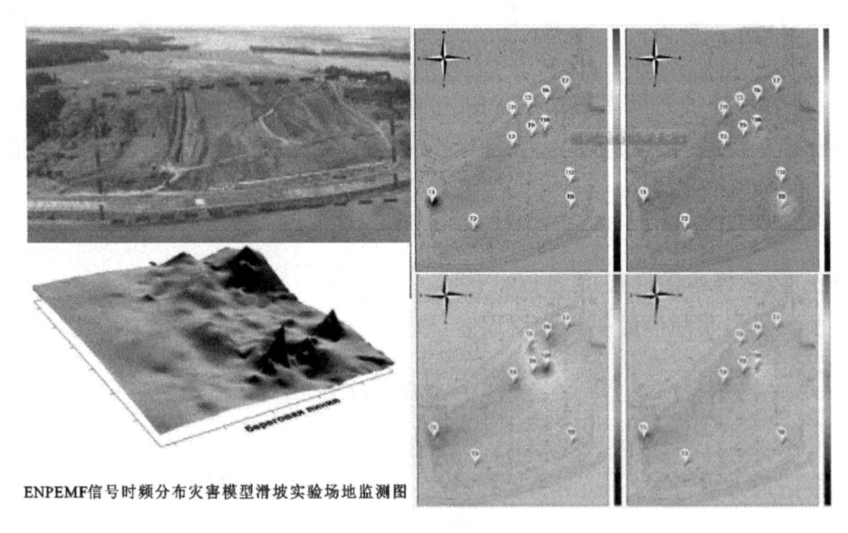

图 7.17　ENPEMF 信号协同融合发育发现模型在某滑坡实验场监测效果图

灾害监测实验场点 ENPEMF 信号的场源较为复杂，可接收滑坡孕育发展的电磁信号，也会收到附近的人文干扰噪声，如传输电网、公路交通、大型施工、通信基站等,异常雷暴天气也会带来较大的电磁干扰。由于设备的传感器采用VLF频段,根据目前积累的经验,该设备可接收200km左右较大的雷暴干扰。模型考虑采用背景场差分校对的技术手段来滤除和抑制各个干扰场的电磁干扰:监测场外“悬空”设置一个ENPEMF信号接收仪器,用来与实验场内接触地面ENPEMF信号接收仪器进行差分运算,根据干扰场各自不同的信号特点,进行识别,设置大小不同的“负权值”,再送入最终的模型合成器。滑坡实验场地网格式硬件设备监测分布如图7.18所示,场外悬空设备为背景噪声差分去噪作用。

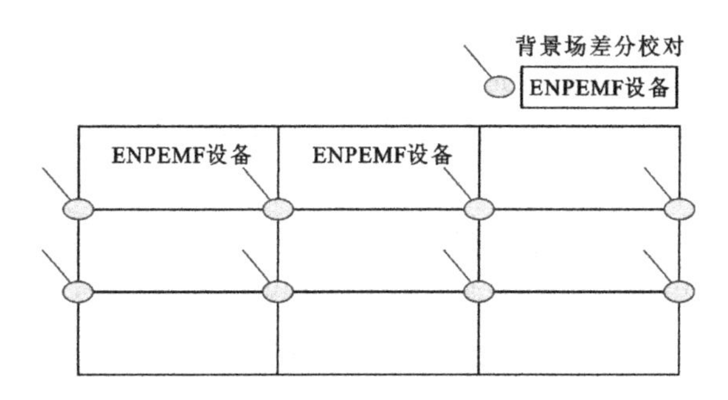

图7.18 滑坡实验场地硬件设备监测分布示意图

ENPEMF信号的特征学习与融合,可显示监测点的发育状态和危险程度,为决策人员提前预判提供参考依据。图7.18为设备安放监测原理示意图,实际并非如此规则,图7.19为发育模型的二维热图。模型根据ENPEMF信号融合

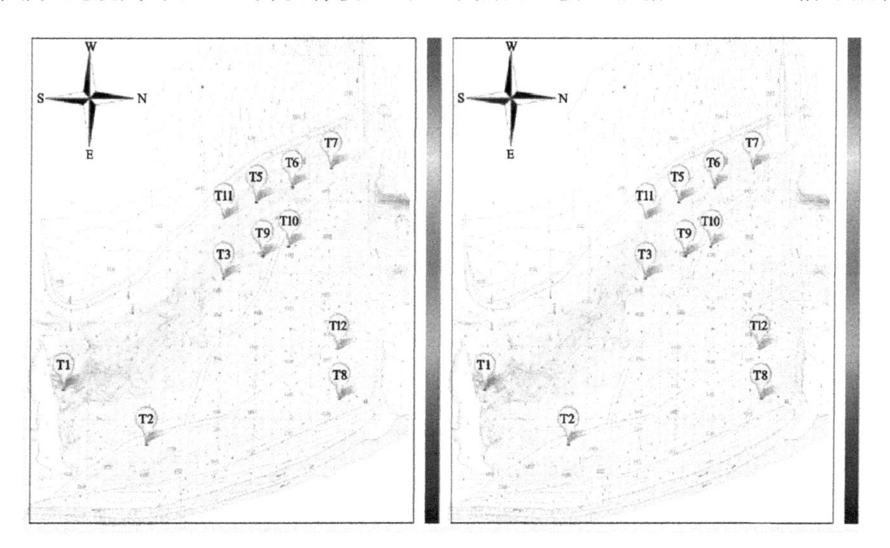

图7.19 ENPEMF信号时频分布灾害模型滑坡实验场地监测二维热图

特征大小，以直观二维热图的形式显示 ENPEMF 信号融合特征的发育强度，以不同的能谱分布显示监测场地的局部发展孕育状态。

7.2 烃类油气藏探测

ENPEMF 是指在地表能够接收到的由天然场源所产生的一次和二次综合电磁场总场，其中某一地区地球物理结构中有价值的信息显然包含在脉冲信息里。通过记录地球自然脉冲空间变化的方法，能够适当考虑电磁波的空间和时间变化的电磁场，用于揭示地壳结构和岩性非均质性的含油气藏的 EM 场特点。相对于常规的地震方法，ENPEMF 方法则有着轻便快捷、成本低等优势，使其在油气资源勘探中，尤其是地震勘探效果不足或受到较大限制的地方发挥着越来越重要的作用。对于存在较明显电性差异的油气藏地区，包括电阻率差异和极化率差异，将 ENPEMF 法用于油气目标勘探有着较明显的优势。电磁法油气检测技术，从较敏感的岩性电阻率变化和油藏的电化学效应出发，为获得油气藏的丰富认识奠定了基础，为勘探开发提供多层次多方位的信息。电磁法已成为一种精度高和探测能力强的重要油气识别方法。图 7.20 为某实验场的 ENPEMF 方法油气图。

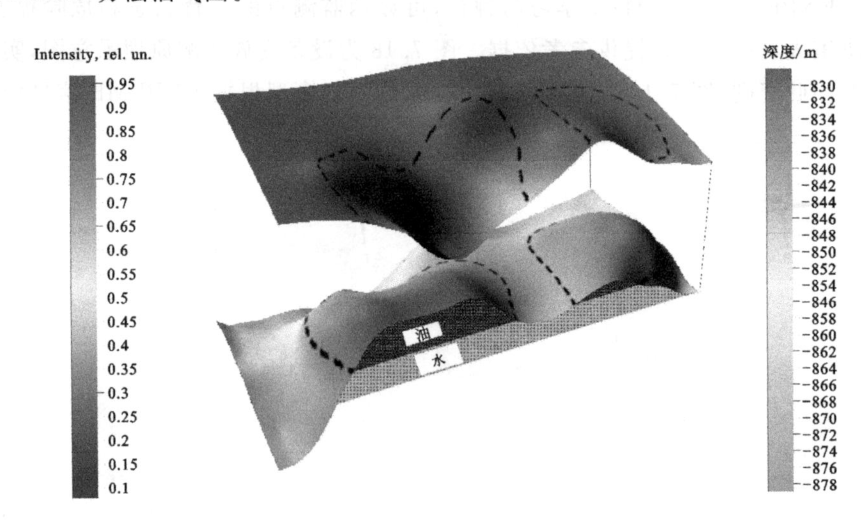

图 7.20　三维 ENPEMF 油气藏显示图

不同地质构造因交界面的压磁效应、岩石电阻率应力变化而在地表反映的感应磁效应；岩石流变导致岩体内部应力的重新分布和相应的流变磁效应；孔隙压力所致的有效应力张量来描述岩石的破裂和摩擦及变形等力学性质和过程的电动磁效应；活动构造的剧烈运动所引起的居里等温面的升沉变化而带来的在地表可观测的热应力磁效应；油气藏储藏区应力的变化导致岩石相继发生破裂而激发的脉冲式磁异常等，以上这些震磁效应假设的研究表明油气藏储藏区能够产生多种机理不同的地表磁异常，可以在非常广泛的频谱上观测到地磁场异常变化。

(1)设计设备采集方案，接收 ENPEMF 信号的数据，详细记录探测地区的网格化数据，为后续分析打下基础。数据图如图 7.21 所示。

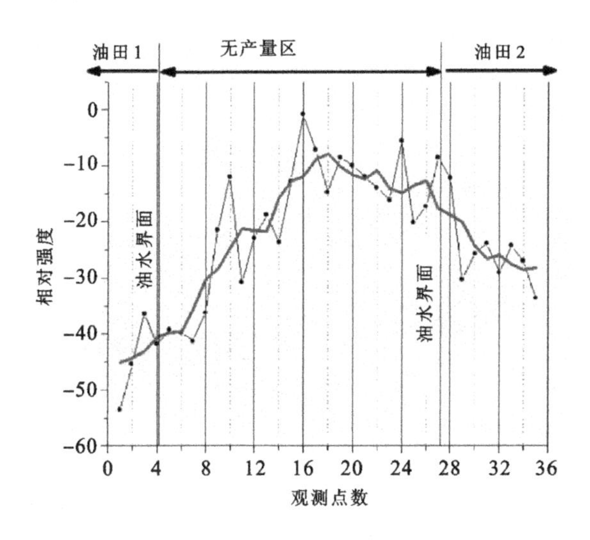

图 7.21　穿越两个油田沿线脉冲通量强度的变化

(2)设计出面向 ENPEMF 信号的基于改进的 Sparse-SST 有效算法模型，实现改进的 NMP-SST 算法，应用该算法完成对地球天然脉冲电磁场(ENPEMF)数据的时-频联合分布。

(3)研究地球天然脉冲电磁场在油气储藏区的时频能量谱异常变化，完成 ENPEMF 信号的数据处理及其时频分布，从中识别并绘制出油气储藏区地表电磁强度等值线图。

(4)建立 ENPEMF 信号强度与储藏区地表电磁强度的正反演模型，如图 7.22 所示，并通过已知油气藏区进行校正和改进。

分析地球天然脉冲电磁场信号(ENPEMF)的时-频-能量谱联合分布特性，研究其在油气藏勘探的时-频-能量谱分布特点，解决 ENPEMF 信号的全频段时频分布不准确的难题。

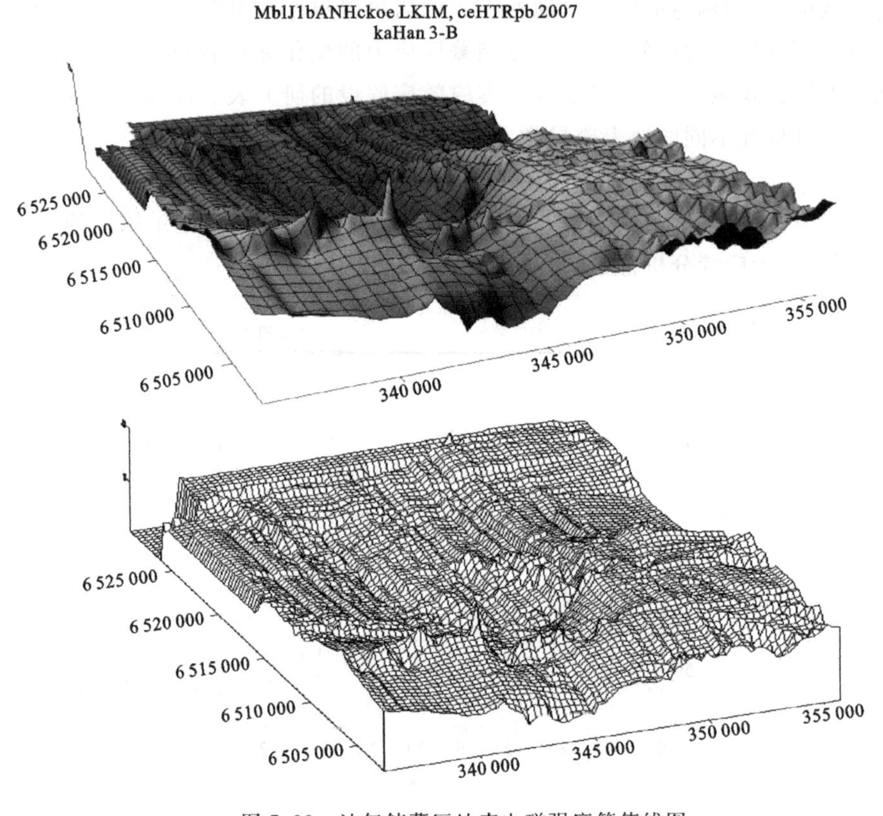

图 7.22　油气储藏区地表电磁强度等值线图

(1)ENPEMF 信号时频分布与油气藏储藏的正反演关系研究。研究地球天然脉冲电磁场信号(ENPEMF)的时-频-能量谱联合分布特性,分析 ENPEMF 信号在确定油气藏案例的二维和三维时-频-能量联合分布图,总结油气藏分布与 ENPEMF 信号的对应关系,推动和发展 ENPEMF 理论的应用,为后续地球天然脉冲电磁场接收设备的改进提供理论依据。

(2)同步压缩小波变换算法研究,研究适应度可靠的能量重排分配规则,构建鲁棒性能良好的时间-频率重新分配(TFR)算法,采用 FM 等方法调制信号,通过调制频率把通过 CWT 变换之后的信号映射到更精确的频率轴上。

(3)改进的 NMP-SST 算法研究(optimization nonlinear matching pursuit-synchrosqueezing transform,ONMP-SST),研究基于改进的非线性匹配追踪-同步压缩小波变换算法。研究两者的有效结合,利用相互的互补特性,采用 SST

频率成分的脊线聚集度，来提高NMP模型的最稀疏字典集，从而完成时频分析的自适应性及高频段的频率聚集度。

(4)大数据预处理压缩方法研究，针对ENPEMF信号的非平稳、非周期的特点，研究大数据平滑均值处理方法，使待分析的ENPEMF数据变得平滑连贯且数据量大幅减少，降低程序执行的时间和空间的消耗。

(5)Sparse-SST算法模型研究，构建频率分解分量的高冗余度字典集，研究基于非线性匹配追踪法(NMP)和基于FFT的迭代算法来分解信号，降低对信号频率成分的噪声敏感度，建立信号特征函数在最大可能字典中的最稀疏表示，提高数据重构矩阵的高频丢失问题。

该方法的核心内容是能够从地球天然脉冲电磁场的时频分析上发现油气藏储存分布特点，绘制出ENPEMF对应的电磁二维及三维分布图，需要解决的关键问题有两个：

(1)ENPEMF信号油气藏信息的特征提取。油气藏分布信息的表现和种类有很多，如何利用ENPEMF来获取地下的油气藏分布最为重要。针对单纯从包络走势观察数据的不足，尝试从ENPEMF的时频能量谱异常变化来识别油气藏电磁信息，从信息处理的角度研究ENPEMF与油气藏分布的良好对应正反演表现特点。

(2)ENPEMF信号油气藏识别建模。ENPEMF信号是非平稳、非线性且非周期的信号，需要有效地处理这类信号，使其结果能够被用于分析，有效的数据处理方法及算法模型的适应性直接决定结果的正确性。

主要参考文献

艾萨·伊斯马伊力，2017. 喀什台地磁异常与地震[J]. 华南地震，37(4)：54－60.

毕金孟，蒋长胜，2019. 华北地区地震序列参数的分布特征[J]. 地球物理学报，62(11)：4300－4312.

薄万举，王广余，2006. 地球自转、断层形变与地震活动关系研究[J]. 大地测量与地球动力学，26(2)：43－47.

车转转，2014. 海杂波中目标检测的时频方法研究[D]. 西安：西安电子科技大学.

陈炳瑞，冯夏庭，符启卿，等，2020. 综合集成高精度智能微震监测技术及其在深部岩石工程中的应用[J]. 岩土力学，41(7)：2422－2431.

陈学忠，李艳娥，赵晓燕，2010. 地球自转、地震成因与地震预报[J]. 国际地震动态(1)：18－24.

陈学忠，赵晓燕，李艳娥，等，2009. 从 2008 年 5 月 12 日四川汶川地震看地震的成因[J]. 防灾科技学院学报，11(2)：7－12.

陈学忠，钟南才，丁鉴海，1998. 华北地区地震活动的月相效应及其预测意义[J]. 地震，18(4)：325－330.

陈运泰，2007. 地震预测：进展、困难与前景[J]. 地震地磁观测与研究，28(2)：1－24.

褚志宏，宋岵庭，陆振飞，1983. 月亮运动不均匀性与地震统计[J]. 地震研究(1)：77－84.

褚志宏，宋岵庭，徐忠纯，1984. 月相变化与海城和唐山地震的孕育发生[J]. 南京大学学报(自然科学版)(3)：505－514＋605.

戴苗，冯志生，刘坚，等，2021. 2020－07 唐山 M_S：5.1 地震前电磁资料综合分析[J]. 大地测量与地球动力学，41(11)：1146－1151.

丁鉴海，黄雪香，戴淑玲，1994. 地震活动的月相效应[J]. 地震(4)：7－13.

丁鉴海，刘杰，余素荣，等，2004. 地磁日变化异常与强震的关系[J]. 地震学报,26(S1):79－87.

丁鉴海,卢振业,黄雪香,1994.地震地磁学[M].北京:地震出版社.

丁鉴海,申旭辉,潘威炎,等,2006.地震电磁前兆研究进展[J].电波科学学报,21(5):791－801.

丁鉴海,索玉成,余素荣,2004.昆仑山口西8.1级地震前电离层与磁场短期异常对比研究[J].地震,24(1):104－111.

丁鉴海,余素荣,肖武军,2004.地磁异常现象及其在地震预报中的应用[J].石油地球物理勘探,39(S1):27－30＋169.

段华琛,1991.试论月相朔望和地震发生的关系[J].东北地震研究(3):17－23.

郭明瑞,胡久常,王锡娇,等,2019.云南地磁台地震前地磁谐波振幅比分析[J].地震地磁观测与研究,40(2):39－44.

郭自强,周大庄,施行觉,等,1988.岩石破裂中的电子发射[J].地球物理学报,31(5):566－571.

韩颜颜,孟令媛,刘桂萍,等,2017.西北地区中强震前固体潮调制比时空特征分析[J].地震学报,39(5):738－750＋818.

郝国成,白雨晓,吴敏,等,2018.基于BSWT-DDTFA方法的地球天然脉冲电磁场震前信号时频分析研究[J].地球物理学报,61(10):4063－4074.

郝国成,陈忠昌,赵娟,等,2016.基于NSTFT-WVD变换的芦山M_S7.0级地震前后场信号时频分析[J].地学前缘,23(1):276－286.

郝国成,冯思权,王巍,等,2020.基于NGWarblet-WVD的高质量时频分析方法[J].自动化学报,48(10):2526－2536.

郝国成,龚婷,董浩斌,等,2015.基于聚类经验模态分解的地球天然脉冲电磁场时频与能量谱分析:以芦山M_S7.0地震为例[J].地学前缘,22(5):231－238.

郝国成,锅娟,谭淞元,等,2020.混沌参数优化RBF算法的震前ENPEMF信号强度趋势预测[J].东北大学学报(自然科学版),41(12):1692－1698.

郝国成,李飞,白雨晓,等,2019.基于NDSST的非平稳信号时频分析算法[J].武汉大学学报(信息科学版),44(6):941－948.

郝国成,谈帆,程卓,等,2019.强鲁棒性和高锐化聚集度的BGabor-NSP-WVD时频分析算法[J].自动化学报,45(3):566－576.

郝国成,赵娟,王巍,等,2014.一种地球天然脉冲电磁场甚低频接收传感器:CN104035135A[P].2014－09－10.

郝国成,2014.基于ENPEMF信号时频分析的孕震信息研究[D].武汉:中国地质大学(武汉).

郝锦绮,钱书清,高金田,等,2003.岩石破裂过程中的超低频电磁异常[J].地震学,25(1):102-111.

何唐甫,刘恒,卢晓江,2007.揭秘美国的地下军事工程[J].当代军事文摘(3):14-16.

胡静云,张茹,任利,等,2022.矿山微震波形特征自动模式识别算法研究[J].岩石力学与工程学报,41(2):346-361.

黄清华,2005.地震电磁观测研究简述[J].国际地震动态(11):4-7.

纪奕才,郭景丽,刘其中,2002.加载法向模螺旋天线的研究[J].电波科学学报(6):573-576+580.

贾万才,1996.浅谈电磁波脉冲异常与地震的关系[J].山西地震(1):50-54.

姜乙,2020.联合全球卫星模型和航磁数据的中国大陆地区岩石圈磁场建模研究[D].南京:南京信息工程大学.

李建凯,汤吉,2017.主成分分析法和局部互相关追踪法在地震电磁信号提取与分析中的应用[J].地震地质,39(3):517-535.

李金,蒋海昆,桂荣,等,2014.新疆喀什-乌恰交汇区潮汐触发地震活动的统计检验[J].中国地震,30(1):64-73.

李金,蒋海昆,2011.潮汐触发地震研究进展综述[J].地震,31(4):36-47.

李利平,贾超,孙子正,等,2021.深部重大工程灾害监测与防控技术研究现状及发展趋势[J].中南大学学报(自然科学版),52(8):2539-2556.

李敏,钟蔚,2017.无线传感器网络在海防工程结构健康监测中的应用[J].国防科技,38(1):99-104.

李琪,李军辉,杨冬梅,2008.地磁 ULF 前兆信息研究简述[J].地震地磁观测与研究,29(6):170-176.

李蓉川,1991.华北地震区强震与月相的关系[J].山西地震(2):20-22.

李生杰,施行觉,叶林,等,2001.准噶尔盆地岩石品质因子与速度分析[J].内陆地震,15(3):224-231.

李晟,2009.小波与频谱分析[D].上海:上海交通大学.

李晓明,胡辉,1998.中国大地震的天体位置特征分析[J].地球物理学报(6):780-786.

李占飞,2021.祁连山北麓逆冲断裂系地震复发模型构建[D].北京:中国地震局地质研究所.

刘跃成,康跃明,赵智辉,等,2022.基于微震监测试验的微震信号类别识别降噪方法研究[J].能源与环保,44(2):186-192.

马干,史保平,凌华刚,2009.华北地区地震危险性分析和地面运动预测的一致性方法[J].中国地震,25(3):303-313.

马海林,许志恒,何虎,2017.仿生式自生长自组织神经网络探索[J].计算机工程与设计,38(4):1014-1018+1028.

马亮,2019.地磁低点时间与经度的相关性分析[J].地震工程学报,41(3):763-769.

马未宇,徐秀登,徐保华,等,2006.九江地震 NCEP 异常增温和天体引潮力附加构造应力变化初步研究[J].科学技术与工程,6(13):1761-1764+1771.

马未宇,徐秀登,张行才,等,2006.NCEP 温度图像与天体引潮力附加构造应力结合作地震短临预测初探:以 2003 年 7—8 月 3 次西藏地震为例[J].地震地质,28(3):447-455.

马永,毕金孟,宋程,等,2021.利用混合概率预测模型分析华北地区地震活动特征[J].地震研究,44(4):572-582.

马昭军,刘洋,2005.地震波衰减反演研究综述[J].地球物理学进展,20(4):1074-1082.

倪晓寅,赖见深,朱培育,2019.汶川 8.0 级地震前地磁日变化异常综合分析[J].中国地震,35(1):65-75.

钱书清,郝锦绮,周建国,等,2003.岩石受压破裂的 ULF 和 LF 电磁前兆信号[J].中国地震,19(2):7-14.

上田诚也,章菲,张少伟,2014.日本的地震预测[J].国际地震动态(2):1-10.

邵英秋,2008.感应式磁传感器线圈参数及其接口电路的研究[D].长春:吉林大学.

时世晨,2011.EEMD 时频分析方法研究和仿真系统设计[D].上海:华东师范大学.

史伟,石海东,胡冬梅,等,2012.甚低频信号全向接收方法研究[J].数字技术与应用(3):58+60.

宋岵庭,褚志宏,1983.月亮近点周与会合周的运动规律[J].南京大学学报(自然科学版)(3):451-460.

孙楠,付虹,彭关灵,等,2021.云南地区强震前小震调制比特征分析[J].地震地磁观测与研究,42(5):82-89.

孙正江,王丽华,高宏,1986.岩石标本破裂时的电磁辐射和光发射[J].地球物理学报，29(5)：491－496.

汤志立，2019. 深埋隧道岩爆预警与围岩动力破坏机理研究[D]. 北京：清华大学.

陶伟，张世田，刘新安，等，2012. 极低频/超低频/甚低频宽带磁传感器技术研究[J]. 电波科学学报，27(3)：604－608.

王慧，2009. HHT方法及其若干应用研究[D]. 合肥：合肥工业大学.

王鹏，2016. 极化IPIX雷达回波数据处理与分析[D]. 哈尔滨：哈尔滨工业大学.

魏辰，2013. 基于实测海杂波数据的时频分析方法研究[D]. 西安：西安电子科技大学.

吴伯荣，张玉芳，吴永信，1993. 甘肃省及邻区 M_S4.0以上地震前的电磁波异常特征[J]. 西北地震学报，15(4)：36－44.

吴铭蟾，胡辉，1999. 云南强震和月相、白赤交角的关系[J]. 云南天文台台刊(1)：57－63.

肖武军，余素荣，丁鉴海，2006. 强震前的地磁异常现象[J]. 地震，26(4)：52－58.

徐文耀，白春华，康国发，2008. 地壳磁异常的全球模型[J]. 地球物理学进展，23(3)：641－651.

徐文耀，李卫东，1994. 东亚大陆磁异常区地磁太阳日变化的异常特征[J]. 空间科学学报，14(2)：134－143.

徐文耀，2003. 地磁学[M]. 北京：地震出版社.

杨牧萍，黄建平，张学民，等，2018. 东北亚地区电离层ELF/VLF电场的动态背景场研究[J]. 地球物理学进展，33(6)：2285－2294.

杨少峰，陈宝生，杜爱民，等，1998. 新疆喀什地区地震前地磁脉动异常分析[J]. 地球物理学报(3)：332－341.

杨涛，刘庆生，付媛媛，等，2004. 震磁效应研究及进展[J]. 地震地磁观测与研究，25(6)：63－71.

姚丽，陈化然，何宇飞，2013. 玉树地震前电离层VLF信号信噪比变化[J]. 地震学报，35(3)：390－399＋451.

姚为民，2014. 马尔可夫更新过程在地震预测中的应用[D]. 合肥：安徽大学.

于世昌，王波，王庆志，等，1999. 张北6.2级地震前的电磁前兆信号的特征[J]. 东北地震研究(4)：33－36.

袁洁浩，顾左文，陈斌，等，2014. 美国的震磁观测与研究[J]. 地震研究，37(1)：163－169.

泽仁志玛，申旭辉，曹晋滨，等，2012. 强震前 ELF/VLF 磁场的扰动特征统计研究[J]. 地球物理学报，55(11)：3699 - 3708.

张海勇，马孝江，盖强，2000. 一种新的时频分析方法[J]. 火力与指挥控制，25(3)：39 - 42.

张建国，焦立果，刘晓灿，等，2013. 汶川 M_S8.0 级地震前后 ULF 电磁辐射频谱特征研究[J]. 地球物理学报，56(4)：1253 - 1261.

张尚勤，1977. 太阳月亮与地震[J]. 山西地震(1)：69 - 71.

张苏平，1999. 中国西北地区强震前地磁短期异常特征分析[J]. 西北地震学报(1)：79 - 84.

张贤达，保铮，1998. 非平稳信号分析与处理[M]. 北京：国防工业出版社.

张学民，申旭辉，欧阳新艳，等，2009. 汶川 8 级地震前空间电离层 VLF 电场异常现象[J]. 电波科学学报，24(6)：1024 - 1032.

张学阳，2012. 改进的数据驱动时频分析方法及其应用[D]. 长沙：国防科学技术大学.

张雪楣，唐正，孙道元，2021. 微震监测技术在玲珑金矿灾害预警中的应用[J]. 现代矿业，37(12)：213 - 217.

赵学普，1995. 地震电磁辐射脉冲计数的异常判别[J]. 山西地震(2)：32 - 37.

赵永红，王航，杨家英，等，2014. 地震预测方法Ⅱ：评述[J]. 地球物理学进展(2)：630 - 637.

赵永红，杨家英，惠红军，等，2014. 地震预测方法Ⅰ：综述[J]. 地球物理学进展(1)：129 - 140.

自兴道，1979. 从通海地震看天体位置的变化对地震的影响[J]. 地震研究(1)：66 - 70.

AKINAGA Y，HAYAKAWA M，LIU J Y，et al.，2001. A precursory ULF signature for the Chi-Chi earthquake in Taiwan[J]. Natural Hazards and Earth System Sciences，1(1/2)：33 - 36.

BABA K，HAYAKAWA M，1996. Computational results of the effect of localized ionospheric perturbations on subionospheric VLF propagation[J]. Journal of Geophysical Research Space Physics，101(A5)：10985 - 10993.

CHEN S，YANG Y，PENG Z，et al.，2019. Adaptive chirp mode pursuit：algorithm and applications[J]. Mechanical Systems and Signal Processing，116：566 - 584.

COIFMAN R R，STEINERBERGER S，WU H T，2017. Carrier frequencies, holomorphy, and unwinding[J]. Siam Journal on Mathematical Analysis, 49(6):4838 - 4864.

COIFMAN R R, STEINERBERGER S, 2017. Nonlinear phase unwinding of functions[J]. Journal of Fourier Analysis and Applications, 23(4):778 - 809.

CRESS G O, BRADY B T, ROWELL G A, 2013. Sources of electromagnetic radiation from fracture of rock samples in the laboratory[J]. Geophysical Research Letters, 14(4):331 - 334.

DANG P, QIAN T, GUO Y, 2013. Transient time-frequency distribution based on mono-component decompositions[J]. International Journal of Wavelets Multirsolution & Information Processing, 11(3):22 - 46.

DU A M, HUANG Q H, YANG S F, 2002. Epicenter location by abnormal ULF electromagnetic emissions[J]. Geophysical Research Letters, 29(10): 91 - 94.

FRASE-SMITH A C, BERNARDI A, MCGILL P R, et al., 1990. Low-frequency magnetic field measurements near the epicenter of the *M*s 7.1 Loma Prieta earthquake[J]. Geophysical Research Letters, 17(9):1465 - 1468.

GARNETT J B, 1981. Bounded analytic functions[M]. Berlin: Springer.

GOKHBERG M, KOLOSNITSYN N, LAPSHIN V, 2009. Electro kinetic effect in the near-surface layers of the Earth[J]. Izvestiya Physics of the Solid Earth, 45(8):633 - 639.

HAO G C, BAI Y X, LIU H, et al., 2018. The Earth's natural pulse electromagnetic fields for earthquake time-frequency characteristics: Insights from the EEMD-WVD method[J]. Island Arc, 27(4):e12256.

HAO G C, BAI Y X, WU M, et al., 2018. Time-frequency analysis of the Earth's natural pulse electromagnetic field before earthquake based on BSWT-DDTFA method[J]. Chinese Journal of geophysics, 61(10):4063 - 4074.

HAO G C, GUO J, BAI Y X, et al., 2020. Novel method for non-stationary signals via high-concentration time-frequency analysis using SSTFrFT[J]. Circuits, Systems, and Signal Processing, 39(11):5710 - 5728.

HAO G C, GUO J, ZHANG W, et al., 2022. High-precision chaotic radial basis function neural network model: data forecasting for the Earth electromagnetic signal before a strong earthquake[J]. Geoscience Frontiers, 13(1): 370 - 379.

HAO G C, TAN F, HU X Y, et al., 2019. A matching pursuit-based method for cross-term suppression in WVD and its application to the ENPEMF[J]. IEEE Geoscience and Remote Sensing Letters, 16(8): 1304 - 1308.

HAO G C, WANG P P, HU X Y, et al., 2021. Time-frequency characteristics and trend feature of The ENPEMF signal before Lushan M_w 6.6 earthquake via DE-DDTFA method[J]. Natural Hazards, 110(3): 1869 - 1885.

HAO G, TAN F, HU X, et al., 2019. A matching pursuit-based method for cross-term suppression in WVD and its application to the ENPEMF[J]. IEEE Geoscience and Remote Sensing Letters, 16(8): 1304 - 1308.

HARADA M, HATTORI K, ISEZAKI N, 2004. Transfer function approach to signal discrimination of ULF geomagnetic data[J]. Physics and Chemistry of the Earth, 29(4 - 9): 409 - 417.

HAYAKAWA M, KAWATE R, MOLCHANOV O A, et al., 2013. Results of ultra-low-frequency magnetic field measurements during the Guam earthquake of 8 august 1993[J]. Geophysical Research Letters, 23(3): 241 - 244.

HAYKIN S, BHATTACHARYA T K, 1997. Modular learning strategy for signal detection in a nonstationary environment[J]. IEEE Transactions on Signal Processing, 45(6): 1619 - 1637.

HOU T Y, SHI Z Q, TAVALLALI P, 2013. Convergence of a data-driven time-frequency analysis method[J]. Applied and Computational Harmonic Analysis, 37(2): 235 - 270.

HOU T Y, SHI Z Q, 2012. Data-driven time-frequency analysis[J]. Applied and Computational Harmonic Analysis, 35(2): 284 - 308.

IDA Y, HAYAKAWA M, ADALEV A, et al., 2005. Multifractal analysis for the ULF geomagnetic data during the 1993 Guam earthquake[J]. Nonlinear Processes in Geophysics, 12(2): 157 - 162.

JORDAN T H, MARZOCCHI W, MICHAEL A J, et al., 2014. Operational earthquake forecasting can enhance earthquake preparedness[J]. Seismological Research Letters, 85(5): 955 - 959.

KOPYTENKO Y A, MATIASHVILI T G, VORONOV P M, et al., 1993. Detection of ultra-low-frequency emissions connected with the Spitak earthquake and its aftershock activity, based on geomagnetic pulsations data at

Dusheti and Vardzia observatories[J]. Physics of Earth & Planetary Interiors, 77(1-2):85-95.

KUGIUMTZIS D,1996. State space reconstruction parameters in the analysis of chaotic time series: the role of the time window length[J]. Physica D: Nonlinear Phenomena,95(1):13-28.

LEONARD R S,BARNES R A,1965. Observation of ionospheric disturbances following the Alaska earthquake[J]. Journal of Geophysical Research,70(5):1250-1253.

LORENZ E N,1969. Atmospheric predictability as revealed by naturally occurring analogues[J]. Journal of the Atmospheric Sciences,26(4):636-643.

MALYSHKOV Y P,DZHUMABAEV K B,1987. Earthquake prediction from parameters of Earth's pulse EM field[J]. Vulkanologiyai Seismologiya,1: 97-103.

MALYSHKOV Y P,MALYSHKOV S Y,2009. Periodicity of geophysical fields and seismicity: possible links with core motion[J]. Russian Geology and Geophysics,50(2):115-130.

OBARA Y H,KOONS H C,ROEDER J L,et al.,2004. Characteristics of ULF magnetic anomaly before earthquakes[J]. Physics and Chemistry of the Earth,29(4/9):437-444.

OGAWA T,OIKE K,MIURA T,1985. Electromagnetic radiation from rocks[J]. Journal of Geophysical Research,90(D4):6245-6249.

ORTEGA A,FROSSARD P,KOVACEVIC J,et al.,2018. Graph signal processing: overview, challenges, and applications[J]. Proceedings of the IEEE, 106(5):808-828.

PERSINGER M A,1974. ELF and VLF electromagnetic field effect [M]. New York: Plenum Press.

QIAN T,WANG Y,2011. Adaptive Fourier series - a variation of greedy algorithm[J]. Advances in Computational Mathematics,34(3):279-293.

QIAN T,2010. Intrinsic mono-component decomposition of functions: an advance of Fourier theory[J]. Mathematical Methods in the Applied Sciences, 33(7):880-891.

REN H X,CHEN X F,HUANG Q H,2012. Numerical simulation of coseismic electromagnetic fields associated with seismic waves to finite faulting in porous media[J]. Geophysical Journal International,188(3):925－944.

RHOADES D A, GERSTENBERGER M C, 2009. Mixture models for improved short-term earthquake forecasting[J]. Bulletin of the Seismological Society of America,99(2A):636－646.

RODGER C J, CLILVERD M A, THOMSON N R, 1999. Modeling of subionospheric VLF signal perturbations associated with earthquakes[J]. Radio Science,34(5):1177－1185.

ROZHNOI A A, SOLOVIEVA M, PARROT M, et al., 2015. VLF/LF signal studies of the ionospheric response to strong seismic activity in the far eastern region combining the DEMETER and ground-based observations[J]. Physics and Chemistry of the Earth,85－86:141－149.

RUDIN W, 1974. Real and complex analysis[M]. New York: Osborne Mcgraw-Hill.

STANKOVIC L,MANDIC D P,DAKOVIC M,et al.,2019. Understanding the basis of graph signal processing via an intuitive example-driven approach[J]. IEEE Signal Processing Magazine,36(6):133－145.

SURKOV V V,MOLCHANOV O A,HAYAKAWA M,2003. Pre-earthquake ULF electromagnetic perturbations as a result of inductive seismomagnetic phenomena during microfracturing[J]. Journal of Atmospheric and Solar-Terrestrial Physics,65(1):31－46.

VAKMAN D,1996. On the analytic signal,the Teager-Kaiser energy algorithm, and other methods for defining amplitude and frequency[J]. IEEE Transactions on signal processing,44(4):791－797.

VOROBYOV A A, 1970. On probability of electrical discharges in the Earth's interior[J]. Geological Geophysics,12(1):3－13.

WEAVER P F,YUEN P C,PROLSS G W,et al.,1970. Acoustic coupling into the ionosphere from seismic waves of the earthquake at Kurile Islands on august 11,1969[J]. Nature,226(5252):1239－1241.

WEISS M,WEISS G,1962. A derivation of the main results of the theory of Hp spaces[J]. Revista De La Union Matematica Argentina,20(1):63－71.

YAGHJIAN A,1982. Efficient computation of antenna coupling and fields within the near-field region[J]. IEEE Transactions on Antennas and Propagation,30(1):113－128.

ZHANG J,SANDERSON A C,2009. JADE:adaptive differential evolution with optional external archive[J]. IEEE Transactions on Evolutionary Computation,13(1):945 - 958.

ZHAO S F,SHEN X H,LIAO L,et al.,2020. Investigation of precursors in VLF subionospheric signals related to strong earthquakes ($M>7$) in western China and possible explanations[J]. Remote Sensing,12(21):3563 - 3563.